ENSEIGNEMENT PRIMAIRE SUPÉRIEUR
et Enseignement spécial.

ÉLÉMENTS
D'ARITHMÉTIQUE

Répondant aux programmes des écoles normales primaires
des brevets de capacité de l'enseignement primaire
et des cours de l'enseignement secondaire classique et spécial.

Par M. J.-B.-V. REYNAUD

AGRÉGÉ DE L'UNIVERSITÉ,
OFFICIER DE L'INSTRUCTION PUBLIQUE, CHEVALIER DE LA LÉGION D'HONNEUR,
PROFESSEUR AU LYCÉE ET A L'ÉCOLE NORMALE DE TOULOUSE.

PARIS
IMPRIMERIE ET LIBRAIRIE CLASSIQUES
MAISON JULES DELALAIN ET FILS
DELALAIN FRÈRES, Successeurs
56, RUE DES ÉCOLES.

ÉLÉMENTS
D'ARITHMÉTIQUE.

ÉLÉMENTS
D'ARITHMÉTIQUE

Répondant aux programmes des écoles normales primaires
des brevets de capacité de l'enseignement primaire
et des cours de l'enseignement secondaire classique et spécial.

Par M. J.-B.-V. REYNAUD

AGRÉGÉ DE L'UNIVERSITÉ,
OFFICIER DE L'INSTRUCTION PUBLIQUE, CHEVALIER DE LA LÉGION D'HONNEUR,
PROFESSEUR AU LYCÉE ET A L'ÉCOLE NORMALE DE TOULOUSE.

PARIS

IMPRIMERIE ET LIBRAIRIE CLASSIQUES

MAISON JULES DELALAIN ET FILS

DELALAIN FRÈRES, Successeurs

56, RUE DES ÉCOLES.

PRÉFACE.

L'enseignement complet de l'arithmétique élémentaire comprend trois degrés qui correspondent aux programmes des brevets de l'enseignement primaire et à ceux des diplômes de l'enseignement secondaire spécial. En rédigeant cet ouvrage, nous avons voulu donner, dans trois catégories de paragraphes ou chapitres, les développements progressifs qui correspondent à ces programmes. Les paragraphes qui ne sont désignés que par leur numéro d'ordre, sont nécessaires dans tout enseignement sérieux, et ils nous paraissent suffisants pour les écoles primaires supérieures, pour les élèves de première année des Écoles normales et pour la préparation au brevet obligatoire ou de deuxième ordre. Les paragraphes désignés par une étoile complètent l'enseignement des Écoles normales et la préparation au brevet complet ou de premier ordre ; ils contiennent, ajoutées à la première partie, toutes les questions du programme de l'enseignement secondaire spécial pour les élèves de première année. Enfin les paragraphes ou chapitres désignés par deux étoiles complètent le programme des cours spéciaux pour les élèves de seconde année. Les deux premières parties de l'ouvrage conviennent aussi pour la préparation au baccalauréat ès lettres, et l'ouvrage dans son entier, pour la préparation au baccalauréat ès sciences et aux Écoles forestière, navale et de Saint-Cyr.

Nous avons fait tous nos efforts pour rendre la première partie de l'ouvrage simple, claire et rigoureuse. Dans les autres parties, en conservant, autant que possible, la même clarté et la même rigueur, nous avons quelquefois représenté les nombres par des lettres, soit pour rendre certaines démonstrations plus générales, soit pour rappeler simplement certains résultats importants et rendre la solution de quelques questions plus facile, soit enfin pour commencer à initier les élèves aux symboles et aux formules de l'algèbre. Nous espérons avoir rendu abordable le chapitre réputé difficile sur les calculs approchés. On remarquera la simplicité théorique et pratique de la division abrégée effectuée d'après une règle inverse de celle d'Oughtred pour la multiplication.

A la suite de chaque chapitre, nous avons proposé de nombreux exercices, choisis la plupart parmi les questions données en composition pour les différents examens. Les réponses qui accompagnent les énoncés serviront utilement à contrôler le travail des élèves.

La résolution des problèmes étant la grande difficulté de l'arithmétique, surtout pour les compositions obligatoires dans les examens, nous avons donné, dans le cours de l'ouvrage, tous les développements nécessaires pour la résolution des problèmes importants qui sont du ressort de l'arithmétique ; puis dans un chapitre spécial, des questions choisies en dehors du cadre des problèmes usuels, ont été résolues pour indiquer la marche à suivre dans l'analyse d'un problème, et pour montrer comment une simple remarque donne quelquefois la solution immédiate d'une question qui paraissait d'abord difficile. Ce chapitre contient l'énoncé et l'application des règles importantes de fausse position simple ou double.

Enfin nous avons mis à la suite de l'ouvrage, sans faire connaître les réponses, un recueil de sujets de compositions données pour les brevets pendant ces dernières années.

Nous recevrons avec reconnaissance les observations que MM. les professeurs voudront bien nous adresser sur tout ce qui pourra laisser à désirer dans cette première édition de notre travail.

J.-B.-V. R.

TABLE.

LIVRE Iᵉʳ.

Chapitre Iᵉʳ. — Préliminaires. 1
Chapitre II. — Numération des nombres entiers. 4

LIVRE II.

Chapitre Iᵉʳ. — Addition et soustraction des nombres entiers. 8
Chapitre II. — Multiplication des nombres entiers. 15
Chapitre III. — Division des nombres entiers. 24
    Exercices sur la numération et les quatre règles. 33

LIVRE III.

PROPRIÉTÉ DES NOMBRES ENTIERS.

Chapitre Iᵉʳ. — Divisibilité. 39
    Exercices sur la divisibilité. 44
Chapitre II. — Plus grand commun diviseur. — Propriétés et applications. — Plus petit commun multiple. 46
    Exercices sur le plus grand commun diviseur et le plus petit commun multiple. 53
Chapitre III. — Nombres premiers. — Propriétés et applications. 54
    Exercices sur les nombres premiers. 60

LIVRE IV.

Chapitre Iᵉʳ. — Fractions ordinaires. — Propriétés. — Quatre règles. 62
    Exercices sur les fractions ordinaires. 78
Chapitre II. — Fractions décimales. 87
    Exercices sur les nombres décimaux. 101

LIVRE V.

Chapitre Ier. — Carré et racine carrée.   107
Chapitre II. — Cube et racine cubique.   118
   Exercices sur les carrés, les cubes et les racines.   124

LIVRE VI.

Chapitre Ier. — Système métrique.   127
Chapitre II. — Mesure des angles, des arcs de cercle, du temps,
  des forces et des températures.   141
   Exercices sur le système métrique.   151

LIVRE VII.

APPROXIMATIONS NUMÉRIQUES.

Chapitre Ier. — Opérations abrégées.   162
Chapitre II. — Méthode des erreurs relatives.   176
   Exercices sur les approximations.   190

LIVRE VIII.

Chapitre Ier. — Rapports et proportions. — Proportionnalité
  des grandeurs. — Règle de trois.   191
   Exercices sur les rapports, les proportions, les partages
    proportionnels et les règles de trois.   217
Chapitre II. — Intérêt.   228
   Exercices sur l'intérêt.   237
Chapitre III. — Rentes sur l'État.   245
   Exercices sur les rentes.   258
Chapitre IV. — Règle d'escompte. — Échéance commune. —
  Échéance moyenne. — Des banques.   264
   Exercices sur l'escompte.   276
Chapitre V. — Mélanges. — Alliages.   283
   Exercices sur les mélanges et les alliages.   290
Chapitre VI. — Change. — Change intérieur. — Change exté-
  rieur.   297
   Exercices sur le change.   300
Chapitre complémentaire sur la résolution arithmétique des
  problèmes.   301
   Exercices.   314
Questions et problèmes donnés dans les examens des brevets
  de capacité.   317

ÉLÉMENTS
D'ARITHMÉTIQUE.

LIVRE PREMIER.

Chapitre Iᵉʳ. — Préliminaires.

1. Grandeur. — Une réunion d'hommes, une collection d'objets semblables, contiennent plus ou moins d'hommes ou d'objets ; une ligne, une surface, un volume, sont plus ou moins étendus ; un angle est plus ou moins grand ; une force est plus ou moins considérable ; un corps a plus ou moins de masse ; la durée d'un phénomène est plus ou moins longue ; les objets qui servent à la satisfaction de nos besoins sont plus ou moins utiles, ils ont plus ou moins de valeur. Une réunion d'êtres semblables ; l'étendue sous ses diverses formes : lignes, surfaces, volumes, angles ; la masse d'un corps, le temps, la valeur des objets, sont des *grandeurs.*

On donne le nom de grandeur à toute chose, être ou qualité, susceptible d'augmentation et, par suite, de diminution.

2. Grandeurs mathématiques. — Deux grandeurs de même espèce sont *égales* ou *inégales.* Les mathématiques étudient les grandeurs dont on peut définir et constater l'égalité et, par suite, l'inégalité. Les principales grandeurs mathématiques sont : les collections d'objets semblables, les lignes, les surfaces, les volumes, les angles, le temps, les forces, les masses et la valeur des objets.

3. Comparaison des grandeurs. — L'observation et l'usage nous font connaître directement certaines grandeurs ; nous connaissons les autres en les comparant aux premières. Cette comparaison a pour but de trouver de quelle manière on peut composer une grandeur inconnue avec une ou plusieurs grandeurs connues.

4. Addition et répétition des grandeurs. — *Ajouter* des grandeurs de même espèce ou *en faire la somme*, c'est les réunir pour en composer une seule que l'on puisse considérer comme étant formée de grandeurs distinctes égales respectivement aux grandeurs ajoutées.

Quand on ajoute des grandeurs égales, on dit que l'on *répète* une de ces grandeurs, et la somme est dite un *multiple* de la grandeur répétée.

Une grandeur mathématique peut toujours être considérée comme composée de parties égales : ces parties égales se nomment des *parties aliquotes* de la grandeur.

5. Nombre. — Une grandeur *discontinue*, c'est-à-dire composée d'objets semblables et distincts, que l'on suppose ordinairement identiques, peut être considérée comme résultant de la répétition d'un des objets qui la composent. Pour former ainsi successivement toutes les collections possibles et distinctes, on réunit d'abord un objet à un objet semblable ; à cette collection on ajoute un nouvel objet, et l'on peut continuer indéfiniment de la même manière. Les collections ou grandeurs successives ainsi obtenues correspondent à des opérations analogues, mais distinctes, que l'on désigne par des signes dans le langage parlé ou écrit : ces signes sont des *nombres*.

Une grandeur *continue*, c'est-à-dire une grandeur qui ne présente par elle-même aucune division et que l'on peut faire varier par degrés insensibles, est déterminée quand on sait la composer en répétant une autre grandeur connue de la même espèce, ou une partie aliquote de cette grandeur. De même que pour les grandeurs discontinues, les signes de ces opérations sont des *nombres*.

6. Mesure d'une grandeur, rapport de deux grandeurs. — Le nombre qui sert à déterminer une grandeur continue ou discontinue, en faisant connaître comment on peut la composer avec une autre grandeur de la même espèce, est aussi appelé la *mesure* de cette première grandeur par rapport à la seconde, ou le *rapport* de la première grandeur à la seconde.

7. Les dénominations *nombre, mesure d'une grandeur, rapport de deux grandeurs*, représentent donc une seule et même chose : le signe conventionnel des opérations à faire sur une

1.

grandeur pour obtenir une autre grandeur de la même espèce.

Un nombre est *entier* lorsque la grandeur dont il est la mesure est un multiple de celle avec laquelle on la compose ; celle-ci est dite *l'unité de mesure* ou simplement *l'unité*.

Un nombre est *fractionnaire* lorsque la première grandeur est un multiple d'une partie aliquote de la seconde ; celle-ci est encore appelée *l'unité*, et la partie aliquote *une unité fractionnaire*.

Dans ces deux cas les deux grandeurs sont dites *commensurables*, et le nombre lui-même est dit commensurable.

Lorsqu'il n'est pas possible de composer exactement une première grandeur en répétant une seconde grandeur ou une de ses parties aliquotes, les deux grandeurs sont dites *incommensurables*. Dans ce cas on peut trouver une partie aliquote de la seconde grandeur telle, que deux multiples consécutifs déterminés de cette partie diffèrent l'un en moins et l'autre en plus aussi peu que l'on veut de la première grandeur : les nombres qui correspondent à ces multiples sont dits des *mesures approchées* de la première grandeur.

8. Un nombre est une grandeur mathématique : il est plus ou moins grand selon que la grandeur dont il est la mesure est plus ou moins grande. Les nombres qui correspondent à la grandeur prise pour unité et à ses multiples successifs sont donc de plus en plus grands, et, quelque grand que soit un nombre, on peut en trouver d'autres plus grands que lui.

9. Ajouter les nombres qui sont les mesures de plusieurs grandeurs données de même espèce, c'est chercher le nombre qui est la mesure de la somme de ces grandeurs. Si l'on fait abstraction de la nature de ces grandeurs, *on ajoute les nombres*.

10. Dans la résolution des questions relatives aux grandeurs on s'appuie :

1º Sur des vérités évidentes appelées *axiomes*. Exemple : Quand on ajoute une même grandeur à deux grandeurs inégales, la plus grande reste la plus grande ;

2º Sur des vérités non évidentes appelées *théorèmes*, que l'on rend évidentes par un raisonnement appelé *démonstration*.

Les conséquences immédiates d'un théorème s'appellent des *corollaires*.

Résoudre une question ou un *problème*, c'est chercher quelles sont les opérations successives qu'il faut faire sur des grandeurs connues pour déterminer une ou plusieurs grandeurs inconnues, sachant par l'énoncé du problème, ou par une étude préalable des propriétés de ces grandeurs, de quelle manière elles dépendent les unes des autres.

Chapitre II. — Numération des nombres entiers.

11. Numération. — La *numération* a pour but de former les nombres, de les nommer et de les écrire.

12. Formation des nombres entiers.—Les nombres entiers servent à désigner la grandeur prise pour unité et les multiples de cette unité. Pour passer d'un multiple de l'unité au multiple suivant, on ajoute l'unité à ce premier multiple. On passera donc d'un nombre au suivant en ajoutant au premier le nombre qui représente l'unité. En désignant ce nombre par le mot *un*, on peut dire que les nombres entiers successifs se forment en ajoutant *un* à lui-même et successivement et indéfiniment à chacun des nombres ainsi obtenus.

13. Numération parlée. — Le but de la numération parlée est de donner un moyen simple et uniforme pour composer les noms des nombres successifs, et de nommer ainsi tous les nombres usuels avec peu de mots. On y est parvenu de la manière suivante :

Quelques nombres successifs, à partir du premier, sont désignés par les noms : *un*, *deux*, *trois*, *quatre*, *cinq*, *six*, *sept*, *huit*, *neuf*. *dix*. Puis, au lieu de continuer en donnant un nom nouveau à chaque nouveau nombre, on convient de considérer la grandeur dont le nombre *dix* est la mesure comme une nouvelle unité, et, pour la distinguer de l'unité primitive, on appelle celle-ci *unité du premier ordre*, ou *unité simple*, ou simplement *unité*, et celle qui correspond à dix, *unité du deuxième ordre* ou *dizaine*, et l'on désigne de la même manière les nombres qui correspondent à ces grandeurs. D'après cette convention, on dit : *une unité simple* ou *un*, *deux unités simples* ou *deux*,...., *neuf unités simples* ou *neuf*; ensuite : *une dizaine ou dix*, *une dizaine et un*, *une dizaine et deux*,..., *une dizaine et neuf*; *deux dizaines*, *deux dizaines et un*, *deux dizaines et deux*,...., et l'on continue de même jusqu'à *neuf dizaines et neuf* et *dix dizaines*. Dans le langage ordinaire on remplace les expressions : *deux dizaines*, *trois dizaines*,...., par les dénominations plus simples : *vingt*, *trente*....., En convenant de considérer le nombre *dix dizaines* comme une nouvelle unité appelée *unité du troisième ordre* ou *centaine*, on comptera par centaines comme on a compté par dizaines et par unités, et l'on aura les nombres successifs : *une centaine et un* ou *cent un*, *cent deux*, *cent trois*, etc., jusqu'à dix centaines.

Les unités du premier, du deuxième et du troisième ordre forment un groupe appelé la *classe des unités simples*.

En continuant de la même manière on compose les trois ordres suivants des *unités de mille*, des *dizaines de mille* et des *centaines de mille*, qui forment une deuxième classe, la classe des mille; on forme ensuite la classe des *millions*, celle des *billions*, celle des *trillions*, etc. Les trois ordres d'unités de chaque classe sont désignés par les mêmes mots : *unité*, *dizaine* et *centaine*, et les nombres d'unités de ces différents ordres sont désignés par les mêmes mots : *un*, *deux*,..., *neuf*, que pour la première classe. Ainsi, de même que l'on dit : *quatre cent trente-sept unités simples*, on dit : *quatre cent trente-sept millions*.

14. De ce qui précède il résulte que neuf noms de nombre, trois noms pour désigner les trois ordres d'unités de chaque classe, et cinq noms de classes suffisent pour nommer tous les nombres jusqu'aux centaines de trillions inclusivement. Dix-sept mots suffisent donc pour nommer tous les nombres usuels. Le moyen employé pour atteindre ce but consiste à composer des ordres d'unités et des classes d'unités. Dans la numération adoptée, chaque unité à partir du deuxième ordre est composée de dix unités de l'ordre précédent. Le nombre *dix* est dit, pour cette raison, la *base* du système, et la numération est, pour la même raison, appelée *numération décimale*.

En prenant une autre base, on aurait un autre système de numération : *douze* donnerait la numération *duodécimale*.

15. Numération écrite.— La numération écrite a pour but de représenter tous les nombres avec un nombre limité de caractères ou *chiffres*.

On y est parvenu en représentant les neuf noms de nombre successifs par les chiffres 1, 2, 3, 4, 5, 6, 7, 8, 9, et en assignant une place à chaque ordre d'unités, par la convention suivante : *Tout chiffre placé à la gauche d'un autre chiffre représente des unités de l'ordre immédiatement supérieur à l'ordre représenté par celui-ci*. L'application de cette convention exige de plus l'emploi d'un chiffre qui n'ait pas de valeur par lui-même, pour tenir la place de tout ordre d'unités qui ne figure pas dans le nombre à écrire. Ce dixième caractère, 0, est appelé *zéro*. Dans tout nombre écrit en chiffres d'après ces conventions, les trois premiers chiffres à droite expriment les trois ordres de la première classe et forment ce qu'on appelle la *première tranche*; les] trois suivants expriment les trois ordres de la seconde classe et forment la *deuxième tranche*, et ainsi de suite.

16. Il résulte de là, que pour écrire en chiffres un nombre énoncé en langage ordinaire, on doit écrire successivement les divers ordres d'unités de chaque classe, c'est-à-dire les diverses tranches, à partir de la classe la plus élevée qui a été énoncée la première, en ayant soin de remplacer par des zéros, dans chaque tranche, les ordres d'unités qui ne sont pas représentés dans le nombre donné, de telle sorte que chaque tranche ait trois chiffres, excepté la première à gauche, qui peut n'en avoir que deux ou un seul. Ainsi le nombre *quarante-sept millions, vingt-quatre mille, trois cent six* doit s'écrire : 47 024 306.

17. Inversement, pour énoncer en langage ordinaire un nombre écrit en chiffres, on décompose le nombre en tranches de trois chiffres à partir de la droite, la dernière tranche à gauche pouvant n'avoir que deux chiffres ou un seul. On énonce ensuite les tranches successives à partir de la gauche en donnant à chacune le nom de la classe qu'elle représente. Ainsi le nombre 34 207 468 s'énonce : *trente-quatre millions, deux cent-sept mille, quatre cent soixante-huit unités.*

18. D'après les conventions qui précèdent, un chiffre a deux espèces de valeur : celle qu'il a quand il est seul, ou sa *valeur absolue* ; et celle qu'il a dans un nombre d'après la place qu'il occupe, ou sa *valeur relative*.

19. On rend un nombre 10 fois, 100 fois, *etc.*, plus grand ou plus petit, si l'on met ou si l'on supprime un zéro, deux zéros, *etc.*, à sa droite ; car chaque chiffre du nombre prend alors une valeur relative 10 fois, 100 fois, *etc.*, plus grande ou plus petite.

20. Objet de l'arithmétique. Calcul. — L'arithmétique est la science des nombres. L'arithmétique élémentaire a pour but l'étude des principales propriétés des nombres ; elle établit des règles aussi simples que possible pour faire les *calculs* et pour résoudre les problèmes usuels. Faire un *calcul*, c'est composer le nombre inconnu qui mesure une grandeur au moyen des nombres connus qui mesurent d'autres grandeurs dont la première dépend. Un calcul n'est ordinairement achevé que lorsque le nombre trouvé est écrit d'après les principes de la numération décimale. On y arrive au moyen des opérations appelées : *addition*, *soustraction*, *multiplication*, *division*, *puissances* et *racines*.

LIVRE II.

Chapitre Iᵉʳ. — Addition et soustraction des nombres
entiers.

21. Addition des nombres entiers. — *L'addition des
nombres entiers est une opération qui a pour but de réunir
en un seul nombre toutes les unités contenues dans plusieurs
nombres donnés.*

Le nombre trouvé est la *somme* des nombres donnés.

22. Nous examinerons deux cas :

1° *Ajouter un nombre d'un seul chiffre à un nombre
quelconque.*

Étant donné un nombre, on connaît, par la numération,
le nombre qui a une unité de plus. On peut donc trouver,
de proche en proche, le nom du nombre obtenu en ajoutant un nombre à un autre. Cette recherche est très courte
quand le nombre ajouté n'a qu'un seul chiffre.

Règle. *Pour ajouter un nombre d'un seul chiffre à un
nombre quelconque, on ajoute à ce dernier successivement
toutes les unités qui composent le premier.*

Remarque. — La pratique de cette opération permet de supprimer, pour ainsi dire, ces additions successives. Ainsi l'on
dit : 5 et 3 font 8, 27 et 8 font 35, ou plus simplement : 5 et 3
.... 8; 27 et 8 .... 35.

23. 2° *Ajouter des nombres quelconques.*

Les nombres donnés étant exprimés en unités, dizaines,
centaines, *etc.*, on se propose d'exprimer la somme de ces
nombres de la même manière. On trouvera évidemment
cette somme en ajoutant successivement les unités des
divers ordres d'après la règle suivante :

RÈGLE. *On écrit les uns au-dessous des autres les nombres que l'on veut ajouter, en faisant correspondre, dans une même colonne verticale, les chiffres qui expriment, dans ces différents nombres, des unités de même ordre. Ensuite, après avoir tracé un trait au-dessous de tous ces nombres, on fait, en appliquant la règle du premier cas, la somme des chiffres de la première colonne à droite, c'est-à-dire des unités simples ; si le résultat est au plus égal à 9, on l'écrit au-dessous de la colonne additionnée; s'il est plus grand que 9, on écrit le chiffre des unités simples de ce résultat et l'on ajoute le chiffre des dizaines à la somme des chiffres de la colonne des dizaines. On opère de même jusqu'à la dernière colonne à gauche, au-dessous de laquelle on écrit la dernière somme partielle.*

24. **Application.** — On a mesuré 4 droites en prenant pour unité une longueur connue appelée *mètre*, et l'on a trouvé respectivement 5 186^m, 479^m, 7 287^m et 95^m : quelle est la longueur de la ligne que l'on obtiendrait en mettant ces 4 droites, bout à bout, les unes à la suite des autres? — On dispose le calcul comme on le voit dans l'opération suivante :

$$\begin{array}{r} 5\ 186 \\ 479 \\ 7\ 287 \\ 95 \\ \hline 13\ 047 \end{array}$$

On dit : 6 et 9 .... 15, et 7 .... 22, et 5 .... 27; je pose 7 et je retiens 2. — 2 et 8 .... 10, et 7 .... 17, et 8 .... 25, et 9 .... 34; je pose 4 et je retiens 3. — 3 et 1 .... 4, et 4 .... 8, et 2 .... 10; je pose 0 et je retiens 1. — 1 et 5 .... 6, et 7 .... 13; je pose 13.

25. **Preuve.** — On vérifie l'exactitude d'une somme en ajoutant les mêmes nombres dans un ordre différent : le résultat doit être le même, car il contient toujours toutes les unités des nombres ajoutés et n'en contient pas d'autres, si l'opération a été bien faite. La vérification la plus simple consiste à refaire l'addition de bas en haut, quand on a opéré d'abord de haut en bas. Cette seconde opération est la *preuve* de la première.

26. Somme indiquée. — Au lieu d'effectuer une addition, on se contente quelquefois de l'indiquer en écrivant les nombres que l'on veut ajouter à la suite les uns des autres et en mettant le signe $+$, qui s'énonce *plus*, entre les nombres consécutifs: l'expression $5 + 4 + 27$ est une *somme indiquée*; 36 est la *somme effectuée* des mêmes nombres.

27. Pour exprimer qu'une somme indiquée $5 + 4 + 27$ doit être ajoutée à un nombre 12, on écrit : $12 + (5 + 4 + 27)$. Il est évident que cette somme est égale à celle-ci : $12 + 5 + 4 + 27$, car les unités qui les composent sont les mêmes. On écrit : $12 + (5 + 4 + 27) = 12 + 5 + 4 + 27$; le signe $=$ s'énonce *égale*, et l'expression est une *égalité* ; le nombre qui précède le signe $=$ est le *premier membre de l'égalité* ; celui qui le suit en est le *second membre*.

Pour exprimer qu'un nombre 12 est plus grand qu'un autre nombre 7, on écrit $12 > 7$; de même $7 < 12$ signifie que 7 est plus petit que 12.

28. Plus généralement, étant donnée une somme indiquée telle que $(5 + 4 + 3) + (2 + 7) + 15 + (5 + 8 + 1)$, on peut enlever les parenthèses et écrire :

$$5 + 4 + 3 + 2 + 7 + 15 + 5 + 8 + 1.$$

La seconde somme contient les unités de la première et n'en contient pas d'autres ; elle lui est égale.

29. Soustraction des nombres entiers. — La *soustraction* est une opération inverse de l'addition :

Elle a pour but, étant donnés deux nombres, de retrancher du plus grand toutes les unités qui composent le plus petit, c'est-à-dire, en d'autres termes, *de trouver un troi-*

sième nombre qui, ajouté au second, donne pour somme le premier. Le résultat s'appelle *reste, excès* ou *différence.*

Le plus grand nombre s'appelle aussi le *premier terme de la différence,* et l'autre le *second terme.*

On indique la soustraction en mettant le signe —, qui s'énonce *moins,* entre le premier terme et le second. L'expression 47 — 29 indique que l'on doit retrancher 29 de 47, et s'énonce : 47 moins 29.

Nous examinerons trois cas :

30. Premier cas. Le nombre à retrancher n'a qu'un seul chiffre.

RÈGLE. *On retranche du premier terme successivement toutes les unités du second.*

Remarque. — Étant donné un nombre, on connaît, par la numération, le nombre qui a une unité de moins. La pratique permet de faire rapidement ces soustractions successives ; ainsi on parvient facilement à dire : 9 ôté de 17, il reste 8 ; ou plus simplement : 9 de 17 .... 8.

31. Deuxième cas. Le second terme a plusieurs chiffres, mais chacun de ses chiffres est au plus égal au chiffre du premier terme qui exprime des unités du même ordre.

RÈGLE. *On écrit le second terme au-dessous du premier en faisant correspondre les chiffres à partir de la droite ; puis on retranche chaque chiffre du deuxième terme du chiffre placé au-dessus et l'on écrit le reste au-dessous : le nombre formé par ces restes successifs est le nombre cherché.*

Il est évident, en effet, que si l'on ajoute ce nombre au second terme on trouve pour somme le premier.

Exemple. — On avait une somme de 16 989 francs ; on a

dépensé 3 468 francs ; que reste-il ? Voici le tableau de l'opération :

$$46\ 989$$
$$3\ 468$$
$$\overline{43\ 524}$$

On dit : 8 de 9 .... 1 ; 6 de 8 .... 2 ; 4 de 9 .... 5 ; 3 de 6 .... 3 ;
0 de 4 .... 4. Il reste 43 524 francs.

32. Troisième cas. Un ou plusieurs chiffres du second
terme sont plus grands que les chiffres correspondants du
premier.

RÈGLE. *On commence l'opération comme dans le cas
précédent et, quand on arrive à une soustraction partielle
impossible, on retranche le chiffre inférieur du chiffre correspondant augmenté de 10 ; on continue ensuite en ayant
soin d'ajouter 1 au chiffre inférieur suivant avant de le
retrancher du chiffre correspondant.*

Exemple. — Soit à retrancher 2 738 de 5 372. Voici le tableau de l'opération :

$$5\ 372$$
$$2\ 738$$
$$\overline{2\ 634}$$

On dit : 8 de 12 .... 4 ; 4 de 7 .... 3 ; 7 de 13 .... 6 ; 3 de 5
.... 2. Le nombre cherché est 2 634.

Démonstration. Il résulte en effet des opérations successives que l'on vient de faire que, si l'on ajoute **2 634** à
2 738 augmenté d'une unité et d'une centaine, on doit
trouver **5 372** augmenté aussi d'une unité et d'une centaine ; donc, en ajoutant **2 634** au second terme, on doit
trouver le premier.

Remarque. — L'exactitude de la règle précédente résulte
aussi de ce principe évident : que la différence entre deux nom-

bres reste la même, quand on augmente les deux termes d'un même nombre.

33. Preuve. — On vérifie une soustraction en ajoutant le reste au second terme; la somme doit égaler le premier.

*34. Quand on a à retrancher un nombre quelconque de l'unité suivie d'autant de zéros qu'il y a de chiffres dans ce nombre, on écrit immédiatement le reste en soustrayant, à partir de la gauche, chaque chiffre du second terme de 9, et le dernier, à droite, de 10. Il est évident en effet que le nombre 1 000, par exemple, est égal à 990 + 10. On voit ainsi tout de suite que

$$1\ 000 - 742 = 258.$$

*35. **Soustraction par** *complément*. — Le complément d'un nombre est l'excès sur ce nombre de l'unité suivie d'autant de zéros qu'il y a de chiffres dans ce nombre.

RÈGLE. *Pour retrancher un nombre d'un autre, il suffit d'ajouter au plus grand le complément du plus petit, et de diminuer la somme ainsi obtenue d'une unité de l'ordre immédiatement supérieur à l'ordre des plus hautes unités du plus petit nombre.*

Exemple. — Soit à retrancher 742 de 12 746. J'ajoute 258 à 12 746, et de la somme 13 004 je retranche un mille; le reste cherché est 12 004. En effet le nombre 13 004 contient de trop le nombre ajouté 258 et le nombre 742 que l'on devait retrancher; il a donc de trop la somme de ces nombres, c'est-à-dire 1 000. On peut disposer le calcul de la manière suivante en indiquant par 1 l'unité que l'on doit retrancher :

$$
\begin{array}{r}
12\ 746 \\
1\ 258 \\
\hline
12\ 004 \\
\hline
\end{array}
$$

Cette manière d'opérer est utile quand on a à faire plusieurs additions ou soustractions successives.

Exemple. — Une personne a gagné 487 francs ; puis elle a perdu 68 fr. ; ensuite elle a gagné 153 fr. et perdu 354 fr. et 27 fr. ; combien a-t-elle gagné? Voici le tableau du calcul :

$$
\begin{array}{r}
487 \\
\overline{1}32 \\
153 \\
\overline{1}\ 646 \\
\overline{1}73 \\
\hline
191
\end{array}
$$

Réponse : 191 francs.

36. Addition d'une différence indiquée. — Règle.

Pour ajouter à un nombre une différence indiquée, il suffit d'ajouter à ce nombre le premier terme de la différence et de retrancher de la somme le deuxième terme. Ainsi $9 + (7 - 3) = 9 + 7 - 3$. En effet, en ajoutant 7 qui est composé de 3 et de la différence entre 7 et 3, on ajoute ces deux parties ; en retranchant ensuite 3, on n'a ajouté en définitive que la différence $7 - 3$.

37. Soustraction d'une différence indiquée. —

Règle. *Pour retrancher d'un nombre donné une différence indiquée, il suffit de retrancher le premier terme et d'ajouter ensuite le second.* Ainsi $9 - (7 - 3) = 9 - 7 + 3$. La démonstration est analogue.

38. Pour retrancher une somme, il suffit évidemment de retrancher successivement tous ses termes. Ainsi :
$$347 - (54 + 3 + 12) = 347 - 54 - 3 - 12.$$

39. On étend facilement ces règles à plusieurs opérations successives. Ainsi :
$$52 + (7 - 3) + (4 + 2 + 8) - (9 - 4) - (7 + 2)$$
$$= 52 + 7 - 3 + 4 + 2 + 8 - 9 + 4 - 7 - 2.$$

Chapitre II. — Multiplication des nombres entiers.

40. Multiplication des nombres entiers. — L'addition présente un cas particulier important, celui où tous les nombres à ajouter sont égaux. On peut calculer une telle somme par une règle plus expéditive que celle de l'addition, et qui constitue une opération particulière, appelée *multiplication*.

La multiplication des nombres entiers a pour but de répéter un nombre appelé multiplicande un nombre de fois exprimé par un autre nombre appelé multiplicateur.

Le résultat de l'opération est appelé *produit ;* le multiplicande et le multiplicateur sont les *facteurs* du produit.

Le produit est aussi appelé un *multiple* du multiplicande. En multipliant un nombre par 2, par 3,... on a les multiples successifs 2 fois, 3 fois.... plus grands que le nombre. En multipliant des nombres différents par un même nombre, on trouve des *équi-multiples* de ces nombres.

On indique la multiplication de deux nombres en mettant entre les deux facteurs le signe $\times$, qui s'énonce *multiplié par*. On remplace quelquefois ce signe par un point. Quand les facteurs d'un produit sont entre parenthèses, on se dispense ordinairement de mettre le signe de la multiplication. Il en est de même quand on convient de représenter les facteurs par des lettres.

Pour établir la règle pratique de la multiplication, nous examinerons cinq cas.

41. Premier cas. *Multiplier un nombre d'un seul chiffre par un nombre d'un seul chiffre.*

Pour faire une telle multiplication, il n'y a pas de règle plus simple que l'addition. Mais comme les produits de cette espèce ne sont pas très nombreux, on les apprend par cœur, ou bien on en fait un tableau que l'on consulte au besoin.

Table de Pythagore.

1	2	3	4	5	6	7	8	9
2	4	6	8	10	12	14	16	18
3	6	9	12	15	18	21	24	27
4	8	12	16	20	24	28	32	36
5	10	15	20	25	30	35	40	45
6	12	18	24	30	36	42	48	54
7	14	21	28	35	42	49	56	63
8	16	24	32	40	48	56	64	72
9	18	27	36	45	54	63	72	81

Pour la composer, on écrit les neuf premiers nombres sur une première ligne horizontale ; on ajoute chaque chiffre à lui-même et l'on écrit les nombres trouvés au-dessous : on a ainsi une deuxième ligne composée des produits des neuf premiers nombres par 2. On ajoute à chaque nombre de la deuxième ligne le nombre correspondant de la première, et l'on compose une troisième ligne contenant les produits des mêmes nombres par 3. On continue de la même manière en ajoutant à chaque nombre de la dernière ligne le nombre correspondant de la première, jusqu'à ce que l'on ait composé la neuvième ligne.

42. Deuxième cas. *Multiplier un nombre de plusieurs chiffres par un nombre d'un seul chiffre.*

Soit à multiplier 563 par 4. En faisant l'addition de 4 nombres égaux à 563, on remarque que la somme des chiffres de la colonne des unités est le produit du chiffre 3 des unités du multiplicande par le multiplicateur 4 ; que la somme de la colonne des dizaines est le produit du chiffre 6 des dizaines du multiplicande par 4, et ainsi de suite. On peut donc trouver le produit plus simplement que par l'addition, en appliquant la règle suivante : *Pour multiplier un nombre de plusieurs chiffres par un nombre d'un seul chiffre, on multiplie successivement tous les chiffres du multiplicande, à partir de la droite, par le multiplicateur ; on écrit le chiffre des unités de chaque produit partiel au-dessous du chiffre correspondant du multiplicande, et on ajoute le chiffre des dizaines, s'il y en a un, au produit suivant.*

43. Troisième cas. *Multiplier un nombre quelconque par l'unité suivie d'un ou de plusieurs zéros.*

Soit à multiplier 7 542 par 100, c'est-à-dire à faire la somme de 100 nombres égaux à 7 542. Je décompose ces 100 nombres en unités et je remarque qu'en ajoutant les unités qui occupent un même rang dans tous ces nombres je trouve une somme partielle égale à 100 ; la somme totale contient donc 7 542 centaines, et, par suite, pour l'exprimer, on n'a qu'à mettre deux zéros à la droite de 7 542.

Règle. *Pour multiplier un nombre par l'unité suivie d'un certain nombre de zéros, on met ces zéros à la droite du nombre.*

44. Quatrième cas. *Multiplier un nombre quelconque par un chiffre quelconque suivi de zéros.*

Soit à multiplier 7 542 par 300. Je remarque que les unités du nombre 300 peuvent être distribuées en 100 colonnes de 3 unités chacune ; puis je remplace, par la pensée, chacune de ces unités par 7 542, et j'ai ainsi un tableau de 300 nombres dont la somme est le produit de

7 542 par 300 ; or la somme des nombres de chaque colonne est le produit de 7 542 par 3, et, comme il y a 100 colonnes, on trouvera le produit demandé en multipliant par 100 le produit de 7 542 par 3. Donc :

Règle. *Pour multiplier un nombre quelconque par un chiffre suivi d'un certain nombre de zéros, il suffit de multiplier ce nombre par ce chiffre, et d'écrire à la suite du produit les zéros du multiplicateur.*

45. Cinquième cas. *Multiplier un nombre quelconque par un nombre quelconque.*

Soit à multiplier 4 267 par 359. On trouverait ce produit en ajoutant 359 nombres égaux à 4 267. Or, il résulte de la composition du multiplicateur 359 que le tableau de cette addition peut être décomposé en trois tableaux partiels composés respectivement de 9 nombres égaux à 4 267, de 50 et de 300 de ces nombres. On trouvera donc le produit en multipliant 4 267 successivement par 9, par 50 et par 300 et en faisant ensuite la somme de ces produits partiels. En mettant ces produits partiels les uns au-dessous des autres pour les ajouter, on pourra supprimer le zéro qui termine le second et les deux zéros du troisième, en ayant soin de mettre le premier chiffre à droite du second produit, sous les dizaines du premier, et ainsi de suite, chaque produit devant être avancé d'un rang vers la gauche à partir du second.

Règle générale. *Pour multiplier deux nombres quelconques, on écrit le multiplicateur au-dessous du multiplicande et on souligne ; puis on multiplie le multiplicande successivement par chaque chiffre du multiplicateur, à partir de la droite ; on écrit ces produits partiels les uns au-dessous des autres, en avançant chaque produit d'un rang vers la gauche, à partir du second ; on met ensuite un trait au-dessous de tous ces produits et on les ajoute.*

2.

46. Abréviations. 1° Lorsque le multiplicande est terminé par un ou plusieurs zéros, on fait la multiplication sans en tenir compte, et on les met ensuite à la droite du produit : si l'on ajoutait 37 nombres égaux à 47 800, on trouverait évidemment la somme de 37 nombres égaux à 478, suivie de deux zéros.

2° On peut faire une remarque analogue pour toute multiplication dont le multiplicateur est terminé par des zéros, et la démonstration est la même que pour la règle du quatrième cas de la multiplication.

3° Lorsque le multiplicateur a un ou plusieurs zéros entre ses chiffres significatifs, on avance d'un rang de plus, ou de deux, *etc.*, vers la gauche, le premier produit partiel suivant.

Exemple :

$$
\begin{array}{r}
843 \\
20\ 034 \\
\hline
3\ 372 \\
25\ 29 \\
16\ 860\ 0 \\
\hline
16\ 888\ 662 \\
\end{array}
$$

47. Théorème. *Le produit de deux nombres ne change pas quand on intervertit l'ordre des facteurs.*

Je dis que $352 \times 48 = 48 \times 352$. Pour le démontrer, je fais la première opération en ajoutant 48 nombres égaux à 352 décomposé en unités ; chacune de ces unités sera ainsi répétée 48 fois dans le tableau de l'addition et donnera par suite 48 dans le résultat : ce résultat contiendra donc 352 fois 48 et ne sera autre chose que le produit de 48 par 352.

48. Preuve de la multiplication. — Pour vérifier une multiplication, on multiplie le multiplicateur par le multiplicande : on doit trouver le même produit ; ou bien, on multiplie le multiplicande par le complément du multiplicateur et l'on ajoute ce second produit au premier : la somme doit égaler évidemment le multiplicande suivi d'autant de zéros qu'il y a de chiffres au multiplicateur.

49. Théorème. *Le produit de deux nombres a au plus autant de chiffres qu'il y en a dans les deux facteurs, et au moins ce nombre moins un.*

En effet, un multiplicateur composé de 4 chiffres, par exemple, est compris entre l'unité suivie de 4 zéros et l'unité suivie de 3 zéros. Le produit d'un nombre quelconque par un tel multiplicateur est donc compris entre les nombres obtenus en mettant 1° 4 zéros et 2° 3 zéros à la droite du multiplicande; ce qui démontre le principe.

Remarque. — Lorsque le produit des deux premiers chiffres à gauche est un nombre de deux chiffres, le produit a autant de chiffres qu'il y en a dans les deux facteurs : le produit de 746 par 38 est plus grand que 24 000.

***50. Théorème.** Pour multiplier une somme indiquée par un nombre, il suffit de multiplier par ce nombre chaque partie de la somme.*

En effet,

$$(4+7+2)3 = (4+7+2)+(4+7+2)+(4+7+2)$$
$$= 4+7+2+4+7+2+4+7+2$$
$$= 4+4+4+7+7+7+2+2+2$$
$$= (4+4+4)+(7+7+7)+(2+2+2)$$
$$= 4\times3+7\times3+2\times3.$$

On a aussi $3\times(4+7+2) = 3\times4+3\times7+3\times2$.

Inversement : *La somme de plusieurs produits qui ont un facteur commun est égale au produit du facteur commun multiplié par la somme des facteurs non communs.*

En effet, $4\times3+7\times3+2\times3 = 3\times(4+7+2)$.

***51. Théorème.** Pour multiplier une somme par une somme, on multiplie successivement chaque terme du multi-*

plicande par chaque terme du multiplicateur, et l'on ajoute les produits partiels ainsi obtenus.

$$(7 + 3)\,(4 + 5) = (7 + 3)\,4 + (7 + 3)\,5$$
$$= 7 \times 4 + 3 \times 4 + 7 \times 5 + 3 \times 5.$$

*52. De même :

$$(7 - 4) \times 3 = (7 - 4) + (7 - 4) + (7 - 4)$$
$$= 7 - 4 + 7 - 4 + 7 - 4$$
$$= 7 + 7 + 7 - 4 - 4 - 4$$
$$= 7 \times 3 - 4 \times 3.$$

De même,

$$3 \times (7 - 4) = (7 - 4) \times 3 = 7 \times 3 - 4 \times 3 = 3 \times 7 - 3 \times 4.$$

* 53. De même :

$$(7 - 4)\,(5 - 2) = (7 - 4)\,5 - (7 - 4)\,2$$
$$= 7 \times 5 - 4 \times 5 - (7 \times 2 - 4 \times 2)$$
$$= 7 \times 5 - 4 \times 5 - 7 \times 2 + 4 \times 2.$$

On trouve de même $(7 + 3)\,(7 - 3) = 7 \times 7 - 3 \times 3.$

54. Produit de plusieurs facteurs. — Le produit de plusieurs nombres est le résultat auquel on arrive en multipliant d'abord le premier nombre par le second, puis le produit ainsi obtenu par le troisième, et ainsi de suite par tous les nombres.

*55. Théorème. *Dans un produit de plusieurs facteurs on peut intervertir l'ordre des facteurs d'une manière quelconque, sans changer le produit.*

Soit d'abord un produit de trois facteurs.

1° $5 \times 3 \times 4 = 5 \times 3 \times 4$; cela résulte évidemment du § 47.

2° $5 \times 3 \times 4 = 5 \times 4 \times 3.$ En effet,

$$5 \times 3 \times 4 = (5 + 5 + 5) \times 4$$
$$= 5 \times 4 + 5 \times 4 + 5 \times 4$$
$$= 5 \times 4 \times 3.$$

3° $5 \times 3 \times 4 = 4 \times 3 \times 5$. En effet,
$$5 \times 3 \times 4 = 5 \times 4 \times 3 = 4 \times 5 \times 3 = 4 \times 3 \times 5.$$

La démonstration est analogue pour les deux autres produits : $3 \times 4 \times 5, 4 \times 5 \times 3$.

Soit maintenant un produit d'un nombre quelconque de facteurs : dans un tel produit on peut intervertir l'ordre de deux facteurs consécutifs quelconques. Ainsi,

$$3 \times 5 \times 4 \times 8 \times 7 \times 2 = 3 \times 5 \times 4 \times 7 \times 8 \times 2.$$

On a, en effet, $(3 \times 5 \times 4) \times 8 \times 7 = (3 \times 5 \times 4) \times 7 \times 8$, ou bien $3 \times 5 \times 4 \times 8 \times 7 = 3 \times 5 \times 4 \times 7 \times 8$, et par suite $3 \times 5 \times 4 \times 8 \times 7 \times 2 = 3 \times 5 \times 4 \times 7 \times 8 \times 2$.

Il résulte de cette proposition que l'on peut, de proche en proche, faire passer un facteur quelconque à une place quelconque ; ce qu'il fallait démontrer.

*56. **Théorème**. *Pour multiplier un nombre par un produit indiqué, il suffit de multiplier ce nombre d'abord par le premier facteur de ce produit puis le résultat, par le second facteur, et ainsi de suite par tous les facteurs.*

En effet,
$$\begin{aligned} 7 \times (3 \times 4) &= (3 \times 4) \times 7 \\ &= 3 \times 4 \times 7 \\ &= 7 \times 3 \times 4. \end{aligned}$$

Remarque. — On ne voit pas immédiatement que les nombres représentés par les expressions $7 \times (3 \times 4), 7 \times 3 \times 4$ soient égaux, parce que les opérations indiquées ne sont pas les mêmes ; les nombres $(3 \times 4) \times 7, 3 \times 4 \times 7$ sont évidemment égaux, les calculs à effectuer étant les mêmes.

*57. **Théorème**. *Dans un produit de plusieurs facteurs on peut remplacer plusieurs facteurs par leur produit.*

Ainsi $4 \times 7 \times 3 \times 8 \times 5 = 4 \times (7 \times 8) \times 3 \times 5$.
En effet, on a
$$\begin{aligned} 4 \times 7 \times 3 \times 8 \times 5 &= 7 \times 8 \times 4 \times 3 \times 5 \\ &= (7 \times 8) \times 4 \times 3 \times 5 \\ &= 4 \times (7 \times 8) \times 3 \times 5. \end{aligned}$$

***58. Théorème.** *Pour multiplier un produit par un nombre, il suffit de multiplier un facteur de ce produit par ce nombre.*

On a
$$(7 \times 3 \times 8) \times 4 = 7 \times 3 \times 8 \times 4$$
$$= 3 \times 4 \times 7 \times 8$$
$$= (3 \times 4) \times 7 \times 8$$
$$= 7 \times (3 \times 4) \times 8.$$

59. Puissance. — Une *puissance* d'un nombre est le produit de plusieurs facteurs égaux à ce nombre : $7 \times 7 \times 7$ est la troisième puissance de 7 ; on l'indique plus simplement, par convention, par l'expression 7^3 ; 3 est l'exposant ou le degré de la puissance : 7^1 ou 7, 7^2, 7^3, 7^4, *etc.*, sont les puissances successives de 7.

La deuxième puissance d'un nombre est aussi appelée le *carré* de ce nombre, et la troisième, le *cube*.

Avec cette notation, l'égalité
$$(7 + 3)(7 - 3) = 7 \times 7 - 3 \times 3$$
s'écrit : $(7 + 3)(7 - 3) = 7^2 - 3^2$.

***60.** On énoncera facilement en langage ordinaire les principes suivants :

1° $(7 \times 4)^3 = 7^3 \times 4^3$. En effet,
$$(7 \times 4)^3 = (7 \times 4)(7 \times 4)(7 \times 4) = 7 \times 4 \times 7 \times 4 \times 7 \times 4$$
$$= 7 \times 7 \times 7 \times 4 \times 4 \times 4 = (7 \times 7 \times 7)(4 \times 4 \times 4)$$
$$= 7^3 \times 4^3.$$

2° $7^3 \times 7^2 = 7^{3+2} = 7^5$. En effet :
$$7^3 \times 7^2 = (7 \times 7 \times 7)(7 \times 7) = 7 \times 7 \times 7 \times 7 \times 7 = 7^5.$$

3° $(2^4 \times 3^7 \times 5^2)(2^2 \times 3 \times 8^3) = 2^{4+2} \times 3^{7+1} \times 5^2 \times 8^3$. La démonstration est analogue à la précédente.

4° $(7^3)^2 = 7^{3 \times 2}$, car $(7^3)^2 = 7^3 \times 7 = 7^{3+3} = 7^{3 \times 2}$.

5° $(5 + 4)^2 = 5^2 + 2(5 \times 4) + 4^2$. En effet,
$$(5 + 4)^2 = (5 + 4)(5 + 4) = 5 \times 5 + 4 \times 5 + 5 \times 4 + 4 \times 4$$
$$= 5^2 + 2(5 \times 4) + 4^2.$$

On voit de même que $(7 - 3)^2 = 7^2 - 2(7 \times 3) + 3^2$.

61. Abréviations dans certaines multiplications.— 1° Pour trouver le produit de deux nombres compris entre 10 et 20, on ajoute au multiplicande le chiffre des unités du multiplicateur, on multiplie la somme par 10 et l'on ajoute au produit le produit des chiffres des unités des deux facteurs.

$$15 \times 18 = 15 \times 10 + 10 \times 8 + 5 \times 8$$
$$= (15 + 8)\, 10 + 5 \times 8.$$

2°
$$7\ 458 \times 99 = 7\ 45800 - 7\ 458\,;$$
$$7\ 458 \times 101 = 743\ 800 + 7\ 458.$$

3° Quand le multiplicateur est un produit de facteurs simples, on multiplie le multiplicande successivement par ces facteurs : $759 \times 48 = 759 \times 6 \times 8$.

4° Quand on a plusieurs multiplications à faire dans lesquelles le multiplicande est le même, on fait un tableau des multiples du multiplicande par tous les chiffres jusqu'à 9, et l'on n'a qu'à copier ces multiples et à faire des additions.

CHAPITRE III. — DIVISION DES NOMBRES ENTIERS.

62. Division des nombres entiers.— La division est une opération inverse de la multiplication. Étant donnés deux nombres, la multiplication permet d'en trouver un troisième qui contienne le premier un nombre de fois exprimé par le second. *La division des nombres entiers a pour but de trouver le nombre exact de fois, ou le plus grand nombre de fois, qu'un nombre appelé dividende contient un autre nombre appelé diviseur.*

En d'autres termes, la division des nombres entiers a pour but, étant donnés deux nombres, d'en trouver un troisième qui, multipliant le second, donne pour produit le premier, ou le plus grand multiple du second contenu dans le premier. Le nombre trouvé est le *quotient* de la division. On indique la division en mettant deux points entre le dividende et le diviseur. Ex. 35 : 7 ; on lit : 35 divisé par 7.

Si le dividende est un multiple du diviseur, le quotient est *exact ;* dans le cas contraire, le nombre entier trouvé est un *quotient approché ;* nous l'appellerons le *quotient entier par défaut,* ou simplement le *quotient entier ;* et nous appellerons *quotient entier par excès* le nombre entier suivant : 5 est le quotient exact de la division de 40 par 8 ; 7 est le quotient entier par défaut et 8 le quotient entier par excès de la division de 38 par 5.

L'excès du dividende sur le plus grand multiple du diviseur qui lui est inférieur est le *reste* de la division : 3 est le reste de la division de 38 par 5.

Le résultat d'une division est appelé *quotient* parce qu'il exprime *combien de fois* [1] le diviseur est contenu dans le dividende. L'opération est appelée *division*, parce que le quotient est l'une des parties que l'on trouverait en partageant le dividende en autant de parties égales qu'il y a d'unités dans le diviseur, ou le plus grand nombre entier que l'on puisse attribuer à chaque partie. Si l'on partage 40 en 5 parties égales, chaque partie est égale à 8 ; si l'on voulait partager 43 en 5 parties égales, on pourrait donner 8 unités à chaque partie, mais on ne pourrait pas en donner 9.

63. Il résulte de la définition de la division que si l'on rend le dividende d'une division exacte, un certain nombre de fois plus grand, 10 fois par exemple, le quotient devient ce même nombre de fois plus grand : le nouveau dividende serait en effet la somme de 10 nombres égaux au premier.

---

1. Traduction du mot latin *quoties*.

64. On pourrait trouver, par des soustractions successives, combien de fois le dividende contient le diviseur. La règle de calcul appelée division permet d'arriver plus rapidement au même résultat. Pour établir cette règle, nous examinerons trois cas.

65. Premier cas. *Le diviseur n'a qu'un chiffre et il est contenu moins de 10 fois dans le dividende.*

Le quotient n'a qu'un chiffre lorsque le dividende est moindre que le nombre qui contient 10 fois le diviseur, c'est-à-dire moindre que le nombre obtenu en mettant un zéro à la droite du diviseur. La table de Pythagore fait connaître le quotient. Ex. : en 35 combien de fois 7 ? 5 fois ; en 38 combien de fois 7 ? 5 fois.

RÈGLE. *On cherche, dans la table de Pythagore, et dans la colonne du diviseur, le dividende ou le plus grand multiple du diviseur contenu dans le dividende : le rang de la ligne correspondante est le quotient.*

66. Deuxième cas. *Le diviseur a plusieurs chiffres et il est contenu moins de 10 fois dans le dividende.*

RÈGLE. *On ramène la division au premier cas en supprimant, par la pensée, à la droite du dividende et du diviseur, autant de chiffres moins un qu'il y en a au diviseur : le quotient trouvé n'est jamais trop faible, mais il peut être trop fort ; pour le vérifier, on multiplie le diviseur par le chiffre trouvé et le produit ne doit pas surpasser le dividende.*

Soit à diviser **2 648** par **689**.

1° Le quotient 4 de la division de **26** par **6** ne peut pas être trop faible, car le nombre qui contient 6 centaines 5 fois a au moins une centaine de plus que 26 centaines, et est par suite plus grand que **2 648** ; c'est donc vrai à plus forte raison pour le nombre qui contient 5 fois 689.

2° Le chiffre 4 peut être trop fort, car, en calculant par la multiplication le nombre qui contient 4 fois le diviseur, il pourra se faire que le produit de 6 par 4 soit augmenté d'une retenue plus grande que l'excès de 26 sur ce produit. Cela a lieu dans l'exemple donné. Dans ce cas on diminue ce chiffre de 1 et l'on vérifie de nouveau : 3 n'est pas trop fort ; il reste 581.

Voici le tableau du calcul :

$$\begin{array}{c|c} 2648 & 689 \\ 581 & 3 \end{array}$$

Première remarque. — Pour calculer ce reste, on peut multiplier le diviseur par 3 et retrancher le produit du dividende. On le fait plus simplement en retranchant les produits partiels successifs, en disant : 3 fois 9 .... 27, de 28 .... 1 ; je retiens 2 ; 3 fois 8 .... 24 et 2 .... 26, de 34 .... 8 ; je retiens 3 ; 3 fois 6 .... 18 et 3 .... 21, de 26 .... 5. L'exactitude de cette manière d'opérer résulte de ce principe que la différence entre deux nombres reste la même quand on les augmente d'un même nombre.

Deuxième remarque. — Dans la crainte de mettre au quotient un chiffre trop fort, on met quelquefois un chiffre trop faible : le reste ne doit ni surpasser ni égaler le diviseur.

67. Troisième cas. Le quotient a plusieurs chiffres.

La théorie de ce troisième cas repose sur le théorème suivant :

Théorème. *Pour trouver combien le quotient d'une division contient d'unités d'un certain ordre, il suffit de diviser par le diviseur le nombre qui exprime combien le dividende contient d'unités de cet ordre.*

Pour trouver combien le quotient de la division de 314 534 par 732 contient de dizaines, je dis qu'il suffit de chercher combien de fois le diviseur 732 est contenu dans 31 453. Pour le démontrer je suppose que 31 453 contienne 42 fois 732 et un reste moindre que 732. D'après cette hypothèse ou ce fait, le nombre qui contient exactement 42 fois 732 est moindre que 31 453 ; par conséquent, le nombre qui contient 420 fois 732 est moindre que 314 530, et à plus forte raison moindre que 314 534. — Au contraire, le nombre qui contient le diviseur 45 fois est, d'après la même hypothèse, plus grand que 31 453; il est donc au moins égal à 31 454 ; par suite, le nombre qui contient le diviseur 450 fois est au moins égal à 314 540, c'est-à-dire plus grand que le dividende. Le quotient contient donc 42 dizaines et n'en contient pas davantage.

68. Soit maintenant à diviser 314 534 par 732. Le dividende est compris entre le nombre 73 200 qui contient 100 fois le diviseur, et le nombre 732 000 qui le contient 1 000 fois; le quotient est donc compris entre 100 et 1 000 et il a 3 chiffres. Pour trouver le chiffre des centaines, je divise 3 145 par 732, d'après le théorème précédent. Cette division, effectuée d'après la règle du deuxième cas, donne 4 pour quotient et 217 pour reste; le dividende est donc égal à 400 fois le diviseur plus 21 734. Pour trouver le chiffre des dizaines on divise, pour la même raison, 2 173 par 732 : on trouve 2 pour quotient et 709 pour reste ; le dividende est donc égal à 420 fois le diviseur plus 7 094. En divisant ce dernier nombre, on trouve le chiffre 9 des unités du quotient et un reste 506. Le quotient cherché est donc 429.

Voici le tableau du calcul :

$$\begin{array}{c|c} 314534 & 752 \\ \hline 2173 & \overline{429} \\ 7094 & \\ 506 & \end{array}$$

69. RÈGLE GÉNÉRALE. *On prend sur la gauche du dividende, en les séparant par un point, assez de chiffres successifs pour que le nombre qu'ils expriment contienne au moins une fois et moins de 10 fois le diviseur : ce nombre*

est le premier dividende; on le divise par le diviseur et l'on trouve le chiffre des plus hautes unités du quotient. On multiplie le diviseur par ce chiffre, on retranche le produit du premier dividende et l'on écrit le reste au-dessous ; à la droite de ce reste on écrit le chiffre du dividende primitif qui suit le premier dividende, et l'on a le deuxième dividende. En divisant ce deuxième dividende par le diviseur, on trouve le second chiffre du quotient ; on l'écrit à la droite du premier, et l'on continue de la même manière jusqu'à ce que l'on ait abaissé tous les chiffres du dividende primitif à la droite des restes successifs. Les chiffres trouvés par les divisions partielles successives forment le quotient, et le dernier reste, s'il y en a un, est le reste de la division.

70. Quand l'un des dividendes successifs est moindre que le diviseur, on met un zéro au quotient ; puis on abaisse un autre chiffre pour former le nouveau dividende.

71. Quand le quotient a beaucoup de chiffres, on simplifie les opérations en calculant d'avance les multiples du diviseur par les divers chiffres.

72. Preuve. Pour vérifier une division, on multiplie le diviseur par le nombre écrit au quotient ; on ajoute le reste au produit et l'on doit trouver le dividende.

73. Il résulte de la règle générale de la division, que le quotient a autant de chiffres qu'il y en a au dividende moins autant qu'il y en au diviseur, ou un de plus.

74. Théorème. *Tout nombre qui divise tous les termes d'une somme ou les deux termes d'une différence divise la somme ou la différence.*

En effet, des égalités

$$21 = 6 \times 4$$
$$60 = 6 \times 10$$

résultent les suivantes :

$$24 + 60 = 6(4 + 10)$$
$$60 - 24 = 6(10 - 4).$$

75. **Théorème.** *Si un nombre divise un facteur d'un produit, il divise le produit.*

Car ce produit est une somme dont tous les termes sont divisibles par ce nombre.

Corollaire. — Il résulte des deux théorèmes précédents que tout nombre, qui divise le dividende et le diviseur d'une division qui donne un reste, divise aussi ce reste ; et que, réciproquement, tout nombre qui divise le reste et le diviseur divise le dividende.

76. Théorème. *Pour diviser par un nombre une somme dont tous les termes sont divisibles par ce nombre, il suffit de diviser successivement chaque partie de la somme par ce nombre et d'ajouter les quotients ainsi obtenus.*

Les nombres 2, 3 et 5 étant les quotients des divisions des nombres 12, 18 et 30 par 6, on a

$$12 = 6 \times 2,$$
$$18 = 6 \times 3,$$
$$30 = 6 \times 10,$$

et par suite $12 + 18 + 30 = 6(2 + 3 + 10)$, égalité qui signifie que $2 + 3 + 10$ est le quotient de la division de $12 + 18 + 30$ par 6.

Remarque. — Il y a un théorème analogue pour la différence.

77. *Pour diviser un produit par un nombre qui divise exactement l'un de ses facteurs, il suffit de diviser ce facteur par ce nombre.*

Soit $12 = 6 \times 2$; on a

$$7 \times 12 \times 8 = 12 \times 7 \times 8$$
$$= 6 \times 2 \times 7 \times 8$$
$$= (7 \times 2 \times 8)\,6 ;$$

C. Q. F. D.

*78. **Théorème.** *Pour diviser un nombre par un produit, il suffit de diviser ce nombre par le premier facteur, puis le quotient par le deuxième facteur, et ainsi de suite par tous les facteurs.*

1° Le nombre est divisible par le produit. Soit

$$360 = (3 \times 4 \times 5)\, 6.$$

En divisant 360 ou $3 \times 4 \times 5 \times 6$ par 3, on trouve pour quotient $4 \times 5 \times 6$; en divisant ce quotient par 4, on trouve 5×6, et ce second quotient divisé par 5 donne 6. C. Q. F. D.

2° Le nombre n'est pas divisible par le produit. Soit à diviser 367 par $3 \times 4 \times 5$. On a

$$367 = 3 \times 122 + 1,$$
$$122 = 4 \times 30 + 2,$$
$$30 = 5 \times 6 ;$$

ou bien

$$367 > 3 \times 122,$$
$$122 > 4 \times 30,$$
$$30 = 5 \times 6,$$

et par suite

$$367 \times 122 \times 30 > 3 \times 122 \times 4 \times 30 \times 5 \times 6,$$

et, en divisant les deux membres par 122 et par 30,

$$367 > (3 \times 4 \times 5)\, 6.$$

Remarque. — L'une des divisions successives, au moins, donne un reste, car autrement 367 serait divisible par $3 \times 4 \times 5$.

Il reste à démontrer que $367 < (3 \times 4 \times 5)\, 7$.

On a $\qquad 367 < 3 \times 123,$

puis $\qquad 123 \leqslant 4 \times 31,$ (Ce signe $\leqslant$ signifie:
$\qquad\qquad 31 \leqslant 5 \times 7 ;$ *plus petit ou égal.*)
car si l'on ajoute 1 au dividende d'une division qui donne un reste, on trouve ou le même quotient entier, ou le

nombre suivant comme quotient exact : ce dernier cas se présente lorsque le reste est égal au diviseur moins 1. — En combinant ces relations par voie de multiplication, on en déduit, après avoir supprimé les facteurs communs 125 et 31 :

$$367 < (3 \times 4 \times 5)\, 7.$$

Le théorème est donc démontré.

79. Théorème. *Si l'on multiplie par un même nombre le dividende et le diviseur, le quotient n'est pas changé, mais le reste, s'il y en a un, est multiplié par ce nombre.*

Soit $31 = 7 \times 4 + 3$. Je multiplie les deux membres par 5, et j'ai $31 \times 5 = (7 \times 4 + 3)\, 5$
$$= (7 \times 5) \times 4 + 3 \times 5 ;$$
le nouveau diviseur est donc contenu 4 fois dans le nouveau dividende et 3×5 est bien le reste de la nouvelle division, car, le reste 3 étant moindre que le diviseur 7, $3 \times 5 < 7 \times 5$.

80. Théorème. *Si l'on divise le dividende et le diviseur par un nombre qui les divise exactement, le quotient ne change pas, mais le reste est divisé par ce nombre.*
En effet, l'égalité $46 = 8 \times 5 + 6$ donne celle-ci :
$$46 : 2 = (8 : 2) \times 5 + (6 : 2).$$

Corollaire. — On peut supprimer le même nombre de zéros à la droite du dividende et du diviseur, mais on doit les mettre ensuite à la droite du reste.

81. Théorème. *Le reste d'une division n'est pas altéré si l'on ajoute au dividende ou si l'on en retranche un multiple du diviseur.*
C'est une conséquence immédiate de la définition de la division.

Corollaire. — Deux nombres A et B divisés par leur différence A — B donnent le même reste, car $A = B + (A - B)$.

***82. Théorème**. *Pour diviser une puissance d'un nombre par une autre puissance inférieure du même nombre, on donne à ce nombre un exposant égal à la différence des deux exposants.*

Ainsi $7^5 : 7^3 = 7^{5-3}$. En effet, en multipliant le diviseur 7^3 par 7^{5-3}, on a bien 7^5 ; 7^{5-3} ou 7^2 est donc le quotient de cette division.

EXERCICES SUR LA NUMÉRATION ET LES QUATRE RÈGLES.

83. — 1. Lire le nombre 32 504 032, et écrire le nombre cinquante millions trois mille cinq cents unités.

2. Combien y a-t-il de nombres de 4 chiffres ? — Réponse : 9 000. — Généraliser.

3. On écrit les nombres successifs à la suite les uns des autres : 1° Quel est le rang occupé par le 3e chiffre à gauche du 768e nombre de 4 chiffres? 2° Quel est ce chiffre? — Réponse : 1° $9 + 90 \times 2 + 900 \times 3 + 767 \times 4 + 3 = 5\ 960$; — 2° : 6.

4. Dans la suite précédente, quel est le 4 863e chiffre? — Réponse : 4.

5. Faire la somme des cent premiers nombres. — Généraliser.

Remarque. — On trouve un moyen simple pour effectuer une telle somme, en examinant le tableau suivant :

1	2	3	4		97	98	99	100
100	99	98	97		4	3	2	1

6. Faire la somme de tous les nombres de la table de Pythagore. — Réponse : 2 025.

** Remarque.* — Si la première ligne contenait tous les nombres jusqu'à un nombre n, la somme demandée serait représentée par la formule $\left[\dfrac{n\,(n+1)}{2} \right]^2$.

7. Deux personnes possèdent ensemble 6 264 francs, et l'une a 2 808 fr. de plus que l'autre : quelles sont les deux sommes ? — Réponse : 4 536 fr. et 1 728 fr.

Remarque. — La somme totale contient deux fois le plus petit nombre plus la différence, et elle contient deux fois le plus grand nombre moins la différence.

8. Les chemins de fer de Paris à Toulouse et de Paris à Bordeaux ont une longueur totale de 1 336 kilomètres ; le premier a 166 kilom. de plus que le second : calculer leurs longueurs. — Réponse : distance de Paris à Toulouse, 751 kilom. ; de Paris à Bordeaux, 585 kilom.

9. Trois personnes héritent ensemble de 82 332 fr. ; la seconde a 3 309 fr. de plus que la 1re, et la 3e a 3 003 fr. de plus que la seconde : faire le partage. — Réponse : 1re personne, 24 237 fr. ; — 2e personne, 27 546 fr. ; — 3e personne, 30 549 fr.

10. Trois joueurs conviennent qu'à chaque partie le perdant doublera l'argent des deux autres ; ils perdent chacun une partie, puis ils se retirent avec 120 fr. chacun : quelles sommes possédaient les joueurs en se mettant au jeu ? — Réponse : 195 fr., 105 fr. et 60 fr.

Remarque. — Calculer les sommes qu'avaient ces joueurs avant la 3e partie, puis avant la seconde, *etc.*

11. Trois ouvriers ont gagné :

Le 1er et le 2e.	. . .	598 fr.
Le 2e et le 3e.	. . .	387 fr.
Le 3e et le 1er	. . .	485 fr.

Que revient-il à chacun ? — Réponse : 348 fr., 250 fr. et 137 fr.

12. Deux joueurs ont perdu 288 fr. à eux deux ; et l'un a perdu 5 fois plus que l'autre : quelles sont les deux pertes ? — Réponse : 48 fr. et 240 fr.

13. Un premier objet vaut 5 fois plus qu'un second objet, et la différence des deux prix est de 192 fr. : quels sont ces prix ? — Réponse : 48 fr. et 240 fr.

3.

14. Un objet mis en loterie est estimé à un certain prix et l'on fait un certain nombre de billets. A 10 fr. le billet, on perdrait 400 fr. ; mais à 15 fr. le billet on gagnerait 2 600 fr. : quel est le prix de l'objet et quel est le nombre de billets? — Réponse : 6 400 fr. et 600 billets.

15. Un marchand gagne 4 fr. sur 13 fr. d'achat : que gagne-t-il sur 408 fr. de vente? — Réponse : 96 fr.

16. Un marchand gagne 4 fr. sur 17 fr. de vente : que gagne-t-il sur 312 fr. d'achat? — Réponse : 96 fr.

17. 6 journées d'un premier ouvrier et 8 d'un second ont été payées 58 fr. ;

    4 journées du premier ouvrier et 10 du second ont été payées 62 fr.

Quel est le prix de la journée de chaque ouvrier?— Réponse : 3 fr. et 5 fr.

Remarque. — Le problème serait facile si l'un des ouvriers avait le même nombre de journées dans les deux cas.

18. Calculer, à une seconde près, l'heure de la rencontre des deux aiguilles d'une montre entre 4 et 5 heures. — Réponse : 4 h. 21 m. 49 s. par défaut.

Remarque. — Chercher combien la grande aiguille doit gagner de divisions du cadran sur la petite aiguille pour atteindre celle-ci, et remarquer que, pour qu'elle gagne 55 divisions, il lui faut une heure.

19. Calculer, à une seconde près, l'heure qu'il est entre 4 h. et 5 h., lorsque les deux aiguilles d'une montre sont directement opposées.—Réponse : 4 h. 54 m. 32 s. par défaut.

20. Deux mobiles parcourent une route formant un circuit fermé de 135 mètres; le premier fait 12 m. à l'heure, et le second, 9 m. Ils partent du même point, le premier à midi et le second à 2 heures. On demande : 1° à quelle heure, avant leur rencontre et après, ils seront séparés par une distance de 27 mètres; 2° l'heure de leur rencontre. — Réponse : 1° 3 h. et 48 h. après le premier départ. — 2° 39 h. après le premier départ.

21. Étant données deux suites de nombres composées d'un même nombre de termes, on fait le produit des termes de même rang et l'on ajoute les produits : comment faut-il disposer ces nombres pour que la somme ainsi obtenue ait la plus grande valeur possible? — Réponse : Il faut multiplier le plus grand par le plus grand, et ainsi de suite jusqu'aux deux plus petits.

Remarque. — De quelque manière que l'on dispose les nombres, la somme contient toujours la somme des produits du plus petit nombre de la première suite par tous les nombres de la seconde. Conclure de là que les plus petits nombres doivent se correspondre.

22. On a payé 90 fr. avec 27 pièces de monnaie, les unes de 5 fr., les autres de 2 fr. : combien a-t-on donné de pièces de chaque espèce? — Réponse : 12 de 5 fr. et 15 de 2 fr.

Remarque. — Avec 27 pièces de 5 fr. on ferait une somme trop forte; corriger l'erreur.

23. Un nombre a deux chiffres; la somme de ces chiffres est 10, et, si l'on intervertit l'ordre des chiffres, on a un second nombre plus grand que le premier de 36 unités; quel est ce nombre? — Réponse : 37.

Remarque. — Il résulte de la seconde condition que la différence des deux chiffres est 4.

24. Un père a 43 ans et son fils a 7 ans : trouver dans combien d'années l'âge du père sera triple de l'âge du fils. — Réponse : Dans 11 ans.

Remarque. — La différence entre les deux âges est constante.

25. Le printemps commence le 21 mars, à 10 h. 31 m. du matin, et finit le 21 juin, à 8 h. 56 m. du soir. Quelle est sa durée en jours, heures et minutes? — Réponse : 92 jours 10 h. 25 m.

(Paris, brevet du 2ᵉ ordre, institutrices.)

Remarque. — La durée exacte du printemps est actuellement de 92 jours, $\frac{9}{10}$ (*Faye*).

26. Une fermière porte au marché une corbeille pleine d'œufs, qu'elle veut vendre 7 centimes pièce. En route elle casse 5 œufs; puis elle trouve qu'en vendant ceux qui lui

restent 8 centimes pièce elle ne perdra rien. Combien avait-
elle d'œufs en partant ? — Réponse : 40 œufs.

(Nancy, brevet de capacité.)

27. Une montre avance de 5 minutes par jour; elle diffère
maintenant de l'heure véritable de 3 h. 40 m. : dans combien
de temps marquera-t-elle l'heure exacte? — Réponse : Dans
44 jours, si la montre est actuellement en retard; dans 400 jours,
si elle est en avance.

(Toulouse.)

28. Le testament d'un homme porte que chacun de ses
neveux aura 4 325 fr. et chacune de ses nièces 3 740 fr.; il
arrive que les neveux ont ainsi partagé 25 950 fr., et les nièces
14 960 fr. Combien y avait-il de neveux et de nièces? —
Réponse : 6 neveux et 4 nièces.

(Tours.)

29. Partager 21 179 fr. entre 4 personnes, de manière que
la 1re ait 365 fr. de moins que la 2e; la 2e, 528 fr. de moins
que la 3e, et la 3e, 756 fr. de moins que la 4e. — Réponse :
4 568 fr., 4 933 fr., 5 461 fr. et 6 217 fr.

(Bordeaux.)

30. 18 mètres d'étoffe coûtent autant que 23 hectolitres de
vin; 2 hectol. de vin coûtent autant que 30 kilogr. d'une
denrée, et 10 kilogr. de cette denrée coûtent autant que
3 journées de travail d'un ouvrier. L'ouvrier reçoit 52 fr. pour
le prix de 13 journées de travail. On demande combien on
recevrait de mètres d'étoffe pour 920 fr. — Réponse : 40 mètres.

(Paris.)

31. Un bassin de la contenance de 3 mètres cubes est
alimenté par deux robinets : le premier robinet donne 480 litres
en une heure, et le second, 360. On demande combien de
temps il faut laisser couler chaque robinet séparément pour
remplir le bassin en 7 heures. — Réponse : Le premier robinet,
4 h.; le second, 3 h.

(Niort.)

32. 100 grammes de poudre de chasse contiennent 78 gr. de
salpêtre, 12 gr. de charbon et 10 gr. de soufre. Combien

faudrait-il de chacune de ces substances pour faire 25 litres de
poudre de chasse? Le litre de poudre pèse 904 grammes. —
Réponse : 17 628 gr. de salpêtre ; 2 712 gr. de charbon;
2 260 gr. de soufre.

(Dijon.)

33. La distance de Paris à Lyon est de 495 000 mètres, et
le train express qui part de Paris à 44 h. du matin arrive à
Lyon à 10 h. du soir. Le train express qui part de Lyon à
7 h. du soir croise le train de Paris à 8 h. 21 m. du soir. On
demande la vitesse de ce second train et l'heure de son arrivée
à Paris. — Réponse : 55 000 m. à l'heure; 4 h. du matin.

(Paris.)

LIVRE III.

PROPRIÉTÉS DES NOMBRES ENTIERS.

Chapitre Ier. — Divisibilité.

* 84. Un *diviseur* ou *sous-multiple* d'un nombre est un nombre qui le divise exactement : 1, 2, 3, 4, 6 et 12 sont des diviseurs de 12 ; 12 est un *multiple* de chacun de ces nombres. On désigne un multiple de a par M. a. — Les nombres divisibles par 2 sont dits des **nombres pairs** ; les autres sont *impairs*. On peut quelquefois, sans faire la division, constater qu'un nombre est divisible par un autre ou bien trouver le reste de la division, s'il y en a un. Pour quelques diviseurs, 2, 3, 4, 5, 6, 8, 9, 10, 11, 12, 15, 18, *etc.*, les règles à appliquer sont très simples ; pour d'autres, 7, 13, 14, 17, *etc.*, elles sont compliquées et n'ont qu'un intérêt théorique. On peut toujours trouver une telle règle en procédant comme nous allons le faire : 1° pour 6, 2° pour 36 et 3° pour 11.

* 85. 1° Je divise l'unité suivie d'un nombre quelconque de zéros par 6. Le reste est toujours 4. On a donc : 1 000... $=$ M. 6 $+$ 4. En multipliant les deux membres de cette égalité par un même chiffre, 7 par exemple, on a : 7 000... $=$ M. 6 $+$ 7 $\times$ 4. Cela posé, soit un nombre quelconque 5 437. J'applique le principe trouvé à chaque chiffre pris avec sa valeur relative :

$$7 = 7$$
$$30 = \text{M. } 6 + 3 \times 4$$
$$400 = \text{M. } 6 + 4 \times 4$$
$$5\ 000 = \text{M. } 6 + 5 \times 4.$$

En ajoutant ces égalités membre à membre, on a
$$5\ 437 = \text{M. } 6 + (3 + 4 + 5)\ 4 + 7\ ;$$
ainsi *un nombre quelconque est égal à un multiple de 6 augmenté du chiffre des unités et de 4 fois la somme des autres chiffres pris avec leur valeur absolue.* Donc, pour trouver le reste de la division d'un nombre par 6, il suffit de *diviser par 6 le nombre obtenu en ajoutant le chiffre des unités à 4 fois la somme des autres chiffres.* Si ce nombre ne donne pas de reste, le nombre est divisible par 6.

Remarque. — $7 + (3 + 4 + 5)\ 4 = 55$; j'applique la même règle à 55 : je trouve 25, puis 13, puis 7, et 7 donne le reste 1.

*86. 2° En divisant 1 000 .... par 36, on trouve toujours pour reste 28. Donc $1\ 000 .... = \text{M. } 36 + 28 = \text{M. } 36 + 36 - 8 = \text{M. } 36 - 8$, et par suite : $7\ 000 .... = \text{M. } 36 - 7 \times 8$. Soit le nombre 7 549 ; on a les égalités suivantes :

$$49 = \hspace{6em} 49$$
$$500 = \text{M. } 36 - 5 \times 8$$
$$7\ 000 = \text{M. } 36 - 7 \times 8.$$

En les ajoutant membre à membre, on trouve
$$7\ 549 = \text{M. } 36 + 49 - (5 + 7)\ 8.$$
Un nombre quelconque est égal à un multiple de 36 plus le nombre exprimé par les 2 derniers chiffres à droite, moins 8 fois la somme des autres chiffres pris en valeur absolue. De là la règle pour trouver, sans faire la division, le reste, s'il y en a un.

Remarque. — Le nombre $(5 + 7)\ 8 = 96$ étant plus grand que 49, on rendra la soustraction possible en ajoutant à 49 un multiple de 36 ; en ajoutant 36×2, la différence est 25 ; c'est le reste.

*87. 3° En divisant 1 000 .... par 11, on trouve alternativement pour restes 1 et 10 ; de là deux égalités qui donnent les suivantes : 7 000 .... $=$ M. 11 $+$ 7, ou 7 000 .... $=$ M. 11 $-$ 7, suivant que 7 occupe, à partir de la droite, un rang impair ou un rang pair. Ces égalités appliquées aux chiffres successifs d'un nombre quelconque pris avec leur valeur relative conduisent à ce théorème : *Un nombre quelconque est égal à un multiple de 11, plus la somme des chiffres de rang impair, à partir de la droite, moins la somme des chiffres de rang pair.* On déduit de là la règle suivante : *Pour trouver le reste de la division d'un nombre par 11, on fait la somme des chiffres de rang impair, à partir de la droite, puis celle des chiffres de rang pair ; de la 1ʳᵉ, augmentée, si c'est nécessaire, d'un multiple de 11, on retranche la seconde, et l'on applique la même règle au nombre trouvé, s'il est plus grand que 11, jusqu'à ce que l'on trouve un nombre moindre que 11 : ce nombre est le reste cherché.*

88. Règle générale. *Pour établir les caractères de divisibilité pour un nombre quelconque, ou, plus généralement, pour établir une règle qui permette de trouver le reste d'une division sans effectuer la division, on divise l'unité suivie de zéros par le nombre et l'on constate la loi des restes ; on déduit de là l'expression de l'unité suivie de zéros, et ensuite d'un chiffre quelconque suivi de zéros, au moyen d'un multiple du diviseur et des restes ; de ces expressions appliquées aux divers chiffres d'un nombre quelconque, on déduit une expression analogue de ce nombre, et de là on déduit la règle.* On trouve ainsi les règles suivantes :

89. 1° Un nombre est divisible par 2, par 4, par 8, ..., lorsque le premier chiffre à droite, ou le nombre formé par les 2 premiers chiffres, ou les 3 premiers,..., est divisible par 2, 4, 8,...

Remarque. — On établit immédiatement cette règle en remarquant que 10 est divisible par 2, et que par suite 100 ou 10^2 est divisible par 2^2 ; 1 000 par 2^3, *etc.*

On verra aussi que pour calculer le reste de la division par 8 d'un nombre de 3 chiffres, il suffit de diviser par 8 le nombre obtenu en ajoutant au chiffre des unités deux fois celui des dizaines et quatre fois celui des centaines. Cela résulte de ce que, si l'on divise par 8 les nombres 1, 10 et 100, on trouve pour restes 1, 2 et 4. — Règle analogue pour trouver le reste de la division, par 4, d'un nombre de deux chiffres.

2° Un nombre est divisible par 5 lorsque le chiffre des unités est un 0 ou un 5; par 5^2 ou 25 lorsque le nombre formé par les 2 premiers chiffres à droite est divisible par 25 ; ce nombre, divisé par 25, donne le reste.

3° Pour trouver le reste de la division d'un nombre par 3 ou par 9, on divise par 9 la somme de ses chiffres pris en valeur absolue ; ou bien encore on ajoute les chiffres de la somme jusqu'à ce que l'on arrive à un nombre d'un seul chiffre.

4° Pour 7, on partage le nombre en tranches de 3 chiffres à partir de la droite. On multiplie le premier chiffre de chaque tranche par 1, le deuxième par 3 et le troisième par 2. Puis on fait la somme des nombres ainsi trouvés avec les tranches de rang impair, d'une part, et avec les tranches de rang pair, de l'autre ; de la première somme, augmentée, si c'est nécessaire, d'un multiple de 7, on retranche la deuxième, et l'on divise la différence par 7.

***90. Preuves par 9.** — La facilité avec laquelle on trouve le reste de la division d'un nombre par 9 permet de vérifier rapidement, et avec un grand degré de probabilité, l'exactitude du résultat obtenu en faisant une des quatre règles déjà étudiées.

***91. Principe de la preuve par 9 pour l'addition.** — *La somme de plusieurs nombres est égale à un multiple de 9, plus la somme des restes obtenus en divisant par 9 chaque partie de la somme.*

En effet, si l'on a

$$A = M.9 + a,$$
$$B = M.9 + b,$$
$$C = M.9 + c,$$

il en résulte $A + B + C = M.9 + (a + b + c)$, et comme conséquence la règle suivante

Règle. *On cherche le reste de la division par 9 de la somme que l'on veut vérifier, et de la somme des restes obtenus en divisant par 9 les diverses parties de la somme; les deux restes doivent être égaux.*

Remarque. — On vérifie une soustraction de la même manière, en considérant le premier terme comme la somme du second terme et du reste.

***92. Principe pour la multiplication.** — *Le produit de deux nombres est égal à un multiple de 9, plus le produit des restes obtenus en divisant les deux facteurs par 9.*

En effet, en multipliant $A = M.9 + a$ par $B = M.9 + b$, on trouve 4 produits partiels dont les 3 trois premiers sont des multiples de 9 et dont le quatrième est ab. Donc $AB = M.9 + ab$.

Règle. *En divisant par 9 le produit que l'on veut vérifier, on doit trouver le même reste qu'en divisant par 9 le produit des restes obtenus en divisant les deux facteurs par 9.*

Remarque. — Principe analogue et même règle pour un produit de plusieurs facteurs.

***93. Principe pour la division.** — Soient $A = BC + D$ et $B = M.9 + b$, $C = M.9 + c$, $D = M.9 + d$; on en conclut que $A = M.9 + bc + d$, et de là se déduisent le principe et la règle dont on trouvera facilement les énoncés.

Remarque. — Dans les principes et les règles qui précèdent, on peut remplacer le nombre 9 par un nombre quelconque.

Une telle preuve a l'inconvénient de réussir, lorsque le résultat que l'on vérifie contient une erreur égale à un multiple du diviseur employé (81). La preuve par 2 ou par 5 serait illusoire ; les nombres 9 et 11 présentent des garanties suffisantes, la vérification portant sur tous les chiffres ; le calcul à faire est d'ailleurs simple et rapide.

EXERCICES SUR LA DIVISIBILITÉ.

94. 1. Trouver le reste de la division par 9 :

   1° Du produit $1\ 748 \times 43 \times 139$;

   2° De $1\ 748^3$;

   3° De $1\ 748^3 \times 43^2$. — Réponse : 2, 8 et 5.

2. Faire la preuve par 9 des opérations suivantes :

ADDITION.	SOUSTRACTION.
2 746	5 847
352	238
87	———
692	5 609
———	
3 877	

MULTIPLICATION.	DIVISION.
5 847	2 875 | 75
238	625 | 38
———	25 |
46 776	
175 41	
1 169 4	
———	
1 391 586	

3. 1° Si un nombre divise toutes les parties d'une somme, excepté une de ces parties, divise-t-il la somme? 2° Si un nombre qui divise la somme de deux nombres ne divise pas l'une des parties, divise-t-il l'autre? — Réponse : Non.

4. La différence de deux nombres exprimés par les mêmes chiffres est divisible par 9.

5. L'excès de la somme des chiffres de rang pair sur celle des chiffres de rang impair, dans un nombre donné, est 4; quel est le reste de la division de ce nombre par 11? — Réponse: 7.

6. On peut trouver le reste de la division d'un nombre par 11 en appliquant la règle suivante : On divise par 11 le nombre obtenu en ajoutant les nombres exprimés par les tranches de deux chiffres à partir de la droite. — Démontrer cette règle.

7. Pour trouver le reste de la division d'un nombre par 37, on le partage en tranches de trois chiffres à partir de la droite ; puis, de la somme des nombres exprimés par les deux premiers chiffres à droite de chaque tranche, on retranche onze fois la somme des autres chiffres et l'on divise le nombre trouvé par 37. — Démonstration.

8. Parmi n nombres consécutifs quelconques, il y en a un qui est divisible par n.

Corollaire. — Le produit de trois nombres consécutifs est divisible par 6.

9. Si $n + 2$ est divisible par 3, il en est de même de $2n + 1$.

Corollaire. — Le produit $n (n+1) (2n+1)$ est divisible par 6.

10. Quels que soient les nombres a et b, a étant $> b$, la différence $a^m - b^m$ est divisible par $a - b$.

Pour le démontrer, on remarquera que l'égalité évidente $a = b + (a - b)$ donne celles-ci : $a^2 = b^2 + $ M. $(a - b)$, $a^3 = b^3 + $ M. $(a - b)$, *etc.*; et si l'on a $a^k = b^k + $ M. $(a - b)$, en multipliant le premier membre par a et le second par $b + (a - b)$, on trouve $a^{k+1} = b^{k+1} + $ M. $(a - b)$; par suite, quel que soit m, on a

$$a^m = b^m + \text{M.} (a - b), \text{ ou } a^m - b^m = \text{M.} (a - b).$$

Chapitre II. — Plus grand commun diviseur. — Propriétés
et applications. — Plus petit commun multiple.

95. Un nombre est dit premier quand il n'est divisible
que par lui-même et par l'unité ; les nombres 1, 2, 3, 5, 7,
11 sont premiers.

Le plus petit de tous les diviseurs d'un nombre *non premier* est un nombre premier : car s'il n'était pas premier,
ses diviseurs diviseraient aussi ce nombre. Un nombre non
premier est donc toujours divisible par un nombre premier.

Plusieurs nombres sonts dits *premiers entre eux* quand
ils n'ont qu'un seul diviseur commun, l'unité : les nombres 9, 14 et 25 sont premiers entre eux.

Deux nombres consécutifs sont premiers entre eux : car
tout diviseur commun diviserait leur différence.

Un nombre premier, 7, est premier avec tout nombre,
30, qu'il ne divise pas : car 1 et 7 étant les seuls diviseurs
de 7, 1 est le seul diviseur commun à 7 et à 30.

En général, plusieurs nombres ont plusieurs diviseurs
communs : 1, 2, 3 et 6 divisent les trois nombres 12, 18 et
30 ; le plus grand de ces diviseurs, 6, est leur *plus grand
commun diviseur*.

96. Règle. *Pour trouver le plus grand commun diviseur
de deux nombres, on divise le plus grand par le plus petit ;
on divise ensuite ce plus petit nombre par le reste de la division, s'il y en a un ; puis le premier reste par le second, et
ainsi de suite : le diviseur de la division qui se fait exactement est le plus grand commun diviseur cherché.*

Cette règle résulte des deux propositions suivantes :

1° Si le plus petit nombre divise le plus grand, ce plus
petit nombre est évidemment leur plus grand commun

diviseur. Ainsi 18 est le plus grand commun diviseur des nombres 360 et 18.

2° Le plus grand commun diviseur de deux nombres, 360 et 162 par exemple, est le même que le plus grand commun diviseur du plus petit de ces nombres et du reste, 36, de leur division.

Il résulte en effet du corollaire du § 75 que les diviseurs communs au dividende et au diviseur d'une division qui donne un reste sont *les mêmes* que les diviseurs communs au diviseur et au reste : le plus grand est donc le même.

On trouve, en appliquant la règle, que 18 est le plus grand commun diviseur des nombres 360 et 162.

Voici le tableau des opérations :

	2	4	2
360	162	36	18
36	18	0	

Remarque. — f, g et h étant trois diviseurs successifs, on a $f > 2h$: en effet, h est le reste de la division de f par g, et, si q est le quotient, on a $f = gq + h$; or $gq > h$; donc $f > 2h$.

*97. Théorème. *Le plus grand commun diviseur de deux nombres est le même que celui qui existe entre le plus petit nombre et l'excès de ce nombre sur le reste de leur division.*

En effet, en ajoutant et en retranchant 162 au second membre de l'égalité $360 = 162 \times 2 + 36$, on a $360 = 162 \times 3 - (162 - 36)$; or, il résulte de cette dernière égalité que les diviseurs communs des nombres 360 et 162 *sont les mêmes* que ceux des nombres 162 et 162 — 36, car tout nombre qui divise les deux premiers nombres divise les deux derniers, et réciproquement : le plus grand commun diviseur est donc le même.

Remarque. — Dans la recherche du plus grand commun diviseur on peut prendre pour nouveau diviseur un nombre dont le double soit $<$ le diviseur précédent. En effet, on a, en appelant b le diviseur et r le reste, $b = r + (b - r)$; or si $b - r$ est $< r$, en remplaçant $b - r$ par r, on diminue le second membre et l'on a $b > 2r$; dans l'hypothèse contraire, on trouve de même $b > 2(b - r)$. Le nombre $b - r$ peut être appelé le reste de la division par excès.

****98. Théorème.** *Le nombre des divisions à faire pour trouver le plus grand commun diviseur de deux nombres est au plus égal à l'exposant de la plus faible puissance de 2 supérieure au plus petit de ces nombres, lorsque dans chaque division on prend un diviseur dont le double soit plus petit que le précédent.*

Soient n le nombre de ces divisions, et b, d_2, d_3, ... d_{n-1}, d_n les diviseurs successifs. On a (§ 97, *Rem.*)

$$b > 2 d_2,$$
$$d_2 > 2 d_3,$$
$$\cdots\cdots,$$
$$d_{n-1} > 2 d_n,$$

En multipliant ces égalités membre à membre et supprimant les facteurs communs aux deux produits, on a

$$b > 2^{n-1} d_n,$$

et *a fortiori* $\qquad b > 2^{n-1}.$

J'élève 2 à ses puissances successives, et soit $2^p \geq b$; il en résulte $n - 1 < p$ et par suite $n < p + 1$; donc n est au plus égal à p. C. Q. F. D.

Remarque. — Si b a k chiffres, on a $b < 10^k$; et comme $b > 2^{n-1}$, il en résulte $10^k > 2^{n-1}$; or $10 < 2^4$; donc *a fortiori* $2^{4k} > 2^{n-1}$; donc $n - 1 < 4k$ et $n \leq 4k$. Ainsi le nombre des divisions est au plus égal à quatre fois le nombre des chiffres du plus petit nombre.

Remarquons encore que si l'on appliquait la règle du § 96, le nombre des divisions serait au plus égal à $2n$ et par suite $\leqq$ le double du nombre précédent.

La démonstration directe se fait de la même manière. On pourra désigner les diviseurs de rang impair, auxquels on appliquera la remarque du § 96, par b, $r_{2\times1}$, $r_{2\times2}$, $r_{2\times3}$, ..., r_{2n}; le nombre des divisions sera $2n+1$ ou $2n+2$.

99. Théorèmes relatifs au plus grand commun diviseur. — 1. *Tout nombre qui divise deux autres nombres divise leur plus grand commun diviseur.*

En effet, un tel nombre divise (§ 75, *Coroll.*) tous les restes trouvés successivement en cherchant le plus grand commun diviseur.

2. *Si l'on multiplie ou si l'on divise deux nombres par un même nombre, leur plus grand commun diviseur est multiplié ou divisé par ce nombre.*

Il résulte, en effet, des §§ 79 et 80 que tous les restes sont multipliés ou divisés par ce nombre.

Corollaire. — Si l'on divise deux nombres 360 et 162 par leur plus grand commun diviseur 18, les deux quotients trouvés 20 et 9 sont premiers entre eux, puisque ces quotients ont pour plus grand commun diviseur (18 : 18) ou 1.

100. Plus grand commun diviseur de plusieurs nombres. — Règle. *On cherche le plus grand commun diviseur des deux premiers nombres ; puis le plus grand commun diviseur du nombre trouvé et du troisième nombre, et ainsi de suite jusqu'au dernier nombre donné ;* le dernier plus grand commun diviseur est le nombre cherché.

Soit d le plus grand commun diviseur des nombres a et b, et d' celui des nombres d et c : d' est le plus grand commun diviseur des trois nombres a, b et c. En effet ; 1° d' divise c et d; il divise donc a et b, qui sont des multiples de d ; 2° tout nombre e qui divise a, b et c divise d (§ 99,1) et par suite d'; e est donc $< d'$.

101. De ce qui précède résultent les propositions suivantes :

I. *Tout nombre qui divise plusieurs autres nombres divise leur plus grand commun diviseur.*

II. *Si l'on multiplie ou si l'on divise plusieurs nombres par un même nombre, leur plus grand commun diviseur est multiplié ou divisé par ce nombre.*

Théorèmes relatifs aux diviseurs d'un produit et de ses facteurs.

102. I. *Tout nombre qui divise un produit de deux facteurs et qui est premier avec l'un de ces facteurs divise l'autre.*

Le nombre 4 divise le produit 72 des nombres 8 et 9, et il est premier avec 9 ; je dis qu'il divise 8. En effet, le plus grand commun diviseur des nombres 4 et 9 étant 1, par hypothèse, celui des nombres 4×8 et 9×8 est 1×8 ou 8 (§ 99, 2). Or, 4 divise 4×8 par définition, et il divise 9×8 ou 72 par hypothèse ; il divise donc leur plus grand commun diviseur 8.

Remarque. — Un nombre [24] peut diviser un produit [48] de deux facteurs [6 et 8] sans diviser l'un de ces facteurs. Si un nombre qui divise un produit de plusieurs facteurs est premier avec l'un de ces facteurs, il divise le produit des autres ; mais il peut ne diviser aucun d'eux.

*103. II. *Tout nombre premier qui divise un produit de plusieurs facteurs divise au moins un de ces facteurs.*

En effet, si le nombre premier 7 ne divise pas le facteur a du produit $abcd$ qu'il divise, il est premier avec a (§ 95) : il divise donc le produit bcd. On voit de même que si 7 ne divise pas b, il divise cd, et enfin que s'il ne divise pas c, il divise d.

*104. *Corollaires.* — 1. *Tout nombre premier qui divise un produit de facteurs premiers est égal à l'un d'eux*, car un nombre premier autre que 1 ne divise qu'un seul nombre premier, lui-même.

2. *Si un nombre premier divise une puissance d'un nombre, il divise ce nombre, et il lui est égal si ce nombre est premier.*

4.

Une puissance n'est, en effet, qu'un produit de facteurs égaux.

3. *Si deux nombres sont premiers entre eux, leurs puissances sont premières entre elles.* Ainsi, 4 et 9 étant premiers entre eux, il en est de même des nombres 4^3 et 9^2. En effet, si ces nombres étaient divisibles par un nombre a, ils le seraient par un diviseur premier de a, et ce nombre premier diviserait 4 et 9, ce qui est contraire à l'hypothèse.

***105. Théorème.** — *Si un nombre est divisible par plusieurs autres qui sont premiers entre eux deux à deux, il est divisible par leur produit.*

Ainsi 360 est divisible par 2, par 4 et par 5, et ces trois nombres sont premiers entre eux deux à deux ; je dis que 360 est divisible par $2 \times 3 \times 4$. Soit $360 = 2 \times q$. Par hypothèse, 4 divise 360 ou $2 \times q$; or, il est premier avec 2 ; il divise donc le nombre entier q. On a donc $q = 4 \times q'$. On voit de même que 5 divise q et q' et l'on a $q' = 5 \times q''$. En multipliant ces égalités membre à membre et supprimant les facteurs q et q' communs aux deux produits, on a $360 = 2 \times 4 \times 5 \times q''$; 360 est donc divisible par le produit $2 \times 4 \times 5$.

Corollaires. — 1. Ce théorème permet quelquefois de constater simplement qu'un nombre est ou n'est pas divisible par un autre. Ainsi, pour qu'un nombre soit divisible par 12, il faut et il suffit qu'il soit divisible par 3 et par 4 ; pour 36, par 4 et par 9 ; pour 99, par 9 et par 11, *etc.*

2. Si un nombre est divisible par plusieurs nombres premiers, il est divisible par leur produit.

****106. Plus petit commun multiple de deux nombres.** — Plusieurs nombres quelconques ont une infinité de multiples communs, car parmi ces multiples se trouvent leur produit et tous les multiples de ce produit.

107. Règle. *Pour trouver le plus petit commun multiple de deux nombres au moyen de leur plus grand commun diviseur, on divise l'un de ces nombres par ce plus* *grand commun diviseur et l'on multiplie le quotient par l'autre nombre.*

Soient a et b deux nombres, d leur plus grand commun diviseur, a' le quotient de a par d; je dis que le plus petit commun multiple des nombres a et b est $a'b$.

1° Ce nombre est divisible par a et par b. C'est évident pour b; d'ailleurs, en appelant b' le quotient de b par d, on a $a'b = a'db' = ab'$; il est donc aussi divisible par a.

2° Soit un multiple quelconque m de a et de b. Je dis que m est plus grand que $a'b$. On a $m = aq = bq'$, q et q' étant, par hypothèse, des nombres entiers. En divisant a et b par leur plus grand commun diviseur, cette égalité devient $a'q = b'q'$; a' divise $b'q'$, et il est premier avec b' (§ 99, *Coroll.*); il divise donc q' et l'on a $q' = a'q''$. Par suite, $m = ba'q''$. On voit ainsi que m est $\geq ba'$, puisque q'' est un nombre entier. Le nombre ba' ou ab' est donc le plus petit commun multiple de a et de b.

Remarque. — 1. m est divisible par ab': tout multiple de deux nombres est un multiple de leur plus petit commun multiple.

2. $ab'd = ab$: le produit de deux nombres est égal au produit de leur plus petit commun multiple par leur plus grand commun diviseur.

****108. Plus petit commun multiple de plusieurs nombres.** — Règle. *On cherche le plus petit commun multiple des deux premiers nombres, puis le plus petit commun multiple du nombre trouvé et du troisième nombre, et ainsi de suite jusqu'au dernier nombre donné. Le dernier plus petit commun multiple est le nombre cherché.*

La démonstration est analogue à celle que nous avons donnée pour le plus grand commun diviseur de plusieurs nombres. On démontrera:

1° Que le nombre trouvé est un multiple des nombres donnés; 2° que tout autre multiple commun des nombres donnés est divisible par le nombre trouvé, et qu'il est, par suite, plus grand que ce nombre.

EXERCICES SUR LE PLUS GRAND COMMUN DIVISEUR
ET LE PLUS PETIT COMMUN MULTIPLE.

109. 1. Les divisions successives effectuées pour trouver le plus grand commun diviseur de deux nombres ont donné les quotients 5, 4, 3 et 2, et le plus grand commun diviseur 8. Quels sont ces nombres? — Réponse : 1 256 et 240.

2. d est le plus grand commun diviseur de a et de b, d' celui de b et de c et d'' celui de d et de d'. Démontrer que d'' est le plus grand commun diviseur des trois nombres $a\,b\,c$.

3. Règle analogue pour le plus petit commun multiple de trois nombres.

4. Le plus grand commun diviseur de plusieurs nombres est le même que celui du plus petit de ces nombres et des restes obtenus en divisant les autres nombres par le plus petit. — Déduire de là une règle pour trouver directement le plus grand commun diviseur de plusieurs nombres.

5. Le plus grand commun diviseur des nombres a et b est le même que celui des nombres a et $a+b$, ou a et $a-b$.

6. Démontrer que les nombres $a+b$ et $3\,a+4\,b$ ont les mêmes communs diviseurs que a et b, et par suite le même plus grand commun diviseur.

7. Le plus grand commun diviseur des nombres a et b est d; quel est celui des nombres a^2 et b^2? des nombres a^3 et b^3, etc.? Supposer d'abord $d=1$. — Réponse : d^2, d^3, etc.

8. Le plus grand commun diviseur des nombres a et b étant d, celui des nombres $a+b$ et $a-b$ est d ou $2\,d$. — Supposer d'abord $d=1$.

9. La somme de deux nombres et leur plus petit commun multiple ont le même plus grand commun diviseur que ces nombres. — Supposer d'abord que le plus grand commun diviseur des deux nombres est 1.

10. p étant un nombre premier > 3, l'un des nombres $p-1$, $p+1$ est divisible par 6 (§ 94, ex. 8 et § 105).

11. Trois bateaux à vapeur partent respectivement tous les six, huit et dix jours. Quel est le plus petit intervalle qui puisse séparer deux départs simultanés? — Réponse : 120 jours.

12. Le chemin qui va d'une ville A à une ville B est divisé en

distances de 1 000 mètres par des bornes appelées bornes kilométriques. A partir de A il y a aussi des poteaux télégraphiques tous les 84 mètres. On demande à quelle distance de A un poteau se trouve vis-à-vis d'une borne. — Réponse : à 21 000 mètres.

13. Trois mobiles parcourent dans le même sens une circonférence de 360 mètres. Le premier fait 34 mètres par heure, le second 16 mètres et le troisième 4 mètres. On demande : 1° le temps qui sépare deux rencontres consécutives du premier et du second, puis du second et du troisième ; et 2° le temps qui sépare deux rencontres consécutives et simultanées des trois mobiles. — Réponse : 1° 20 heures et 30 heures ; 2° 60 heures.

CHAPITRE III. — NOMBRES PREMIERS. — PROPRIÉTÉS ET APPLICATIONS.

110. *Trouver si un nombre donné est premier.* On y arrive par des essais réguliers qui consistent à diviser le nombre donné par les nombres successifs à partir de 2, en rejetant, quand on les connaît, les diviseurs qui ne sont pas premiers. Si l'on arrive ainsi à une division exacte, le nombre n'est pas premier ; dans le cas contraire, on continue jusqu'à une division qui donne un quotient moindre que le diviseur ou au plus égal : cette dernière division donnant aussi un reste, le nombre est premier. Soit le nombre 103 : ce nombre n'est divisible par aucun des nombres 2, 3, 5, 7 et 11, et ce dernier diviseur donne un quotient 9, moindre que 11. Le nombre 103 n'est donc divisible par aucun des nombres qui précèdent 11. Si l'on n'a pas essayé les nombres 4, 6, 8, 9 et 10, c'est que, l'on sait que ces nombres ne sont pas premiers et que chacun d'eux étant divisible par un des nombres premiers qui le précèdent, l'essai est inutile. Il n'est pas nécessaire non plus d'essayer un nombre > 11, car si 103 était divisible par 15, par exemple, il serait divisible aussi par le quotient de 105 par 15; or cela n'est pas, puisque ce quotient est < 11; 105 est donc un nombre premier.

****111.** *La suite des nombres premiers est illimitée.* En d'autres termes, il y a des nombres premiers plus grands que tout nombre premier donné, 105 par exemple. Pour le démontrer, je fais le produit de tous les nombres premiers jusqu'à 105 inclusivement, et j'ajoute 1 à ce produit, soit $(2 \times 3 \times 5 \dots \times 105) + 1 = a$. Si a est premier, le théorème est démontré; si ce nombre n'est pas premier, il est divisible par un nombre premier α; or, ce nombre premier ne divise pas le produit $2 \times 3 \times \dots \times 105$, puisqu'il divise la somme a et qu'il ne divise pas la seconde partie 1 de cette somme. α est donc un nombre premier différent des facteurs de ce produit; il est donc > 105.

Remarque. — Les sommes $2+1$, $2 \times 3 + 1$, $2 \times 3 \times 5 + 1$ sont des nombres premiers; $2 \times 3 \times 5 \times 7 \times 11 \times 13 + 1$ est divisible par 59. Ainsi le nombre a peut être premier ou non premier; mais il est à remarquer que plusieurs des nombres qui suivent ne sont pas premiers : ainsi les 102 nombres, au moins, qui suivent $a = (2 \times 3 \times \dots \times 103) + 1$ ne sont pas premiers, car chacun d'eux est égal au produit $2 \times 3 \times \dots \times 103$, augmenté d'un facteur de ce produit ou d'un nombre intermédiaire divisible par un de ces facteurs.

112. Crible d'Ératosthène. —Tous les nombres consécutifs étant écrits dans l'ordre naturel jusqu'à un nombre quelconque, on voudrait supprimer de ce tableau les nombres non premiers. On supprime d'abord les multiples de 2, en comptant les nombres du tableau de 2 en 2 à partir de 4, carré de 2; on barre 4 et le deuxième nombre de chaque couple : les nombres barrés sont des multiples de 2, et ce sont les seuls dans le tableau. On opère d'une manière analogue pour chaque nombre premier : ainsi, pour 7, on part de 49, carré de 7, et l'on compte les nombres de 7 en 7, à la suite; les multiples de 7 qui précèdent 49 ont déjà été barrés comme multiples des nombres premiers moindres que 7. L'opération est terminée quand on arrive à un nombre premier dont le carré est supérieur à la limite de la table. On a conservé à cette méthode le nom du mathématicien auquel elle est attribuée.

113. *Tout nombre non premier est le produit d'un nombre limité de facteurs premiers.* Cela est évident pour les premiers nombres : $4 = 2 \times 2$, $6 = 2 \times 3$, *etc.* Or, si la proposition est vraie jusqu'à un nombre 99, elle l'est pour le nombre suivant, car si ce nombre 100 n'est pas premier, il est le produit de deux facteurs pour lesquels la proposition est vraie ; elle l'est donc aussi pour 100. Le théorème est donc vrai pour tous les nombres.

114. Décomposition d'un nombre en ses facteurs premiers. — RÈGLE. *On divise le nombre que l'on veut décomposer par son plus petit diviseur autre que l'unité ; on opère de même sur le quotient, puis sur le nouveau quotient, et ainsi de suite jusqu'à ce que l'on trouve pour quotient l'unité : le nombre donné est égal au produit des diviseurs de toutes ces divisions.*

Cette règle, appliquée à 360, donne

$$360 = 2 \times 2 \times 2 \times 3 \times 3 \times 5 = 2^3 \times 3^2 \times 5$$

Voici le tableau de ces opérations

360	2
180	2
90	2
45	3
15	3
5	5
1	

115. *De quelque manière qu'on opère pour décomposer un nombre en facteurs premiers, on trouve les mêmes facteurs premiers affectés respectivement des mêmes exposants.*

En d'autres termes, pour que deux produits a et b de facteurs premiers soient égaux, il faut : 1° qu'ils aient les mêmes facteurs premiers ; en effet, si 7 est dans a, il divise b et par suite il est égal à un facteur premier de b ; 2° que le même facteur premier ait le même exposant dans les deux produits ; en effet, si a contenait 7^3, et $b\,7^5$, en divisant a et b par 7^3 on aurait deux quotients égaux dont l'un aurait le facteur 7, l'autre ne l'ayant pas, et ces quotients ne pourraient pas être égaux (1°) ; l'hypothèse n'est donc pas admissible.

Remarque. — On énonce quelquefois ce théorème en disant qu'un nombre n'est décomposable qu'en un seul système de facteurs premiers.

116. Caractères de divisibilité de deux nombres décomposés en facteurs premiers. — *Il suffit et il faut que le dividende contienne tous les facteurs premiers du diviseur, et qu'il les contienne avec des exposants respectivement au moins égaux ; ou, ce qui revient au même, que le diviseur ne contienne que des facteurs premiers du dividende, et que l'exposant d'un facteur quelconque du diviseur soit au plus égal à l'exposant du même facteur dans le dividende.*

1° $2^4 \times 3^6 \times 5^2 \times 7^9$ est divisible par $3^4 \times 5^2 \times 7^6$. On le voit en mettant en évidence, dans le dividende, les facteurs premiers du diviseur avec leurs exposants ; je remplace 3^6 par $3^4 \times 3^2$; 7^9, par $7^6 \times 7^3$; changeant l'ordre des facteurs et formant deux groupes de facteurs, on voit que le dividende $(3^4 \times 5^2 \times 7^6) \times (2^4 \times 3^2 \times 7^3)$ est le produit du diviseur par un nombre entier.

2° $2^4 \times 3^6 \times 5^2 \times 7^9$ n'est pas divisible par $3^9 \times 5^2 \times 11$, car le produit de ce diviseur par un nombre entier quelconque contient le facteur 3 au moins avec l'exposant 9 ; il contient aussi le facteur 11 : il ne peut donc pas être égal au dividende (§ 115).

117. Trouver tous les diviseurs d'un nombre. — *Après avoir décomposé le nombre en facteurs premiers, on écrit* *sur une première ligne le nombre 1, et à la suite l'un des facteurs premiers, d'abord sans exposant, puis avec l'exposant 2, et ainsi de suite jusqu'à l'exposant que ce facteur a dans le nombre; on compose une seconde ligne de la même manière, avec l'unité et un second facteur premier; puis une troisième ligne, et ainsi de suite pour tous les facteurs premiers du nombre. On multiplie ensuite chaque nombre de la première ligne par chaque nombre de la seconde; puis chacun des nombres ainsi obtenus par chacun des nombres de la troisième ligne, et ainsi de suite.*

J'applique cette règle au nombre $600 = 2^3 \times 3 \times 5^2$.

$$1, 2, 2^2, 2^3$$
$$1, 3$$

$$1, 2, 2^2, 2^3, 3, 2 \times 3, 2^2 \times 3, 2^3 \times 3$$
$$1, 5, 5^2$$

$$1, 2, 2^2, 2^3, 3, 2 \times 3, 2^2 \times 3, 2^3 \times 3, 5, 2 \times 5, 2^2 \times 5,$$
$$2^3 \times 5, 3 \times 5, 2 \times 3 \times 5, 2^2 \times 3 \times 5, 2^3 \times 3 \times 5,$$
$$5^2, 2 \times 5^2, 2^2 \times 5^2, 2^3 \times 5^2, 3 \times 5^2, 2 \times 3 \times 5^2,$$
$$2^2 \times 3 \times 5^2, 2^3 \times 3 \times 5^2.$$

1° Tous ces nombres sont des diviseurs de 600, car, d'après la règle appliquée, chacun d'eux remplit les conditions de divisibilité relatives aux facteurs premiers et à leurs exposants (§ 116).

2° Il n'y en a pas d'autres, car on ne peut introduire ni un facteur premier différent ni un exposant différent.

Remarque. — Le nombre des diviseurs de chacune des lignes primitives est exprimé par l'exposant du facteur premier correspondant, augmenté de 1. Le facteur 2 ayant l'exposant 3, la première ligne a quatre nombres; les exposants de 3 et de 5 étant 1 et 2, les autres lignes ont deux et trois nombres : il résulte de là que, *pour trouver le nombre des diviseurs d'un nombre décomposé en facteurs premiers, il suffit de faire le produit des exposants de tous les facteurs premiers, après avoir*

ajouté 1 à chacun de ces exposants. Le nombre 600 a
$$(3+1)(1+1)(2+1) = 24 \text{ diviseurs.}$$

118. Trouver le plus grand commun diviseur de plusieurs nombres décomposés en facteurs premiers.
— On fait le produit des facteurs premiers communs aux nombres proposés en donnant à chaque facteur commun son plus faible exposant.

Soient les nombres $a = 2^3 \times 5^4 \times 7$, $b = 2^2 \times 5 \times 5^2 \times 11^5$, $c = 2^2 \times 5^2 \times 5^3 \times 7^4 \times 11$; le plus grand commun diviseur des nombres a, b, c est $d = 2^2 \times 3$. En effet :

1° D'après la règle appliquée, le nombre d remplit les conditions de divisibilité pour chacun des nombres a, b et c;

2° En décomposant en facteurs premiers tout autre diviseur commun d' des nombres donnés, on ne pourra trouver dans ce nombre que les facteurs communs 2 et 3, c'est-à-dire les facteurs de d; et les exposants de ces facteurs dans d' ne pourront pas être plus grands que dans d; d' est donc un diviseur de d, et par suite d est $> d'$.

119. Trouver le plus petit commun multiple de plusieurs nombres décomposés en facteurs premiers.
— On fait le produit de tous les facteurs premiers des nombres proposés, en donnant à chaque facteur son plus fort exposant.

En prenant les nombres a, b et c du paragraphe précédent, le nombre cherché est
$$m = 2^3 \times 5^4 \times 5^3 \times 7^4 \times 11^5.$$
En effet :

1° m est divisible par a, par b et par c, puisqu'il renferme tous les facteurs premiers de ces nombres, avec des exposants au moins égaux;

2° En décomposant en facteurs premiers tout autre multiple commun m' des nombres a, b, c, on devra trouver au moins tous les facteurs premiers de ces nombres, et par suite de m, et avec des exposants au moins aussi forts : m' est donc divisible par m, et par suite m est $< m'$.

EXERCICES SUR LES NOMBRES PREMIERS.

120. 1. Le nombre 137 est-il premier?

2. Quand on cherche si un nombre donné est premier, on peut s'arrêter, dans les essais successifs, au plus grand nombre premier dont le carré est inférieur au nombre donné.

3. Décomposer les nombres 573 300, 327 600, 154 440, 364 364 en facteurs premiers.

$$\text{Réponse : } 2^2 \times 3^2 \times 5^2 \times 7^2 \times 13$$
$$2^4 \times 3^2 \times 5^2 \times 7 \times 13$$
$$2^3 \times 3^3 \times 5 \times 11 \times 13$$
$$2^2 \times 7^2 \times 11 \times 13^2.$$

4. Pour qu'un nombre soit carré parfait, il suffit et il faut qu'en le décomposant en facteurs premiers chaque facteur ait un exposant pair.

5. Un carré parfait a un nombre impair de diviseurs. Un nombre non carré parfait a un nombre pair de diviseurs. — Les réciproques de ces deux théorèmes sont vraies.

6. Calculer le plus grand commun diviseur des quatre nombres de l'exercice 3.

Calculer tous leurs diviseurs communs. — Réponse : 52 et les diviseurs de 52 (§ 101, 1).

7. Si a et b ne sont pas divisibles par 5, l'un des nombres $a^2 + b^2$, $a^2 - b^2$ est divisible par 5.

Remarque. — a et b sont de l'une des formes suivantes : M. $5 + 1$, M. $5 - 1$, M. $5 + 2$, M. $5 - 2$.

8. Le nombre $a\,b\,(a^2 + b^2)\,(a^2 - b^2)$ est divisible par 30, a et b étant des nombres entiers quelconques.

Remarque. — $30 = 2 \times 3 \times 5$. Appliquer le théorème du § 116.

9. Calculer le plus petit commun multiple des nombres 360, 30 et 224 pris deux à deux ou tous les trois.

10. Trois mobiles parcourent une même circonférence : le premier met 360 jours, le second 224 jours et le troisième

30 jours pour faire le tour; quels sont les intervalles de leurs rencontres successives deux à deux ou tous les trois?

Réponse : premier et deuxième :   10 080 jours.
premier et troisième :   360 —
deuxième et troisième :   3 360 —
tous les trois :   10 080 —

11. Une circonférence étant divisée en 24 parties, on a joint les points de division de 7 en 7 par des droites. On demande combien on a tracé de droites pour revenir au point de départ, et combien de fois on a fait le tour de la circonférence. — Réponse : 24 droites et 7 tours.

12. Même question en joignant les points de division de 40 en 10. — Réponse 12 droites et 5 tours.

Généraliser cette question.

13. Étant donnés les trois nombres 1 800, 1 440 et 2 520, déterminer : 1° leur plus grand commun diviseur; 2° leur plus petit commun multiple et le quotient de la division de ce dernier par chacun des nombres proposés; 3° combien ces trois nombres admettent de diviseurs communs. — Réponse : 1° 360; 2° 50 400, 28, 35 et 20; 3° 24. (Paris, diplôme d'études.)

14. On voudrait faire fabriquer une barrique aussi petite que possible, mais qu'on pût emplir complètement et successivement avec un nombre exact de bouteilles de chacune des capacités suivantes : 0 lit., 64 ; 1 lit., 50 ; 2 litres ; 3 lit., 50. Quelle devra être la capacité de cette barrique et combien contiendra-t-elle de bouteilles de chaque sorte? — Réponse : 336 litres; 525 bouteilles de 0 lit. 64, 224 de 1 lit. 50, 168 de 2 litres, 96 de 3 lit. 50.

LIVRE IV.

Chapitre Ier. — Fractions ordinaires. — Propriétés. — Quatre règles.

121. — *Une fraction est une partie aliquote de l'unité ou une réunion de parties aliquotes égales de l'unité.*

L'expression d'une fraction, dans le langage parlé ou écrit, contient deux nombres : l'un de ces nombres, appelé *dénominateur*, détermine la grandeur des parties qui composent la fraction en indiquant en combien de parties égales on a partagé l'unité ; l'autre, appelé *numérateur*, fait connaître combien il y a de ces parties dans la fraction.

Dans le langage parlé, on énonce d'abord le numérateur et ensuite le dénominateur, en donnant à ce second nombre la terminaison *ième*. Ex. : quatre cinquièmes, sept douzièmes. Sont exceptés les demis, les tiers et les quarts.

Pour écrire une fraction ordinaire, on met le dénominateur au-dessous du numérateur, en les séparant par un trait. Ex. : $\dfrac{4}{5}$.

Une fraction dont les deux termes sont égaux est équivalente à l'unité ; une fraction est moindre ou plus grande que l'unité, suivant que son numérateur est moindre ou plus grand que le dénominateur :

$$\frac{7}{7} = 1, \quad \frac{5}{7} < 1, \quad \frac{9}{7} > 1.$$

Un nombre entier plus une fraction, $5 + \dfrac{4}{7}$ par exemple, est appelé un *nombre fractionnaire*.

Une fraction plus grande que l'unité, $\dfrac{7}{3}$ par exemple, est aussi appelée une *expression fractionnaire*.

La valeur d'une fraction dépend de ses deux termes : les parties qui composent une fraction sont d'autant moindres que l'unité en contient davantage, c'est-à-dire que le dénominateur est plus grand. Si donc on augmente le dénominateur d'une fraction, la fraction diminue.

Au contraire, la fraction est d'autant plus grande qu'elle contient plus de parties, c'est-à-dire que son numérateur est plus grand.

En faisant varier l'un des termes d'une fraction, la valeur de la fraction change, et il en est de même, en général, quand on fait varier ses deux termes.

122. *Si l'on rend le dénominateur d'une fraction un certain nombre de fois plus grand ou plus petit, la valeur de la fraction devient ce même nombre de fois plus petite ou plus grande.*

La fraction $\dfrac{3}{5 \times 2}$ ou $\dfrac{3}{10}$ est deux fois moindre que $\dfrac{3}{5}$; car, puisque $10 = 5 \times 2$, pour partager l'unité en dix parties égales quand elle est déjà partagée en 5 parties, il suffit de partager chacune de celles-ci en deux ; chaque cinquième contient donc deux dixièmes, ou est deux fois plus grand qu'un dixième : la fraction $\dfrac{3}{10}$ est donc deux fois plus petite que $\dfrac{3}{5}$.

Remarque. — Pour rendre un nombre entier 2 fois, 3 fois, ... plus petit, il suffit de lui donner 2, 3, ..., pour dénominateur. Un nombre entier peut être considéré comme ayant le dénominateur 1.

123. *Si l'on rend le numérateur d'une fraction un certain nombre de fois plus grand ou plus petit, la fraction devient ce même nombre de fois plus grande ou plus petite.*

En effet, un nombre est dit 2 fois, 3 fois, ... plus grand qu'un autre, quand il contient 2 fois, 3 fois, ... celui-ci.

Cas particulier. Il résulte de la proposition précédente que, si l'on multiplie le numérateur d'une fraction par le dénominateur, la nouvelle fraction est égale au nombre entier exprimé par le numérateur : $\dfrac{5 \times 9}{9} = 5$.

124. *La valeur d'une fraction n'est pas altérée si l'on multiplie ou si l'on divise ses deux termes par un même nombre.*

Cela résulte des deux propositions précédentes.

125. *Si l'on ajoute un même nombre aux deux termes d'une fraction différente de l'unité, sa valeur se rapproche de l'unité en augmentant ou en diminuant suivant que la fraction est moindre ou plus grande que l'unité.*

Soit la fraction $\dfrac{5}{9}$, à laquelle il manque 4 parties pour égaler l'unité. Si l'on ajoute un même nombre 3 aux deux termes, leur différence reste la même, et il manque à la nouvelle fraction $\dfrac{8}{12}$ le même nombre de parties pour égaler l'unité ; mais les nouvelles parties sont moindres que les premières : donc la nouvelle fraction est plus grande que la première.

On voit d'une manière analogue que la fraction $\dfrac{9+3}{5+3}$ ou $\dfrac{12}{8}$ est moindre que $\dfrac{9}{5}$.

126. *Simplifier* une fraction, c'est remplacer ses termes par des nombres respectivement moindres, formant une nouvelle fraction égale à la première. En divisant par 2 les termes de la fraction $\dfrac{6}{8}$ on trouve la fraction $\dfrac{3}{4}$, qui est égale et plus simple ; en retranchant 1 du numérateur et 2 du dénominateur de la fraction $\dfrac{5}{10}$, on trouve aussi une fraction égale et plus simple, $\frac{4}{8}$. On dit qu'une fraction est *réduite à sa plus simple expression*, ou qu'elle est *irréductible*, quand elle ne peut pas être simplifiée.

127. *Une fraction est irréductible quand ses deux termes sont premiers entre eux.*

Les nombres 9 et 40 étant premiers entre eux, je dis que toute fraction $\frac{a}{b}$ égale à $\frac{9}{40}$ a des termes plus grands respectivement que 9 et 40. Pour le démontrer, je multiplie les deux termes de chacune de ces fractions par le dénominateur de l'autre ; les fractions trouvées, égales aux premières, sont égales entre elles, et, comme elles ont le même dénominateur, leurs numérateurs sont égaux : on a donc $40 \times a = b \times 9$. Le facteur 40 du premier produit divise le second produit ; et comme il est premier avec 9, il divise b : b est donc plus grand que 40. On voit de la même manière que a est > 9.

Corollaire. — On rend une fraction *irréductible* en divisant ses deux termes par leur plus grand commun diviseur (§ 99).

128. Les termes d'une fraction $\frac{a}{b}$ égale à une fraction irréductible $\frac{9}{40}$ sont des équimultiples des termes correspondants de celle-ci.

On vient de trouver $40 \times a = b \times 9$, et l'on a déduit de cette égalité que b est un multiple de 40 : soit $b = 40 \times 5$; on a alors $40 \times a = 40 \times 5 \times 9$, et par suite $a = 9 \times 5$; a et b sont donc des équimultiples 9×5 et 40×5 de 9 et de 40.

Corollaire. — Deux fractions irréductibles ne peuvent être égales que si leurs termes sont les mêmes.

Remarque. — L'égalité $\dfrac{9}{40} = \dfrac{a}{b}$ donne celle-ci : $9 \times b = 40 \times a$; et celle-ci donne la suivante : $\dfrac{9}{a} = \dfrac{40}{b}$, De là cette autre proposition :

Lorsque deux fractions égales ont des numérateurs premiers entre eux, leurs dénominateurs sont des équimultiples des numérateurs correspondants. On aurait aussi $\dfrac{a}{9} = \dfrac{9}{40}$ et de là une autre proposition analogue. Plus généralement :

**** 129.** *Si plusieurs fractions égales ont des numérateurs premiers entre eux, leurs dénominateurs sont des équimultiples des numérateurs correspondants.*

Soient les fractions égales $\dfrac{20}{a}$, $\dfrac{15}{b}$ et $\dfrac{12}{c}$. Je dis d'abord que le dénominateur a contient les facteurs premiers 2 et 5 de 20 avec des exposants au moins égaux. Je divise les numérateurs 20 et 15, qui n'ont pas 2 pour facteur commun, par leur plus grand commun diviseur, 5 ; je trouve deux fractions égales dont les numérateurs 4 ou 2^2 et 3 sont premiers entre eux : a est donc un multiple de 2^2. On voit de même, en comparant $\dfrac{20}{a}$ à la fraction $\dfrac{12}{c}$ dont le numérateur ne contient pas le facteur 5, que a est divisible par 5 : donc a est un multiple de 20 ; on démontrerait de la même manière que b et c sont des multiples de 15 et de 12. L'égalité $\dfrac{20}{a} = \dfrac{15}{b}$ donne celle-ci : $20 \times b = 15 \times a$; et si $a = 20 \times k$, on a $20 \times b = 15 \times 20 \times k$, ou $b = 15 \times k$; a, b et c sont donc des équimultiples des nombres 20, 15 et 12.

Remarque. — Théorème analogue pour le cas où les dénominateurs de plusieurs fractions égales sont premiers entre eux.

130. Étant données plusieurs fractions égales, on trouve une nouvelle fraction égale en prenant pour numérateur la somme de tous les numérateurs et pour dénominateur la somme de tous les dénominateurs.

Soient les fractions égales $\dfrac{a}{b}$, $\dfrac{c}{d}$, $\dfrac{f}{g}$, et soit $\dfrac{m}{p}$ la fraction irréductible correspondante. On a ($\S$ 128) $a = a'm$, $c = c'm$, $f = f'm$ et $b = a'p$, $d = c'p$, $g = f'p$;

par suite

$$\frac{a+c+f}{b+d+g} = \frac{(a'+c'+f')m}{(a'+c'+f')p} = \frac{m}{p} = \frac{a}{b} = \frac{c}{d} = \frac{f}{g}.$$

131. Réduction des fractions au même dénominateur. — Réduire des fractions au même dénominateur, c'est les remplacer par d'autres qui leur soient respectivement égales et qui aient toutes le même dénominateur.

1° Les fractions sont irréductibles. Dans ce cas, on ne peut prendre pour dénominateur commun qu'un multiple commun des dénominateurs des fractions données, et l'on peut, d'ailleurs, prendre un multiple commun quelconque de ces nombres.

Soient les fractions $\dfrac{7}{8}$, $\dfrac{5}{12}$ et $\dfrac{11}{18}$.

Ces fractions étant irréductibles, le nouveau dénominateur devra être ($\S$ 128) un multiple de 8, de 12 et de 18. Soit 216, un multiple commun quelconque de ces trois nombres : pour remplacer $\dfrac{7}{8}$ par une fraction égale et ayant 216 pour dénominateur, il suffit évidemment de multiplier les deux termes 7 et 8 par le quotient 27 de la division de 216 par 8.

Après avoir trouvé un multiple commun, on devra donc le diviser successivement par les dénominateurs de toutes les fractions, et l'on multipliera les deux termes de chacune par le quotient correspondant. Voici le tableau de la réduction :

$$\frac{27}{8} \qquad \frac{18}{12} \qquad \frac{12}{18} \qquad 216$$

$$\frac{189}{216} \qquad \frac{90}{216} \qquad \frac{132}{216}$$

Remarque. — Lorsque les fractions sont irréductibles, le plus petit commun multiple de leurs dénominateurs est le plus petit commun dénominateur possible.

2° *Les fractions sont quelconques.* On peut prendre pour dénominateur commun un multiple quelconque de leurs dénominateurs, ou un multiple commun quelconque des dénominateurs des fractions trouvées en les réduisant à leur plus simple expression. La règle à appliquer est la même que dans le cas précédent.

Remarque. — Quand on prend pour multiple le produit des dénominateurs de toutes les fractions, la règle peut s'énoncer ainsi :

On multiplie les deux termes de chaque fraction par le produit des dénominateurs de toutes les autres.

Exemples :

$$\frac{8}{\frac{6}{15}} \quad \frac{6}{\frac{18}{20}} \quad \frac{5}{\frac{10}{24}} \; 120 \qquad\qquad \frac{6}{15} \frac{18}{20} \frac{10}{24} \qquad\qquad \frac{12}{\frac{2}{5}} \quad \frac{6}{\frac{9}{10}} \quad \frac{5}{\frac{5}{12}} \; 60$$

$$\frac{48}{120} \frac{108}{120} \frac{50}{120} \qquad \frac{6\times20\times24}{15\times20\times24} \; \frac{18\times15\times24}{15\times20\times24} \; \frac{10\times15\times24}{15\times20\times24} \qquad \frac{24}{60} \frac{54}{60} \frac{25}{60}$$

3° Réduire plusieurs fractions au plus petit dénominateur commun.

RÈGLE. *On réduit les fractions à leur plus simple expression, et l'on prend pour dénominateur commun le plus* *petit commun multiple des dénominateurs des fractions irréductibles.*

Le dénominateur commun, devant être un multiple de chacun des dénominateurs des nouvelles fractions, ne peut pas être plus petit que leur plus petit commun multiple.

132. Addition des fractions ordinaires. — *L'addition a pour but de réunir en un seul nombre toutes les unités et toutes les parties d'unité contenues dans plusieurs nombres donnés.*

Nous examinerons quatre cas :

1° Additionner des fractions ayant le même dénominateur.

RÈGLE. *On ajoute les numérateurs et l'on donne à la somme le dénominateur commun.*

Exemple :

$$\frac{7}{11} + \frac{2}{11} + \frac{5}{11} = \frac{7+2+5}{11} = \frac{14}{11}.$$

Le résultat est bien composé d'après la définition.

2° Les fractions n'ont pas le même dénominateur.

RÈGLE. *On réduit les fractions au même dénominateur et l'on applique la règle précédente aux fractions trouvées.*

Exemple :

$$\frac{2}{3} + \frac{5}{9} + \frac{7}{12} = \frac{24}{36} + \frac{20}{36} + \frac{21}{36} = \frac{65}{36}.$$

3° Ajouter un entier à une fraction.

RÈGLE. *On multiplie l'entier par le dénominateur de la fraction, on ajoute au produit le numérateur et l'on donne à la somme le dénominateur.*

Exemple :

$$5 + \frac{4}{7} = \frac{5 \times 7}{7} + \frac{4}{7} = \frac{5 \times 7 + 4}{7} = \frac{39}{7}.$$

Inversement, *pour extraire l'entier contenu dans une fraction plus grande que l'unité, on divise le numérateur par le dénominateur : le quotient entier de cette division est le nombre entier contenu dans la fraction ; à ce nombre entier on ajoute une fraction ayant pour numérateur le reste et pour dénominateur celui de la fraction donnée.*

Exemple : $\qquad \dfrac{39}{7} = 5 + \dfrac{4}{7}.$

Chercher combien il y a d'unités dans $\dfrac{39}{7}$, c'est chercher combien de fois on a $\dfrac{7}{7}.$

4° Ajouter des nombres fractionnaires et des fractions.

Règle. *On fait la somme des fractions données contenues dans les nombres fractionnaires ou isolées ; on extrait l'entier contenu dans cette somme partielle, s'il y a lieu, et on l'ajoute à la somme des entiers contenus dans les nombres fractionnaires.*

Exemple :

$$\left(8 + \frac{2}{3}\right) + \left(4 + \frac{5}{9}\right) + \left(2 + \frac{7}{12}\right)$$

$$= (8 + 4 + 2) + \left(\frac{2}{3} + \frac{5}{9} + \frac{7}{12}\right)$$

$$= 14 + \frac{65}{36} = 15 + \frac{29}{36}.$$

133. Soustraction des fractions ordinaires. —Comme pour les nombres entiers, la soustraction des fractions a pour but, étant donnés deux nombres, d'en trouver un troisième qui, ajouté au second, donne pour somme le premier. Quatre cas :

1º Les deux termes sont des fractions ayant le même dénominateur.

RÈGLE. *On fait la différence des numérateurs et l'on donne à cette différence le dénominateur commun.*

Exemple :

$$\frac{12}{7} - \frac{4}{7} = \frac{12-4}{7} = \frac{8}{7}.$$

Ce résultat, ajouté à $\frac{4}{7}$, donne $\frac{12}{7}$.

2º Les fractions n'ont pas le même dénominateur.

RÈGLE. *On réduit les fractions au même dénominateur et l'on applique la règle précédente.*

Exemple :

$$\frac{2}{3} - \frac{4}{7} = \frac{14}{21} - \frac{12}{21} = \frac{2}{21}.$$

3º Retrancher une fraction d'un nombre entier.

RÈGLE. *On multiplie l'entier par le dénominateur de la fraction ; du produit on retranche le numérateur, et l'on donne au reste le dénominateur.*

Exemple :

$$7 - \frac{2}{3} = \frac{7 \times 3}{3} - \frac{2}{3} = \frac{7 \times 3 - 2}{3} = \frac{19}{3}.$$

De même :

$$\frac{17}{3} - 4 = \frac{17 - 4 \times 3}{3} = \frac{5}{3}.$$

4º Les deux termes sont des nombres fractionnaires.

RÈGLE. *On retranche la fraction du second terme de la fraction du premier augmentée, si c'est nécessaire, d'une ou de plusieurs unités ; on retranche ensuite le nombre entier du second terme du nombre entier du premier, après avoir ajouté à l'entier du second terme le nombre que l'on a ajouté à la fraction du premier.*

Voici des exemples des différents cas qui peuvent se présenter :

$$\left(7+\frac{5}{9}\right)-\left(2+\frac{4}{9}\right)=(7-2)+\left(\frac{5}{9}-\frac{4}{9}\right)=5+\frac{1}{9}.$$

$$\left(7+\frac{2}{9}\right)-\left(2+\frac{7}{9}\right)=\left(7+\frac{11}{9}\right)-\left(3+\frac{7}{9}\right)=4+\frac{4}{9}.$$

$$\left(7+\frac{5}{9}\right)-\left(1+\frac{22}{9}\right)=\left(7+2+\frac{5}{9}\right)-\left(1+2+\frac{22}{9}\right)$$

$$=(7-3)+\left(\frac{25}{9}-\frac{22}{9}\right)=4+\frac{1}{9}.$$

134. Multiplication des fractions ordinaires. — *Multiplier un nombre par un autre nombre, c'est en chercher un troisième appelé produit, qui soit composé avec le premier appelé multiplicande, de la même manière que le second appelé multiplicateur est composé avec l'unité.* Le multiplicande et le multiplicateur sont aussi appelés les *facteurs* du produit.

Le nombre entier 3 étant la somme de 3 unités, le produit d'un multiplicande par 3 est la somme de 3 nombres égaux à ce multiplicande; la fraction $\frac{3}{7}$ étant composée de 3 fois la septième partie de l'unité, le produit d'un nombre a par $\frac{3}{7}$ s'obtient en prenant les $\frac{3}{7}$ de a.

135. Quatre cas :
1° Multiplier une fraction par un entier.

RÈGLE. *Pour multiplier une fraction par un entier, on multiplie le numérateur par ce nombre entier :*

$$\frac{5}{6} \times 3 = \frac{5}{6} + \frac{5}{6} + \frac{5}{6} = \frac{5 \times 3}{6}.$$

Remarque. — Si le dénominateur de la fraction est divisible par l'entier, au lieu de multiplier le numérateur on peut diviser le dénominateur par l'entier :

$$\frac{5 \times 3}{6} = \frac{5 \times 3}{2 \times 3} = \frac{5}{2}.$$

2° Multiplier un entier par une fraction.

RÈGLE. *Pour multiplier un entier par une fraction, on multiplie l'entier par le numérateur de la fraction et l'on donne au produit le dénominateur de la fraction.*

Multiplier 3 par $\frac{5}{6}$, par exemple, c'est prendre 5 fois la sixième partie de 3 ; le sixième de 1 étant $\frac{1}{6}$, le sixième de 3 est $\frac{3}{6}$; il reste à prendre 5 fois cette fraction, c'est-à-dire à la multiplier par 5, ce qui se fait, d'après le premier cas, en multipliant le numérateur par 5 ; on a donc

$$3 \times \frac{5}{6} = \frac{3 \times 5}{6}.$$

Remarque. — Si le dénominateur est divisible par l'entier, il y a une simplification analogue à celle du cas précédent :

$$3 \times \frac{5}{6} = \frac{3 \times 5}{6} = \frac{5}{6 : 3}.$$

3° Multiplier une fraction par une fraction.

RÈGLE. *Pour multiplier une fraction par une fraction, on forme une troisième fraction ayant pour numérateur le produit des numérateurs des deux facteurs, et pour dénominateur le produit de leurs dénominateurs.*

Multiplier $\frac{5}{7}$ par $\frac{4}{9}$, par exemple, c'est prendre 4 fois la neuvième partie de $\frac{5}{7}$. Or, la neuvième partie de $\frac{5}{7}$ est $\frac{5}{7 \times 9}$, puisqu'elle est 9 fois moindre que $\frac{5}{7}$; le produit cherché est donc $\frac{5}{7 \times 9} \times 4$ ou $\frac{5 \times 4}{7 \times 9}$.

4° Multiplier un nombre fractionnaire par un nombre fractionnaire.

RÈGLE. *On réduit chaque facteur en fraction et l'on applique la règle précédente.*

Remarque. — En appliquant directement la définition, on serait amené à multiplier successivement chaque terme du multiplicande par chaque terme du multiplicateur et à faire la somme des produits partiels ainsi obtenus.

136. Produit de plusieurs fractions. — Il résulte de la définition d'un produit de plusieurs facteurs (§ 54), et de la règle de la multiplication de deux fractions, que *le produit de plusieurs fractions est une nouvelle fraction ayant pour numérateur le produit des numérateurs de tous les facteurs et pour dénominateur le produit de leurs dénominateurs.*

Exemple :

$$\frac{3}{7} \times \frac{4}{9} \times \frac{5}{8} = \frac{3 \times 4 \times 5}{7 \times 9 \times 8}.$$

* **137.** *On ne change pas le produit de plusieurs fractions en intervertissant l'ordre des facteurs.*

Il résulte, en effet, de la règle précédente et du même théorème sur les nombres entiers que les deux termes du produit conservent la même valeur.

* **138**. Les théorèmes des §§ 56, 57 et 58 subsistent et se démontrent de la même manière.

Ainsi, quels que soient les nombres a, b, c, d, on a

$$a\,(b\,c\,d) = (b\,c\,d)\,a = b\,c\,d\,a = a\,b\,c\,d.$$

De même :
$$a\,b\,(c\,n)\,d = (c\,n)\,a\,b\,d = c\,n\,a\,b\,d = a\,b\,c\,d\,n = (a\,b\,c\,d)\,n.$$

* **139**. *Pour élever une fraction à une puissance, il suffit d'élever chacun de ses termes à cette puissance.*

En effet :

$$\left(\frac{5}{9}\right)^3 = \frac{5}{9} \times \frac{5}{9} \times \frac{5}{9} = \frac{5 \times 5 \times 5}{9 \times 9 \times 9} = \frac{5^3}{9^3}.$$

* **140**. *La fraction obtenue en élevant une fraction irréductible à une puissance est irréductible.*

Les nombres 5 et 9 étant premiers entre eux, il en est de même de 5^3 et 9^3 (§ 104, 3).

141. Division des fractions ordinaires. — *Diviser un nombre par un autre, c'est en chercher un troisième appelé quotient, qui, multiplié par le second appelé diviseur, reproduise le premier appelé dividende.*

142. Cinq cas :
1° Diviser un entier par un entier et mettre le quotient sous la forme d'une fraction ou d'un nombre fractionnaire.

Règle. *Le quotient de la division d'un entier par un entier est exprimé par une fraction ayant pour numérateur le dividende et pour dénominateur le diviseur :* $\dfrac{18}{7}$ *est le*

quotient de la division de 18 par 7, car $\dfrac{18}{7} \times 7 = 18$.

Remarque. — $\frac{18}{7}$ ou $2 + \frac{4}{7}$ est le *quotient complet* de cette division ; 2 en est le *quotient entier* par défaut (§ 62).

2° Diviser une fraction par un entier.

RÈGLE. *On multiplie le dénominateur de la fraction par l'entier,* ou bien, si c'est possible, *on divise le numérateur par l'entier.*

Soit à diviser $\frac{5}{7}$ par 4. En répétant 4 fois le quotient, on doit trouver le dividende $\frac{5}{7}$: ce quotient est donc 4 fois plus petit que $\frac{5}{7}$, et par suite il est égal à $\frac{5}{7 \times 4}$.

De même $\frac{6}{7} : 3 = \frac{6}{7 \times 3} = \frac{6 : 3}{7}$.

3° Diviser un nombre entier par une fraction.

RÈGLE. *On multiplie l'entier par la fraction diviseur renversée.*

Soit à diviser 5 par $\frac{4}{9}$. Les $\frac{4}{9}$ du quotient doivent égaler 5 ; un seul neuvième du quotient vaut donc 4 fois moins que 5, c'est-à-dire $\frac{5}{4}$, et par suite les 9 neuvièmes valent

$$\frac{5 \times 9}{4} = 5 \times \frac{9}{4}.$$

4° Diviser une fraction par une fraction.

RÈGLE. *On multiplie la fraction dividende par la fraction diviseur renversée.*

Soit à diviser $\frac{4}{7}$ par $\frac{5}{9}$. Les $\frac{5}{9}$ du quotient doivent égaler $\frac{4}{7}$; un seul neuvième du quotient vaut donc 5 fois moins ou $\frac{4}{7 \times 5}$, et les 9 neuvièmes 9 fois plus, ou

$$\frac{4 \times 9}{7 \times 5} = \frac{4}{7} \times \frac{9}{5}.$$

Remarque. — On peut quelquefois diviser le numérateur du dividende par le numérateur du diviseur, et le dénominateur du dividende par celui du diviseur :

$$\frac{15}{8} : \frac{3}{4} = \frac{15:3}{8:4} = \frac{5}{2}.$$

On rend ainsi le dividende trois fois plus petit et le résultat quatre fois plus grand.

5° Diviser un nombre fractionnaire par un nombre fractionnaire.

RÈGLE. *On ramène ce cas au précédent en réduisant chaque nombre fractionnaire en fraction,*

143. *Pour diviser un nombre par un produit, il suffit de diviser ce nombre successivement par les facteurs de ce produit, quels que soient ces facteurs, entiers ou fraction- naires.*

Soit q le quotient de la division de a par bcd; on a $a = bcdq$. En divisant a ou $bcdq$ par b, on trouve pour premier quotient cdq; en divisant cdq par c, on trouve pour second quotient dq, et enfin, en divisant dq par d, on trouve q.

144. *Si l'on multiplie ou si l'on divise le dividende par un nombre, le quotient est multiplié ou divisé par ce nombre.*

On a

$$\frac{3}{5} : \frac{4}{7} = \frac{3 \times 7}{5 \times 4}; \quad \left(\frac{3}{5} \times \frac{2}{9}\right) : \frac{4}{7} = \frac{3}{5} \times \frac{2}{9} \times \frac{7}{4} = \frac{3 \times 7}{5 \times 4} \times \frac{2}{9}.$$

De même :

$$\left(\frac{3}{5} : \frac{2}{9}\right) : \frac{4}{7} = \frac{3}{5} \times \frac{9}{2} \times \frac{7}{4} = \frac{3 \times 7}{5 \times 4} : \frac{2}{9}.$$

145. *Si l'on multiplie ou si l'on divise le diviseur par un nombre, le quotient est divisé ou multiplié par ce nombre.*

On a

$$\frac{3}{5} : \left(\frac{4}{7} \times \frac{2}{9}\right) = \left(\frac{3}{5} : \frac{4}{7}\right) : \frac{2}{9}.$$

De même :

$$\frac{3}{5} : \left(\frac{4}{7} : \frac{2}{9}\right) = \frac{3}{5} : \left(\frac{4}{7} \times \frac{9}{2}\right) = \left(\frac{3}{5} : \frac{4}{7}\right) \times \frac{2}{9}.$$

146. *Si l'on multiplie ou si l'on divise par un même nombre le dividende et le diviseur, le quotient reste le même.*

Ce théorème est un corollaire des deux précédents. On le vérifie directement de la même manière.

———————

EXERCICES SUR LES FRACTIONS ORDINAIRES.

147. 1. Ajouter aux deux termes de la fraction $\frac{3}{7}$ un même nombre aussi petit que possible et tel que l'excès de l'unité sur la nouvelle fraction soit $< \frac{1}{1\,000}$. — Réponse : 3 994.

Remarque. — L'excès de l'unité sur chaque fraction est exprimé par quatre parties.

2. En ajoutant terme à terme deux fractions inégales, on trouve une nouvelle fraction dont la valeur est comprise entre les valeurs des deux premières. — Généraliser.

3. Si la fraction $\dfrac{a}{b}$ est irréductible, la fraction $\dfrac{b-a}{b}$ l'est aussi.

4. Réduire des fractions données au plus petit numérateur commun.

5. Par quelle fraction faut-il multiplier un nombre : 1° pour l'augmenter de sa quinzième partie; 2° pour le diminuer de sa quinzième partie? — Réponse : 1° $\dfrac{16}{15}$, 2° $\dfrac{14}{15}$.

6. Pour diviser un produit par un nombre, il suffit de diviser un de ses facteurs par ce nombre.

7. Étant donnée une fraction $\dfrac{a}{b}$, trouver une fraction, ayant pour dénominateur un nombre donné c, qui soit égale à la première, si c'est possible, ou qui en diffère de moins que $\dfrac{1}{c}$.

Remarque. $\dfrac{a}{b} = \dfrac{\frac{a}{b} \times c}{c}$. Si la fraction $\dfrac{a}{b}$ est irréductible, pour que la transformation se fasse exactement, il faut et il suffit que b divise c. — Une expression de la forme $\dfrac{m}{n}$, lorsque m et n ne sont pas entiers, indique la division de m par n comme celle-ci : $m : n$.

8. Étant donnée une fraction irréductible dont les termes sont considérables, on fait sur ces termes les divisions que l'on ferait pour trouver leur plus grand commun diviseur, et l'on demande de se servir des quotients ainsi obtenus pour composer des fractions simples successives entre lesquelles, prises deux à deux, la fraction donnée soit comprise.

Exemple :
$$\frac{86\,400}{20\,929}.$$

On trouve $\dfrac{86\,400}{20\,929} = 4 + \cfrac{1}{7 + \cfrac{1}{1 + \cfrac{1}{3 + \dots}}}$

et l'on en conclut que la fraction donnée est comprise :

1º entre 4 et $\dfrac{29}{7}$, 2º entre $\dfrac{29}{7}$ et $\dfrac{33}{8}$ ....

9. Les fractions $\dfrac{63}{99}$, $\dfrac{6\,363}{9\,999}$, $\dfrac{636\,363}{999\,999}$,....., sont égales.

De même $\dfrac{63}{47}$, $\dfrac{6\,363}{4\,747}$, ...

Remarque. $\dfrac{63}{47} = \dfrac{6\,300}{4\,700}$.

10. Transformer la fraction $\dfrac{4}{7}$ en une somme de fractions ayant pour dénominateurs les puissances successives de 12.

Remarque. $\dfrac{4}{7} = \dfrac{\frac{4}{7}\times 12}{12} = \dfrac{6+\frac{6}{7}}{12} = \dfrac{6}{12} + \dfrac{\frac{6}{7}\times 12}{12^4},...$

11. La transformation précédente ne peut se faire exactement que lorsque le dénominateur de la fraction donnée, supposée irréductible, n'a que les facteurs premiers de 12, 2 et 3.

12. Quatre roues tournent d'un mouvement uniforme ; elles ont commencé au même instant, et après 47 heures 40 minutes elles ont fait : la première, 573 300 tours ; la deuxième, 327 600 tours ; la troisième, 154 440 tours ; la quatrième, 364 364 tours. On demande combien de fois, pendant ces 47 heures 40 minutes, elles ont achevé simultanément un nombre exact de tours et quelle a été la durée de la période.

Solution. — En appelant a, b, c et d les nombres de tours faits respectivement par les quatre roues pendant une période et t le temps total, 47 heures 40 minutes, on doit avoir

$$\frac{t\,a}{573\,300} = \frac{t\,b}{327\,600} = \frac{t\,c}{154\,440} = \frac{t\,d}{364\,364},$$

en divisant les numérateurs par t et les dénominateurs par leur plus grand commun diviseur 52, on a

$$\frac{a}{573\,300 : 52} = \frac{b}{327\,600 : 52} = \frac{c}{154\,440 : 52} = \frac{d}{364\,364 : 52}.$$

Les numérateurs devant être maintenant (§ 129) des équimultiples des dénominateurs, la plus petite valeur que l'on puisse donner à u est 573 300 : 52. Ainsi les quatre roues auront achevé chacune pour la première fois, au même instant, un nombre exact de tours quand la première aura fait un nombre de tours exprimé par 573 300 : 52. Ce temps est évidemment la cinquante-deuxième partie de 47 heures 40 minutes ou 55 minutes. Après un temps double, triple...., 52 fois plus grand, il en sera de même, et dans le temps total il y aura 52 périodes.

Remarque. — On peut comprendre directement que la plus faible période correspond au plus grand commun diviseur des nombres de tours donnés.

13. Déduction faite de $\frac{1}{20}$ du montant d'un achat, la facture a été acquittée en payant 2 508 fr. ; quel était le montant avant la déduction ? — Réponse : 2 640 fr.

14. Une personne augmente son revenu chaque année des $\frac{3}{8}$ du revenu de l'année précédente ; après 3 ans elle a reçu en totalité 13 650 fr. Quel a été le revenu de la première année ? — Réponse : 3 200 fr.

15. Une personne dépense chaque jour la moitié de la somme qui lui restait la veille, plus $\frac{1}{2}$ fr. ; après 3 jours il ne lui reste plus rien. Combien a-t-elle dépensé en tout ? — Réponse : 7 fr.

16. Une paysanne vend à une première personne la moitié de ses œufs, plus 15 œufs ; à une deuxième personne, les $\frac{4}{15}$ des œufs qui lui restent, plus 10 œufs ; à une troisième personne, $\frac{1}{4}$ des œufs qui lui restent, plus 9 œufs, et il ne lui en reste plus. Combien en avait-elle en arrivant au marché ? — Réponse : 90.

17. Une fontaine a 3 robinets : les deux premiers peuvent remplir le bassin en $\frac{2}{3}$ d'heure ; le deuxième et le troisième, en $\frac{3}{7}$ d'heure, et le premier et le troisième en $\frac{1}{2}$ heure. En quel

temps chaque robinet remplirait-il le bassin ? — Réponse : $\frac{12}{7}$, $\frac{12}{11}$ et $\frac{12}{17}$ d'heure.

18. On a employé, pour faire un ouvrage, 8 hommes, 5 femmes et 3 enfants. Le salaire journalier d'une femme est les $\frac{3}{5}$ de celui d'un homme, et celui d'un enfant les $\frac{2}{3}$ de celui d'une femme. Le prix de l'ouvrage ayant été de 244 fr., quelle est la part de chaque personne ? — Réponse : 20 fr., 12 fr. et 8 fr.

19. Un tonneau contient 300 litres de vin : on en retire le tiers et l'on achève de remplir le tonneau avec de l'eau ; on en retire alors $\frac{1}{4}$ du contenu et l'on remplit encore le tonneau avec de l'eau ; on en retire enfin $\frac{1}{5}$ et l'on achève de remplir avec de l'eau. Combien reste-t-il de vin dans le tonneau ? — Réponse : 120 litres.

Remarque. — On n'a pas à tenir compte de l'eau introduite dans le tonneau.

20. Un tonneau contient 400 litres de vin : on en tire 50 litres, que l'on remplace par 50 litres d'eau ; on en tire alors 80 litres, que l'on remplace aussi par de l'eau ; on en tire ensuite 60 litres et l'on achève encore de remplir le tonneau avec de l'eau. Combien le tonneau contient-il alors d'eau et de vin ? — Réponse : 162 litres d'eau et 238 litres de vin.

21. Soit $\frac{a}{b} = c + \frac{d}{b}$, chaque lettre représentant un nombre entier. Si la fraction $\frac{a}{b}$ est irréductible, il en est de même de $\frac{d}{b}$.

22. Quelles conditions doivent remplir les fractions irréductibles $\frac{a}{b}$, $\frac{c}{d}$, pour que leur somme $\frac{ad + bc}{bd}$ soit un nombre entier ? — Réponse : Il faut que $d = b$, et que $a + c$ soit un multiple de b.

23. Même question pour les opérations suivantes :

$$1^o \; \frac{a}{b} - \frac{c}{d} = \frac{ad - bc}{bd}, \qquad 2^o \; \frac{a}{b} \times \frac{c}{d} = \frac{ac}{bd}, \qquad 3^o \; \frac{a}{b} : \frac{c}{d} = \frac{ad}{bc}.$$

6.

24. Une première personne a gagné les $\frac{2}{3}$ d'une certaine somme; une deuxième personne a gagné les $\frac{3}{5}$ du gain de la première, et une troisième la moitié du gain de la seconde; elles ont gagné en totalité 456 fr. Quel est le gain de chaque personne? — Réponse : 240 fr., 144 fr., 72 fr.

25. Une montre qui avance de $\frac{3}{5}$ d'heure en 12 heures a été mise à l'heure à 2 heures. On demande : 1° l'heure qu'elle marquera à 5 h. $\frac{1}{2}$; 2° quelle sera l'heure exacte quand la montre marquera 4 h. $\frac{3}{4}$. — Réponse : 1° 5 h. $+\frac{27}{40}$, 2° 4 h. $+\frac{13}{24}$.

Remarque. — Quand les aiguilles ont parcouru 12 h. $+\frac{3}{5}$, il ne s'est réellement écoulé que 12 heures.

26. Une circonférence de cercle est partagée en 720 parties égales appelées demi-degrés; on prend sur une seconde circonférence égale à la première un arc de 29 demi-degrés, et on le partage en 30 parties égales. L'extrémité de ce second arc étant placée entre deux divisions de la première circonférence, il faut avancer jusqu'à la septième division de l'arc pour trouver deux traits de division qui coïncident sur la circonférence et sur l'arc. Quelle est la distance qui sépare l'extrémité de l'arc de chacune des deux divisions de la circonférence entre lesquelles elle est placée? — Réponse : $\frac{7}{30}$ et $\frac{23}{30}$ de $\frac{1}{2}$ degré.

27. Une montre avance de 30 minutes en 12 heures ; à quelle heure exacte aura lieu la première rencontre des deux aiguilles? — Réponse : 1 h. et $\frac{1}{22}$.

Remarque. — La période de 12 heures est remplacée par une période de 11 h. 30 m., et pendant ce temps il y a 11 rencontres séparées par des intervalles égaux.

28. On a 4 tonneaux de différentes capacités : en remplissant le second avec le premier, il reste $\frac{4}{7}$ du premier ; en remplissant le troisième avec le second, il reste $\frac{1}{4}$ du second ; avec le troisième, on ne peut remplir que les $\frac{9}{16}$ du quatrième, et enfin, si l'on remplissait le troisième et le quatrième avec le contenu du premier, il resterait encore 15 litres dans le premier. Quelle est la capacité de chaque tonneau ? — Réponse : 140, 60, 45 et 80 litres.

29. Deux fontaines fournissent l'eau d'un bassin : l'une le remplirait en 5 heures et l'autre en 6 heures. Ce bassin a deux robinets qui peuvent le vider, quand il est plein, l'un en 8 heures et l'autre en 10 heures. Le bassin étant à moitié rempli, on demande quel est le temps qu'il faudra pour qu'il se remplisse complètement, les deux fontaines et les deux robinets fonctionnant tous ensemble. — Réponse : 3 h. 31 m.

30. Un marchand a acheté une pièce de drap à raison de 20 fr. le mètre. Il en a revendu la moitié 24 fr. le mètre, $\frac{1}{6}$ 20 fr., $\frac{1}{4}$ 47 fr. et le reste 30 fr. Il trouve alors qu'il a gagné 165 fr. Combien la pièce contenait-elle de mètres ? — Réponse : 17 m. $+ \frac{5}{23}$.

Remarque. — Supposer que la pièce ait 1 mètre de longueur et calculer le gain.

31. Une affaire commerciale rapporte la première année les $\frac{3}{11}$ du capital engagé ; la deuxième année, elle rapporte les $\frac{4}{5}$ de ce qu'elle a rapporté la première année, et, la troisième, 35 800 fr. qui forment les $\frac{5}{7}$ de ce qu'elle a rapporté la deuxième année. Quel était le capital engagé ? — Réponse : 229 716 fr. $\frac{2}{3}$.

(Lyon, brevet du 1er ordre.)

32. Deux vaisseaux partent ensemble. Le premier fait 30 kilo-

mètres $\frac{2}{5}$ en 2 heures $\frac{1}{4}$; le second, 80 kilomètres $\frac{3}{5}$ en 5 h. $\frac{1}{4}$.
A quelle distance du rivage seront les deux vaisseaux dans 32 minutes ? — Réponse : A 7 205 mètres $\frac{25}{27}$ et à 8 187 mètres $\frac{59}{63}$.

(Valence, brevet.)

33. Une fontaine peut remplir un bassin en 7 heures ; un robinet peut le vider en 11 heures. Le tiers du bassin étant plein, on laisse couler la fontaine et on ouvre le robinet. Après quel temps les $\frac{3}{4}$ du bassin seront-ils remplis ? — Réponse : 8 heures $\frac{1}{48}$.

(Lille, brevet du 2ᵉ ordre.)

34. En 5 années, un commerçant a pu mettre de côté 54 000 fr. Sachant que la deuxième année il a économisé $\frac{2}{9}$ en plus de ce qu'il avait économisé la première ; la troisième année, 12 885 fr. ; la quatrième année, $\frac{1}{11}$ en moins de ce qu'il avait mis de côté la seconde, et enfin la cinquième autant que la seconde, plus 115 fr., calculer ce qu'il a économisé chaque année. — Réponse :   9 000 fr. la première année ;
              11 000 fr. la deuxième année ;
              10 000 fr. la quatrième année ;
              11 115 fr. la cinquième année.

Remarque. — Représenter par 1 la première économie, *etc.*
(Vesoul.)

35. Quatre joueurs se sont associés : le premier a gagné 35 fr. ; le deuxième, $\frac{1}{9}$ du gain total ; le troisième, les $\frac{3}{8}$ de ce gain, et le quatrième les $\frac{5}{12}$ de ce même gain. Combien chaque joueur a-t-il gagné ? — Réponse : 35 fr., 40 fr., 135 fr., 150 fr.

(Albi, brevet du 2ᵉ ordre.)

36. On a rempli de vin les $\frac{13}{15}$ d'un tonneau contenant 225 litres et l'on a fait le plein avec de l'eau. On a ensuite tiré 45 litres de ce mélange, et le plein a été fait une seconde fois avec de l'eau. Combien y a-t-il de vin dans un litre du dernier mélange ? — Réponse : $\frac{52}{75}$ de litre.

(Paris, brevet du 2ᵉ ordre.)

37. Un père en mourant laisse 2 fils et 3 filles; son héritage s'élève à 28 600 fr. Le plus jeune des enfants est un des fils auquel il lègue les $\frac{5}{12}$ de l'héritage; il lègue à l'autre fils, qui est l'aîné de la famille, $\frac{4}{15}$ de ce même héritage, et il prescrit que le reste de son bien sera partagé entre ses filles de façon que la plus jeune ait les $\frac{4}{11}$ de la part totale des trois filles et que les deux autres soient également partagées. On demande quelle sera la part de chaque enfant. — Réponse : 11 916 fr. $\frac{2}{3}$, 7 626 fr. $\frac{2}{3}$, 3 293 fr. $\frac{1}{3}$, etc.

(Paris, brevet de capacité.)

38. Le lin en paille perd au rouissage 30 pour 100; le lin roui perd encore 28 pour 100 au teillage; enfin, le lin teillé perd au peignage 18 pour 100. Combien donne de lin peigné une récolte de 2 400 kil. de lin en paille ? — Réponse : 991 kil. $\frac{872}{1\,000}$.

(Paris, brevet de capacité.)

39. Un boulanger avait acheté, à 7 fr. le stère, 3 tas de bois, le premier de 9 stères $\frac{3}{4}$, le second de 12 stères $\frac{3}{5}$, le troisième de 15 stères $\frac{1}{2}$. Il en consomme par jour $\frac{5}{8}$ de stère. On demande : 1° combien de jours durera la provision ; 2° quelle est

la valeur de cette provision. — Réponse : 1° 60 jours avec un reste ; 2° 264 fr. $\frac{19}{20}$.

(Paris, brevet du 2ᵉ ordre, Institutrices.)

40. Quand la France a 400 000 hommes sous les armes, quelle fraction de sa population, qui est de 37 millions d'habitants, représente l'armée ? — Réponse : $\frac{2}{185}$.

(Versailles.)

Chapitre II. — Fractions décimales.

148. Fractions décimales. Nombres décimaux. — On appelle *parties décimales de l'unité*, ou *unités fractionnaires décimales*, les parties obtenues en partageant d'abord l'unité en dix parties égales appelées *dixièmes*, puis chacune de ces parties en dix parties égales, ou, ce qui revient au même, l'unité en cent parties égales appelées *centièmes ;* puis chaque centième en dix parties égales ou, ce qui revient au même, l'unité en mille parties égales appelées *millièmes*, et ainsi de suite.

Les noms des unités fractionnaires décimales de l'unité se forment en terminant en *ième* les noms des unités multiples décimales successives : dix, cent, mille, dix mille, cent mille, million, *etc.*, donnent les mots : dixième, centième, millième, dix-millième, cent-millième, millionième, *etc.* ; chacune de ces parties décimales est dix fois moindre que la précédente ; elles sont de dix en dix fois plus petites.

Une fraction décimale est une réunion de parties décimales de l'unité ; *un nombre décimal* est composé d'un entier et d'une fraction décimale ; on donne quelquefois le nom de nombre décimal à une fraction décimale non accompagnée d'un entier.

On pourrait définir une fraction décimale en disant que c'est une fraction ordinaire dont le dénominateur est une puissance de dix, c'est-à-dire l'unité suivie d'un ou de plusieurs zéros. On aurait alors à démontrer le théorème suivant.

149. *Une fraction ordinaire, ayant pour dénominateur l'unité suivie de plusieurs zéros, peut être décomposée en fractions partielles successives composées de parties de l'unité de 10 en 10 fois plus petites et ayant respectivement pour numérateurs les chiffres successifs de son numérateur.*

Soit la fraction $\dfrac{4275}{10000}$. On a

$$\frac{4275}{10000} = \frac{4000 + 200 + 70 + 5}{10000}$$

$$= \frac{4000}{10000} + \frac{200}{10000} + \frac{70}{10000} + \frac{5}{10000}.$$

La dernière fraction n'a pas de zéros au numérateur, et les précédentes en ont respectivement 1, 2, 3; en supprimant ces zéros et autant à chaque dénominateur, on obtient les fractions partielles $\dfrac{4}{10}$, $\dfrac{2}{100}$, $\dfrac{7}{1,000}$, $\dfrac{5}{10,000}$, qui remplissent évidemment les conditions de l'énoncé.

150. Au moyen des deux conventions suivantes, on écrit un nombre décimal sans dénominateur, c'est-à-dire sous la forme d'un entier :

1° *Tout chiffre placé à la droite d'un autre chiffre représente des unités ou des parties d'unité 10 fois moindres que celles que représente cet autre chiffre.* C'est une extension du principe de la numération écrite des nombres entiers.

2° *On fait connaître le chiffre des unités simples en mettant une virgule entre ce chiffre et celui qui est placé à sa droite; si le nombre décimal n'a pas de partie entière, on met un zéro à la gauche de la virgule.*

Il résulte de la première de ces conventions que les chiffres successifs placés à la droite de la virgule expriment des dixièmes, des centièmes, des millièmes, des dix-millièmes, *etc.* : il y a donc une place pour chaque partie décimale de l'unité. Le nombre 7,436 contient : 7 unités, 4 dixièmes, 3 centièmes et 6 millièmes; 4 dixièmes valent 40 centièmes ou 400 millièmes; 3 centièmes valent 30 millièmes; le nombre 7,436 vaut donc 7 unités, 436 millièmes.

Remarque. — Les chiffres placés à la droite de la virgule s'appellent des *chiffres décimaux* ou des *décimales*.

151. Règle pour énoncer en langage ordinaire un nombre décimal écrit en chiffres. — *On énonce d'abord le nombre entier; puis le nombre formé par les chiffres qui sont à la droite de la virgule, comme s'il était entier, et on lui donne le nom des parties décimales du dernier chiffre à droite.*

152. Règle pour écrire un nombre décimal. — *On écrit d'abord la partie entière ou un zéro à sa place, et une virgule à sa droite; puis la partie décimale, comme si c'était un nombre entier, en ayant soin de remplacer par des zéros les parties décimales qui manquent, de manière que le dernier chiffre à droite occupe le rang des parties décimales énoncées.*

Soit à écrire 708 dix-millièmes : le chiffre 8 doit occuper le quatrième rang; il faut donc un zéro entre la virgule et 708; ce nombre doit s'écrire : 0,0708. On voit de même que le nombre 7 unités 435 millionièmes devra s'écrire : 7,000435.

153. Quand on veut écrire un nombre décimal sous la forme d'une fraction ordinaire, on supprime la virgule et

l'on donne pour dénominateur, au nombre entier ainsi obtenu, l'unité suivie d'autant de zéros qu'il y avait de chiffres
à la droite de la virgule : $5,38 = \dfrac{538}{100}$.

154. *En avançant la virgule d'un nombre décimal d'un
chiffre ou d'un rang vers la droite, de deux rangs, de
trois, ..., on rend ce nombre* 10 *fois*, 100 *fois*, 1 000 *fois*, ...,
plus grand, et inversement. En effet, si l'on avance la virgule
de deux rangs vers la droite, par exemple, le chiffre qui
exprimait des centièmes exprime maintenant des unités et
a une valeur relative 100 fois plus grande; comme il en est
de même pour tout autre chiffre, la valeur du nouveau
nombre est bien 100 fois plus grande que celle du premier.

Remarque. — On rend un nombre entier 10 fois, 100 fois,
1 000 fois, ... plus petit en séparant une décimale, deux décimales, trois décimales, ... à sa droite.

155. *La valeur d'un nombre décimal ne change pas si
l'on met des zéros à sa droite ou si l'on en supprime.*

$0,35 = 0,350$: chaque chiffre a, en effet, la même valeur
relative dans les deux nombres; ou bien les parties décimales du second nombre sont 10 fois moindres que celles
du premier, mais il y en a 10 fois plus.

*** 156.** *Si l'on supprime un nombre quelconque de chiffres
à la droite d'un nombre décimal, on fait une erreur moindre
qu'une unité de l'ordre du dernier chiffre conservé.*

En effet, dans $4,78354$, par exemple, les trois derniers
chiffres expriment un nombre moindre que $0,00999$; or, il
faut ajouter 1 au dernier chiffre de ce dernier nombre pour
avoir $0,01$; les trois derniers chiffres du premier nombre
ne valent donc pas $0,01$.

Remarque. — Si le premier chiffre supprimé est < 5, l'erreur
est moindre qu'une demi-unité de l'ordre du dernier chiffre

conservé; dans l'exemple précédent, 0,00 354 < 0,00 499: or il faut ajouter 1 au dernier chiffre pour avoir 0,005, c'est-à-dire un demi-centième.

Si le premier chiffre supprimé est plus grand que 5 ou s'il est égal à 5, et qu'il y ait d'autres chiffres significatifs à la suite, l'erreur est plus grande qu'une demi-unité du dernier ordre conservé; mais, en ajoutant 1 au dernier chiffre, on ajoute de trop l'excès d'une unité du dernier ordre sur un nombre plus grand qu'une demi-unité de cet ordre, et l'on a une erreur par excès moindre qu'une demi-unité du même ordre.

157. Addition des nombres décimaux. — RÈGLE. *Pour ajouter des nombres décimaux, on les écrit les uns au-dessous des autres en faisant correspondre, dans une même colonne verticale, les chiffres qui expriment des unités de même nom, soit dans les parties entières, soit dans les parties décimales; les virgules sont alors dans une même colonne; on fait ensuite l'addition comme si les nombres étaient entiers, et l'on met, au résultat, une virgule au-dessous de la colonne des virgules.*

Exemple : 37,4656 + 248,358 + 6,4 + 75,7483.

$$
\begin{array}{r}
37,4656 \\
248,358 \\
6,4 \\
75,7483 \\
\hline
367,9719
\end{array}
$$

Ce résultat est bien la *somme* des nombres donnés, car il est composé de toutes les unités et de toutes les parties d'unités contenues dans les nombres donnés.

158. Soustraction des nombres décimaux. — RÈGLE. *On écrit le plus petit nombre au-dessous du plus grand, en faisant correspondre les chiffres qui représentent des unités de même nom; si l'un des nombres a moins de décimales que l'autre, on remplace mentalement les chiffres qui manquent* *par des zéros, et l'on fait la soustraction sans faire attention aux virgules; on met ensuite, au résultat, une virgule au-dessous des virgules des deux termes de la soustraction.*

Exemple : Soustraire 748,358 de 5 437,64.

$$5\ 437,64$$
$$748,35\ 8$$
$$\overline{4\ 689,28\ 2}$$

Remarque. — On peut opérer par complément comme pour les nombres entiers. Voici le tableau de l'opération pour l'exemple qui précède :

$$5\ 437,64$$
$$\overline{1}\ 251,642$$
$$\overline{4\ 689,282}$$

159. Multiplication des nombres décimaux. —

RÈGLE. *Pour faire le produit de deux nombres décimaux, ou de deux nombres dont l'un est entier et l'autre décimal, on multiplie ces nombres sans faire attention aux virgules, et l'on sépare ensuite, à la droite du résultat, autant de chiffres décimaux qu'il y en a dans les deux facteurs.*

Pour démontrer cette règle, nous examinerons deux cas :

1° Le multiplicateur est entier. Soit à multiplier 7,34 par 48. Multiplier un nombre par 48, c'est faire la somme de 48 nombres égaux au multiplicande; or, d'une part, la somme de 48 nombres égaux à 7,34 est exprimée par les mêmes chiffres que la somme de 48 nombres égaux à 734 : on trouvera donc les chiffres de cette somme en multipliant 734 par 48; d'autre part, en ajoutant des centièmes, on trouve des centièmes : on devra donc séparer deux décimales au produit.

2° Le multiplicateur est un nombre décimal. Soit à multiplier 7,34 par 4,8. D'après la définition générale de la multiplication, multiplier 7,34 par 4,8 ou par 48 dixièmes, c'est prendre 48 fois la dixième partie du multiplicande, c'est-à-dire multiplier 0,734 par 48. On est ainsi ramené au cas précédent, et, comme le nouveau multiplicande a autant de décimales qu'il y en avait dans les deux facteurs donnés, la règle est démontrée.

Remarque. — On rend un produit 10 fois, 100 fois, ... plus petit en reculant la virgule d'un rang, de deux rangs, ... vers la gauche dans l'un des facteurs, car la virgule est par suite reculée du même nombre de rangs au produit.

160. **Division des nombres décimaux**. — Dans la division des nombres décimaux, de même que dans celle des nombres entiers, on ne cherche pas ordinairement le *quotient complet*, mais un nombre qui en diffère d'un nombre moindre qu'une unité de l'ordre de son dernier chiffre à droite. Ainsi, *le quotient à un centième près, par défaut, de la division de deux nombres est le plus grand nombre de centièmes dont le produit par le diviseur soit inférieur au dividende.*

Nous examinerons deux cas :

1° Le diviseur est entier.

RÈGLE. *On prend au dividende autant de chiffres décimaux qu'on veut en avoir au quotient, en mettant, si c'est nécessaire, des zéros à la droite du dividende, ou en supprimant par un point les décimales inutiles ; on opère ensuite comme si le dividende ainsi obtenu était entier, et l'on sépare au quotient les décimales qu'il doit avoir.*

Soit à trouver, à 0,01 près, le quotient de **748,37542** par **45**. Je divise **74837** par **45**; je trouve pour quotient entier, par défaut, **1663**, et un reste **2**, comme on le voit dans le calcul suivant :

$$
\begin{array}{r|l}
748,\!37.542 & 45 \\ \cline{2-2}
298 & \;1\;663 \\
28\,3 & \\
1\,37 & \\
2 & \\
\end{array}
$$

Je dis que 16,63 est le quotient à 0,01 près, par défaut, de la division des nombres donnés. Pour le démontrer, il faut faire voir 1° que $16,63 \times 45 < 748,37542$. Or, d'après la division effectuée, on a $1663 \times 45 < 74\,837$; en divisant par 100 de part et d'autre, on a $16,63 \times 45 < 748,37$ et *à fortiori* $16,63 \times 45 < 748,37542$. Il faut faire voir 2° que $16,64 \times 45 > 748,37542$. Or, d'après la division effectuée, on a $1664 \times 45 > 74837$, et, comme le premier membre de cette inégalité a au moins une unité de plus que le second, on a aussi $1664 \times 45 > 74837,542$; divisant de part et d'autre par 100, on a $16,64 \times 45 > 748,37542$.

Remarque. — On sait (§ 58) que pour rendre un produit 100 fois plus petit il suffit de rendre un facteur 100 fois plus petit.

2° Le diviseur est un nombre décimal.

RÈGLE. *On supprime la virgule au diviseur; on l'avance, dans le dividende, d'autant de rangs vers la droite qu'il y avait de décimales au diviseur, en mettant des zéros, si c'est nécessaire, et l'on applique alors la règle du premier cas.*

L'exactitude de cette règle résulte du principe démontré (§ 146), que le quotient d'une division reste le même quand on multiplie le dividende et le diviseur par un même nombre : le quotient exact n'étant pas changé, il en est de même du quotient approché.

Si l'on avait à calculer à 0,01 près le quotient de la division de 74,837542 par 4,5, on diviserait, comme on l'a fait dans le premier cas, 748,37542 par 45, à 0,01 près.

Démonstration directe. Le nombre 16,63 étant le quotient, à 0,01 près par défaut, de la division de 748,37542 par 45, est aussi le quotient, à 0,01 près par défaut, de la division de 74,837542 par 4,5. En effet : 1° de l'inégalité $748,37542 > 45 \times 16,63$ on déduit, en divisant les deux membres par 10 : $74,837542 > 4,5 \times 16,63$; et 2° l'inégalité

$748,37542 < 45 \times 16,64$ donne de même la suivante : $74,837542 < 4,5 \times 16,64$.

Remarques. — 1. Quand on a à mettre des zéros à la droite du dividende, on se contente ordinairement de les mettre à la droite des restes successifs.

2. On ne doit jamais mettre des zéros à la droite du diviseur : quand il y en a, on les supprime, en déplaçant convenablement la virgule au dividende.

3. Les règles précédentes ne s'appliquent pas au cas où le diviseur aurait un nombre illimité de chiffres décimaux : la règle de la division abrégée comblera cette lacune.

161. Conversion des fractions ordinaires en fractions décimales. Fractions décimales périodiques. — Règle. *Pour trouver un nombre décimal égal à une fraction ordinaire donnée, ou qui en diffère d'un nombre moindre qu'une unité décimale de l'ordre de son dernier chiffre à droite, on divise le numérateur par le dénominateur, en mettant à la droite du numérateur autant de zéros que l'on veut avoir de décimales.*

Cette règle est une conséquence de ce théorème (§ 142, 1°), qu'une fraction ordinaire est une expression du quotient de la division du numérateur par le dénominateur. En voici une autre démonstration.

Soit à trouver le plus grand nombre de millièmes contenus dans la fraction $\dfrac{7}{13}$. On a

$$\frac{7}{13} = \frac{\dfrac{7}{13} \times 1\,000}{1\,000} ;$$

j'effectue le calcul indiqué dans l'expression $\dfrac{7}{13} \times 1000$ et, pour cela, je divise 7 suivi de trois zéros par 13 : je trouve que ce nombre est compris entre 538 et 539, et j'en conclus que $\dfrac{7}{13}$ est compris entre 0,538 et 0,539 ; ces deux nombres sont des valeurs de $\dfrac{7}{13}$ approchées à moins de 0,001, le premier par défaut et le second par excès.

Remarques. — 1. Le chiffre suivant étant un 4, le nombre 0,538 est approché à un demi-millième.

2. La transformation se fait quelquefois exactement :

$$\frac{3}{8} = 0{,}375 .$$

* **162.** *Pour qu'une fraction ordinaire puisse se réduire exactement en décimales, il suffit et il faut que le dénominateur de la fraction, après qu'elle a été réduite à sa plus simple expression, ne contienne que les facteurs premiers 2 et 5.*

1° La condition est suffisante : car le dénominateur devient une puissance de 10, en multipliant les deux termes de la fraction par celui des deux facteurs 2 ou 5 qui a le plus faible exposant, si l'on donne à ce multiplicateur un exposant égal à la différence des exposants de 2 et de 5.

Exemple :

$$\frac{7}{2^3 \times 5} = \frac{7 \times 5^2}{2^3 \times 5^3} = \frac{7 \times 5^2}{10^3} = 0{,}175 .$$

Remarque. — Le nombre des décimales est exprimé par le plus grand exposant de 2 et de 5.

2° La condition est nécessaire : ainsi la fraction $\dfrac{5}{2^3 \times 7}$ ne peut être réduite exactement en décimales ; en d'autres termes, une égalité de la forme $\dfrac{5}{2^3 \times 7} = \dfrac{a}{10^n}$ est impossible. En effet, la première fraction étant irréductible, il faudrait que 10^n fût un multiple de $2^2 \times 7$, ce qui n'est pas, puisque le facteur 7 n'est pas dans 10^n (§ 116).

163. Fractions décimales périodiques. — *Quand on réduit en décimales une fraction irréductible dont le dénominateur contient un ou plusieurs facteurs autres que 2 et 5, on trouve, en général, un certain nombre de chiffres décimaux différents, au plus égal au dénominateur moins un, qui se suivent dans un ordre déterminé et qui se reproduisent indéfiniment dans le même ordre.*

Pour démontrer ce théorème, je remarque que les divisions partielles successives doivent donner un nombre limité de restes différents, au plus égal au diviseur moins un, puisque ces restes, dont aucun n'est nul, sont tous moindres que le diviseur. Après un nombre de divisions partielles moindre que le diviseur, on retrouve donc un des restes précédents, et à partir de la division suivante les chiffres du quotient et les restes se reproduisent dans le même ordre, puisqu'on recommence, dans le même ordre, des opérations déjà faites.

Ex. : $\dfrac{7}{11}$ donne 0,636363... ; $\dfrac{321}{925}$ donne 0,34702702....

Il peut se faire que tous les chiffres décimaux soient égaux : $\dfrac{7}{9}$ donne 0,777.....

164. Les chiffres qui se reproduisent, pris dans l'ordre où on les a trouvés, forment une *période*, et le nombre décimal est dit *périodique*. Si la période se trouve immédiatement à la suite de la virgule, le nombre décimal est dit *périodique simple;* dans le cas contraire, il est dit *périodique mixte*, et les chiffres qui précèdent la première période, à partir de la virgule, sont dits *irréguliers;* ils forment la partie *non périodique*.

* **165.** La fraction ordinaire qui donne un nombre décimal périodique est appelée la *fraction génératrice* de

ce nombre périodique. Si l'on prend un nombre limité de périodes, on a une valeur approchée de la fraction génératrice ; l'erreur que l'on commet est d'autant moindre que ce nombre de périodes est plus grand, et l'on peut, en prenant un nombre suffisant de périodes, rendre cette erreur moindre que tout nombre donné (§ 156). On exprime ce fait en disant que la fraction génératrice d'un nombre décimal périodique est la limite vers laquelle tend le nombre décimal que l'on forme en augmentant indéfiniment le nombre de périodes. Il résulte de là que deux fractions inégales ne peuvent pas donner le même nombre décimal périodique ; car la valeur d'un nombre décimal périodique ne peut pas, quand le nombre des périodes augmente de plus en plus, se rapprocher indéfiniment de deux limites différentes.

En général, on appelle *limite* d'une quantité variable une *quantité fixe* dont la quantité variable peut approcher autant qu'on le veut, sans pouvoir l'égaler.

* **166. Retour d'un nombre décimal à la fraction ordinaire équivalente. —** 1° *Le nombre décimal a un nombre limité de chiffres.*

On a vu (§ 153) que $0,75 = \dfrac{75}{100}$.

2° *Un nombre décimal périodique simple a pour limite, et par suite pour fraction génératrice, une fraction ordinaire ayant pour numérateur la période et pour dénominateur un nombre exprimé par autant de 9 qu'il y a de chiffres à la période.*

Je dis que limite $0,636363\ldots = \dfrac{63}{99}$.

Je prends un nombre limité de périodes, 4 par exemple, et j'appelle a_4 la valeur du nombre ainsi obtenu : $a_4 = 0,63636363$; par suite $100\,a_4 = 63,636363$; de cette dernière égalité je retranche la première membre à membre ; en supprimant les décimales communes et

7.

en indiquant la soustraction dans le second membre, j'ai

$$99\,a_4 = 63 - 0,00\,000\,063 = 63 - \frac{63}{100^4};$$

et par suite,

$$a_4 = \frac{63}{99} - \frac{63}{99} \times \frac{1}{100^4}.$$

En prenant 5 périodes, on trouverait de même

$$a_5 = \frac{63}{99} - \frac{63}{99} \times \frac{1}{100^5},$$

et, avec n périodes,

$$a_n = \frac{63}{99} - \frac{63}{99} \times \frac{1}{100_n}.$$

Or la valeur de a_n se compose d'un premier terme $\frac{63}{99}$ qui ne varie pas avec n, et d'un second terme moindre que $\frac{1}{100^n}$ et qui peut être rendu moindre que tout nombre donné : $\frac{63}{99}$ est donc la limite de a_n et par conséquent la fraction génératrice cherchée.

3° *Un nombre décimal périodique mixte a pour limite, et, par suite, pour fraction génératrice, une fraction ordinaire ayant pour numérateur la différence des parties entières des nombres obtenus en portant successivement la virgule à la droite et à la gauche de la première période, et pour dénominateur un nombre exprimé par autant de 9 qu'il y a de chiffres à la période, suivis d'autant de zéros qu'il y a de chiffres irréguliers.*

Ainsi $0,54\,702\,702$ a pour limite $\dfrac{54\,702 - 54}{99\,900}$. On a successivement

$$a_4 = 0,54\,702\,702\,702\,702;$$

$$100\,000 \; a_4 = 34\,702{,}702\;702\;702;$$

$$\text{et} \qquad 100 \; a_4 = \qquad 34{,}702\;702\;702\;702;$$

$$99\,900 \; a_4 = 34\,702 - 34 - \frac{702}{1\,000^4};$$

$$\text{et} \qquad a_4 = \frac{34\,702 - 34}{99\,900} - \frac{702}{99\,900} \times \frac{1}{1\,000^4};$$

$$a_n = \frac{34\,702 - 34}{99\,900} - \frac{702}{99\,900} \times \frac{1}{1\,000^n};$$

par suite, $\dfrac{34\,702 - 34}{99\,900}$ est bien la limite cherchée.

****167.** Il résulte des deux règles précédentes que la fraction génératrice d'un nombre décimal périodique simple se distingue de celle d'un nombre décimal périodique mixte par ce caractère que le dénominateur de la première ne contient ni le facteur 2 ni le facteur 5, tandis que le dénominateur de la seconde a ces deux facteurs avant que la fraction ait été simplifiée, et l'un des deux, au moins, après la simplification. Cela tient à ce que le numérateur donné par la dernière règle n'est jamais terminé par un zéro, puisque le dernier chiffre irrégulier est différent du dernier chiffre de la période, et que, par suite, si ce numérateur est divisible par l'un des facteurs 2 et 5, il ne l'est pas par l'autre. Il résulte encore de là que l'un de ces facteurs conserve, après la simplification de la fraction, son exposant primitif, qui est égal au nombre des chiffres irréguliers. Les théorèmes suivants sont des conséquences de ces remarques :

****168.** 1° Toute fraction irréductible dont le dénominateur ne contient ni le facteur 2 ni le facteur 5 donne, quand on la réduit en décimales, une fraction périodique simple.

2° Toute fraction irréductible dont le dénominateur contient l'un des facteurs 2 et 5, ou tous les deux, avec d'autres facteurs premiers, donne un nombre décimal périodique mixte, dans lequel le nombre des chiffres irréguliers est égal au plus fort exposant des facteurs **2** et **5**.

EXERCICES SUR LES NOMBRES DÉCIMAUX.

169. — 1. Écrire en chiffres les nombres suivants :
   1° Quatre unités, trois mille quarante-cinq cent-millièmes ;
   2° Sept cent quarante-deux millionièmes ;
   3° Quatre-vingt-sept mille six cent douze millièmes ;
2. Lire les nombres suivants :
   0,5038. — 47,005304. — 648,70054306.
3. Calculer les expressions suivantes :
   1° 0,473 + 5,08 + 46,3 + 0,54 + 32 + 0,046 ;
   2° 35,2 — 7,48 — 0,543 + 12,3 — 1,748 — 7.

Remarque. — Pour opérer par complément, on disposera ce dernier calcul de la manière suivante :

$$\begin{array}{c} 35,2 \\ \overline{12,52} \\ \overline{1},457 \\ 12,3 \\ \overline{18},252 \\ \overline{13} \end{array}$$

4. Un ouvrier gagne 15 fr. 45 la première semaine de l'année et son salaire augmente de 0 fr. 25 chaque semaine. Combien gagne-t-il pendant les 52 semaines de l'année ? — Réponse : 1 134 fr., 90.

5. On a 15 fagots à 7 m. 45 les uns des autres : quel est le chemin qu'il faut faire pour les réunir tous au premier, en allant les prendre un à un, en partant du premier ? — Réponse : 1 564 m., 50.

6. Un marchand a acheté trois douzaines de vases à 7 fr. 25 le vase, et il a reçu, pour chaque douzaine, le treizième en sus. Il en casse 5 et il voudrait gagner 102 fr. 80 sur le tout. Combien doit-il vendre chaque vase ? — Réponse : 10 fr. 70.

7. Deux frères ont hérité de la même somme ; quelques années après, l'aîné a augmenté son capital des 0,45 de ce ca-

pital, et le plus jeune a dépensé les 0,75 du sien : l'aîné a alors 43 524 fr. 60 de plus que son frère. Quel était le montant de l'héritage et quel est actuellement le capital de chacun ? — Réponse : 72 541 fr., 52 592 fr. 225, 9 067 fr. 625.

8. On donne 1 fr. 60 à un ouvrier par journée de travail ; mais on lui retient 0 fr. 75 chaque jour qu'il chôme. Au bout de 30 jours il touche 33 fr. 90. Pendant combien de jours a-t-il travaillé ? — Réponse : 24 jours.

9. Multiplier la fraction décimale périodique simple 0,574428574428 . . . par celle-ci : 0,095238095238 . . .

Remarque. — La première est égale à $\frac{4}{7}$ et la seconde à $\frac{2}{21}$.

10. Division des mêmes nombres.

11. Le produit ou le quotient de deux fractions décimales périodiques simples est généralement de même espèce. Dans quel cas y a-t-il exception ?

12. Deux personnes avaient la même somme. La première dépense les 0,60 de son capital, et la seconde les 0,25. La première a alors 300 fr. 09 de plus que la seconde. Combien avaient-elles chacune ? — Réponse : 857 fr. 40.

13. Un courtier vend des marchandises pour 417 fr. 75 de plus qu'il ne les avait achetées ; à ce marché il gagne 15 pour 100 sur le prix de vente. Quel est le prix d'achat ? — Réponse : 2 367 fr. 25.

14. Un convoi parti à 8 h. 20 m. du matin d'une des extrémités d'un chemin de fer de 471 kilomètres doit mettre 16 h. 40 m. pour arriver à l'autre extrémité : on veut qu'un second convoi, partant à 9 h. 40 m., rejoigne le premier à 356 kilom. du point de départ. Quelle doit être la vitesse moyenne de ce second convoi ? — Réponse : 31 kilom. 6, à 0,1 près.

15. Un marchand achète à la campagne des œufs à 0 fr. 05 la pièce et les revend en ville 0 fr. 90 la douzaine. Il a gagné 15 fr. sur son marché. On demande combien il avait d'œufs, sachant que les frais de transport sont la moitié des droits d'entrée en ville, et ces droits $\frac{1}{15}$ du prix d'achat. — Réponse : 750 œufs.

(Albi, brevet de capacité.)

16. Un marchand a vendu une certaine quantité de sucre en

trois lots : le premier, qui représente les $\frac{2}{7}$ de cette quantité, a
été vendu avec un bénéfice de 6 fr. 50 ; le second, qui représente les $\frac{3}{4}$ du reste, avec un bénéfice de 8 fr. 25 ; et sur le
reste, qui pèse 10 kilogrammes, on a perdu 4 fr. Le tout a été
vendu 122 fr. 75. On demande : 1° le poids total du sucre ; 2° le
prix d'achat ; 3° le gain moyen fait sur chaque kilogramme.
— Réponse : 1° 56 kilogr. ; 2° 112 fr. ; 3° 0,20 à 0,01 près
par excès.

(Saint-Quentin, brevet de capacité.)

17. On sait que la betterave donne en sucre environ 7 pour
100 de son poids ; qu'un mètre carré de terrain produit approxi-
mativement 3 kilogr. 125 de betteraves, et que les 100 kilogr. de
betteraves sont évalués à 4 fr. 65. On demande : 1° quelle superficie il faudrait ensemencer pour fournir des betteraves à une fabrique qui produit annuellement 87 500 kil. de sucre ? 2° quelle
serait la valeur des betteraves obtenues. —Réponse : 1° 400 000
mètres carrés ; 2° 20 625 fr.

(Caen, brevet de capacité.)

18. Un marchand a acheté trois pièces de drap de même
qualité, d'une longueur chacune de 125 m. 50. Après en avoir
vendu les $\frac{3}{5}$ au prix de 13 fr. 40 , il a échangé le reste contre
du velours, sur le pied de 5 mètres de drap contre 3 mètres
de velours qu'il a vendu 25 fr. 50 le mètre. On demande : 1° le
nombre de mètres de velours qu'il a reçu en échange ; 2° quel
a été le prix d'achat du drap, sachant que cette opération commerciale lui a rapporté un bénéfice de 737 fr. 94. — Réponse :
1° 90ᵐ, 36 ; 2° 12 fr. 20.

(Perpignan, brevet du 2ᵉ ordre.)

19. On met en souscription, au profit des inondés du Midi,
un meuble valant 1 700 fr. On demande : 1° le nombre de
billets émis ; 2° la valeur de chacun d'eux, sachant qu'en
mettant le billet à 3 fr. 50 on perdrait autant qu'on gagnerait
en le mettant à 5 fr. — Réponse : 1° 400 billets ; 2° 4 fr. 25.

(Épinal, brevet du 2ᵉ ordre.)

20. Un libraire achète à un éditeur 78 livres, marqués 2 fr. 50,

avec 15 pour 100 de remise et 13 pour la douzaine. Faites le compte de ce qu'il doit. — Réponse : 153 fr.

(Lille, brevet de capacité.)

21. 43 épis de froment renferment 925 grains ; un litre en contient 16 860 et pèse 0 kilogr. 77 ; le froment donne à la mouture les 85 centièmes de son poids de farine ; enfin, 4 kilogr. de farine fournissent 5 kilogr. de pain. Combien faut-il d'épis de de froment 1° pour faire un kilogramme de pain ; 2° pour faire un hectolitre ? — Réponse : 1° 958 épis par excès ; 2° 78 376.

(Agen, brevet de capacité.)

22. On a payé 9 806 fr. 25 pour du minerai de cuivre acheté à raison de 18 fr. 75 le quintal. Les frais d'extraction du cuivre s'élèvent à 5 fr. 70 par quintal de minerai. Le minerai contient 15 pour 100 de son poids de cuivre. Le cuivre perdu dans l'opération est de 2 pour 100 de celui que contient le minerai. A combien revient le kilogr. de cuivre et combien vaut tout le cuivre obtenu ? — Réponse : 4 fr. 26 et 9 785 fr.

(Châlons-sur-Marne, brevet de capacité.)

23. Une marchande achète de la toile à 2 fr. 35 le mètre, et en vend 135 m. par jour ; quel prix doit-elle en retirer pour gagner 3 500 fr. dans l'année ? On comptera l'année de 285 jours. — Réponse : 2 fr. 44, à 0 fr. 01 près par défaut.

(Draguignan, brevet du 2ᵉ ordre.)

24. Un gramme d'argent pur vaut 22 centimes $\frac{2}{9}$. Quel sera le poids d'un lingot d'argent pur valant 64 fr. 50 ? — Réponse : 290 gr. 25.

(Paris, brevet du 2ᵉ ordre.)

25. Un hectolitre de houille coûte 3 fr. 65. On brûle dans un calorifère pour 52 fr. 25 de houille par jour. Le chauffage dure depuis le 15 novembre jusqu'au 1ᵉʳ avril. Le calorifère chauffe 18 pièces. Quelle sera la dépense totale de la houille ? Quelle est la dépense moyenne pour une pièce ? Combien faudra-t-il en tout d'hectolitres de houille ? — Réponse : 7 106 fr ; 394 fr. 77, et 1 947 hectolitres par excès.

(Lyon, brevet de capacité.)

26. Un marchand a vendu le tiers de sa marchandise avec

un bénéfice de 10 pour 100, et le reste avec un bénéfice de 7 pour 100, et il a reçu en tout 12 540 fr. On demande quel avait été le prix d'achat de cette marchandise. — Réponse : 11 611 fr., à 1 fr. près par défaut.

(Toulouse, brevet du 1er ordre.)

27. Il faut payer pour le passage d'un pont 0 fr. 15 par voiture attelée de deux chevaux, 0 fr. 10 par voiture à un cheval, 0 fr. 05 par cavalier et 0 fr. 03 par piéton. Dans la quinzaine le nombre de voitures à deux chevaux a été les $\frac{2}{5}$ de celui des voitures à un cheval ; celui des voitures à un cheval, les $\frac{3}{14}$ du nombre des cavaliers ; le nombre des cavaliers, les $\frac{5}{27}$ de celui des piétons. La recette de la quinzaine s'est élevée à 168 fr. 72. On demande combien il est passé de voitures à deux chevaux, de voitures à un cheval, de cavaliers et de piétons. — Réponse : 72, 180, 660 et 3 564.

(Mézières.)

28. Un minerai de fer renferme une proportion d'argent égale à 0,00002 du fer qu'il contient. Par un premier procédé on peut extraire par jour 6 540 kilogr. de fer, qui vaut 0 fr. 27 le kilogramme ; par un second procédé on n'extrait par jour que 6 233 kilogr. de fer ; mais on sépare en même temps l'argent qui s'y trouve, et qui vaut 1 fr. les 4 gr. 5. Quel est le plus avantageux des deux procédés ? — Réponse : Par le premier procédé on gagne 55 fr. 19 de plus par jour.

(Paris.)

29. On a payé 740 fr. pour le transport de 8 bœufs, 15 veaux et 35 moutons, de Rouen à Poissy, par le chemin de fer. Sachant que sur cette voie le transport d'un bœuf coûte autant que celui de 3 veaux ou de 5 moutons, on demande ce qui a été payé pour chaque bœuf, pour chaque veau et pour chaque mouton, et quel est le prix du transport par kilomètre pour chacun de ces animaux, la distance parcourue étant de 110 kilomètres. — Réponse : 1° 37 fr. ; 12 fr. 33 ; 7 fr. 40. 2° 0 fr. 3 364 ; 0 fr. 1 121 ; 0 fr. 0 673.

(Châteauroux.)

30. On emploie dans une usine du minerai de plomb renfermant 19 pour 100 de son poids de plomb ; on perd, dans l'opération, les 0,13 de tout le plomb que le minerai renferme ; le plomb vaut 55 fr. les 100 kilogr. On demande combien il faut traiter de minerai pour obtenir pour 20 000 fr. de plomb. — Réponse : 220 000 kilogrammes.

(Paris.)

31. Une personne fait confectionner 4 douzaines de chemises avec une toile qui coûte 1 fr. 50 les $\frac{5}{6}$ de mètre. Il faut pour chaque chemise 2 m. 25, et l'on donne à l'ouvrière chargée de ce travail 10 fr. par semaine. On demande ce que coûtent les chemises, sachant que l'ouvrière, qui travaille 6 jours par semaine, fait 2 chemises $\frac{1}{2}$ en 3 jours. — Réponse : 290 fr. 40.

(Toulouse, brevet du 2ᵉ ordre.)

32. Un marchand de vin vend :

La $\frac{1}{2}$ du vin qu'il a acheté avec un bénéfice de 0 fr. 20 par litre ;

Le $\frac{1}{4}$ —   —   0 fr. 12   —

Le $\frac{1}{8}$ —   —   0 fr. 06   —

Et le reste avec une perte de. . . . . . . 0 fr. 10   —

Il gagne ainsi 450 fr. sur la totalité. Combien avait-il acheté de vin ? — Réponse : 3 600 litres.

33. Un vase contient une certaine quantité d'eau qui occupe le tiers de sa capacité. On y plonge un morceau de fer dont une moitié seulement est immergée après avoir fait monter le niveau de l'eau de façon que le volume du vase compris au-dessous de ce niveau représente les $\frac{5}{8}$ de sa capacité. Le poids du fer est de 1 kil. 722, et son poids spécifique 7,8 : on demande la capacité du vase. — Réponse : 0 litre 378.

(Dijon, brevet).

LIVRE V.

Chapitre Ier. — Carré et racine carrée.

*170. **Carré des nombres entiers et des fractions.** — *Le carré de la somme de deux nombres contient le carré du premier nombre, deux fois le produit du premier nombre par le second et le carré du second.*

On a vu (§ 51) que pour multiplier une somme par une somme il suffit de multiplier successivement chaque terme du multiplicande par chaque terme du multiplicateur et d'ajouter les produits partiels. On a donc

$$(7 + 4)^2 = (7 + 4)(7 + 4),$$
$$= 7 \times 7 + 4 \times 7 + 7 \times 4 + 4 \times 4,$$
$$= 7^2 + 2(7 \times 4) + 4^2$$

Plus généralement, quels que soient les nombres a et b,

$$(a + b)^2 = a^2 + 2ab + b^2.$$

Remarque. $(a + 1)^2 = a^2 + 2a + 1$. La différence des carrés de deux nombres entiers consécutifs est égale au double du plus petit nombre plus un. Par suite, si au carré d'un nombre entier on ajoute un nombre au plus égal au double de ce nombre entier, on a une somme moindre que le carré du nombre entier suivant.

* 171. *Le carré d'un nombre composé de dizaines et d'unités contient le carré des dizaines, le double produit des dizaines par les unités et le carré des unités.*

Il résulte en effet du théorème précédent que

$$(247)^2 = (240 + 7)^2 = \overline{240}^2 + 2(240 \times 7) + 7^2.$$

Remarque. — Le carré des dizaines est un nombre exact de centaines : car 240 étant terminé par un zéro, 240×240 est terminé par deux zéros ; le double produit des dizaines par les unités est un nombre exact de dizaines : un tel produit est en effet terminé par un zéro.

172. *Pour élever un produit au carré, il suffit d'élever chaque facteur au carré.*

En effet,

$$(7 \times 5 \times 3)^2 = 7 \times 5 \times 3 \times 7 \times 5 \times 3,$$
$$= 7 \times 7 \times 5 \times 5 \times 3 \times 3,$$
$$= 7^2 \times 5^2 \times 3^2.$$

Corollaire. — Pour multiplier entre eux les carrés de deux nombres, il suffit d'élever au carré le produit de ces nombres : $(45)^2 \times (10)^2 = (450)^2$.

*** 173. Caractères auxquels on peut reconnaître qu'un nombre entier n'est pas un carré parfait.** — 1° *Tout nombre [a] qui est divisible par un nombre premier [3], et qui ne l'est pas par le carré de ce nombre premier, n'est pas un carré parfait.* Si a était le carré d'un nombre entier b, le nombre premier 3 qui divise a diviserait b (§ 104, 2); on aurait donc $b = 3 \times q$ et $a = b^2 = 3^2 \times q^2$; a serait donc divisible par 3^2, ce qui est contraire à l'hypothèse.

2° *Tout nombre entier terminé, à droite, par un des chiffres 2, 3, 7 et 8 n'est pas un nombre parfait.* Cela résulte des deux remarques suivantes : 1° le chiffre des unités du carré d'un nombre est le chiffre qui termine le carré du chiffre des unités de ce nombre : car, dans la multiplication de deux nombres entiers, le produit du chiffre des unités du multiplicande par le chiffre des unités du multiplicateur est le seul produit partiel qui donne des unités simples; 2° les chiffres 2, 3, 7 et 8 ne terminent aucun des carrés 1, 4, 9, 16, 25, 36, 49, 64, 81 des neuf premiers nombres.

3° *Si, le chiffre des unités étant 5, celui des dizaines*

n'est pas 2, *le nombre n'est pas un carré parfait.* En effet, si un nombre a terminé par un 5 était le carré d'un nombre b, ce nombre b serait aussi divisible par 5 et serait terminé par un 5 ; il serait donc égal à un certain nombre d de dizaines, plus 5, et l'on aurait

$$b = 10\,d + 5,$$
$$a = b^2 = 100\,d^2 + 100\,d + 25,$$

et le nombre a serait terminé à droite par 25, ce qui est contraire à l'hypothèse.

4° *Un nombre terminé par un nombre impair de zéros n'est pas un carré parfait.* La démonstration est analogue aux précédentes.

*174. On élève une fraction au carré en élevant chacun de ses termes au carré :

$$\left(\frac{a}{b}\right)^2 = \frac{a}{b} \times \frac{a}{b} = \frac{a^2}{b^2}.$$

Corollaire. — Le carré d'une fraction irréductible est une fraction irréductible : a et b étant premiers entre eux, on a vu (§ 104, 3) que a^2 et b^2 le sont aussi.

*175. 1° *Un nombre entier qui n'est pas le carré d'un nombre entier n'est pas non plus le carré d'une fraction ;* 2° *une fraction irréductible dont les termes ne sont pas des carrés n'est pas le carré d'une fraction.*

1° Le nombre 7, n'étant pas le carré d'un entier, n'est pas le carré d'une fraction irréductible $\dfrac{a}{b}$: en effet, a et b étant premiers entre eux, a^2 et b^2 le sont aussi, et par suite l'égalité $7 = \dfrac{a^2}{b^2}$ est impossible.

2° L'égalité $\dfrac{5}{7} = \dfrac{a^2}{b^2}$ est également impossible : en effet, ces deux fractions étant irréductibles, leurs termes devraient être égaux (§ 127, *Coroll.*); or cela n'est pas, puisque 5 et 7 ne sont pas des carrés.

176. Racine carrée des entiers et des fractions. —
La racine carrée d'un carré parfait est le nombre qui, multiplié par lui-même, reproduit ce carré : 5 est la racine carrée de 25.

La racine carrée entière, par défaut, d'un nombre donné qui n'est pas carré parfait, est la racine carrée du plus grand carré entier contenu dans ce nombre ; c'est, en d'autres termes, le plus grand nombre entier dont le carré soit inférieur au nombre donné ; le nombre entier suivant est la *racine entière par excès* : 7 est la racine entière par défaut de 54, et 8 en est la racine entière par excès.

Établir une règle pour calculer la racine exacte ou la racine entière d'un nombre donné.

* **177.** Nous examinerons deux cas :

1° Le nombre est < 100. La table de Pythagore fait connaître immédiatement le nombre cherché : 5 est la racine exacte de 25 ; 7 est la racine entière par défaut de 54.

2° Le nombre donné est > 100. La théorie de ce cas repose sur le théorème suivant :

* **178.** *On trouve le nombre des dizaines de la racine carrée d'un nombre entier plus grand que 100 en extrayant la racine rarrée du plus grand carré contenu dans le nombre qui exprime combien il y a de centaines dans ce nombre entier.*

Soit le nombre 145 836. Si 38 est la racine du plus grand carré contenu dans 1 458, je dis que la racine du nombre 145 836 est au moins égale à 380 et moindre que 390. En effet, par hypothèse, le carré de 38 unités est au plus égal à 1 458 ; par suite, celui de 380 est au plus égal à 145 800 ; il est donc contenu dans le nombre donné. Il résulte aussi de l'hypothèse que le carré de 39 est supérieur à 1 458 ; il est donc au moins égal à 1 459, et par suite le carré de 390 est au moins égal à 145 900, c'est-à-dire plus grand que le nombre donné.

* **179.** Soit maintenant à extraire la racine carrée de 145 836. Je cherche d'abord les dizaines de cette racine, et pour cela, d'après le théorème précédent, je fais abstraction des deux derniers chiffres à droite, que je sépare par un point, et je cherche la racine de 1 458. Ce nombre étant > 100, je sépare ses deux derniers chiffres à droite par un point, pour la même raison, et j'extrais la racine du plus grand carré 9 contenu dans 14 : je trouve 3. La racine du plus grand carré contenu dans 1 458 est donc au moins égale à 30 et < 40, et son premier chiffre à gauche est 3. Il reste à trouver le chiffre suivant. Pour cela je remarque que 1 458 contient le carré du nombre exprimé par ces deux chiffres, et que, si de ce nombre je retranche le carré de 3 dizaines, le reste 558 ne contient plus que le double produit des dizaines par les unités, le carré des unités et un reste, si 1 458 n'est pas un carré parfait. Or le produit du double des dizaines par les unités est un nombre exact de dizaines ; ce nombre est donc contenu dans les 55 dizaines de 558, et de là je conclus qu'en divisant 550 par 60 ou 55 par 6 j'aurai pour quotient le chiffre des unités ou un chiffre qui ne sera pas moindre. Ce chiffre pourra être trop fort, car il peut y avoir dans 550, outre le produit de 60 par le chiffre des unités, une retenue plus grande que 60, provenant du carré des unités et du reste, puisque le reste tout seul peut égaler 60 (§ 170, *Rem.*). Il faudra donc vérifier le chiffre trouvé 9. Le carré de 39 est $> 1\,458$; donc le chiffre 9 est trop fort. Au lieu de faire le carré de 39, on peut calculer seulement la somme des deux parties de ce carré contenues dans 558 : c'est ce que l'on fait en multipliant $(60 + 9)$ ou 69 par 9 ; on trouve $621 > 558$. Je vérifie de la même manière le chiffre 8 : $68 \times 8 = 544 < 558$; le chiffre 8 est donc exact, et j'en conclus que la racine du plus grand carré contenu dans 145 836 est au moins égale à 380, et qu'elle est moindre que 390. Il n'y a plus qu'à trouver le chiffre des unités de

cette racine. L'excès de 1 458 sur le carré de 38 étant la différence 14 entre 544 et 558, je vois que l'excès de 145 836 sur le carré de 380 est 1436. En divisant 143 par 38×2 ou 76, on a, d'après le raisonnement précédent, le chiffre des unités ou un chiffre trop fort : le quotient est 1 ; $760 + 1$ ou 761 multiplié par ce chiffre donne un nombre moindre que 1 436 ; le chiffre 1 n'est donc pas trop fort. La racine du plus grand carré contenu dans le nombre donné est donc 381.

*180. RÈGLE. *Pour extraire la racine du plus grand carré contenu dans un nombre entier donné, on sépare par des points les chiffres de ce nombre en tranches de deux chiffres, à partir de la droite ; la dernière tranche à gauche peut n'avoir qu'un seul chiffre. On extrait la racine du plus grand carré contenu dans cette tranche : le chiffre trouvé exprime les plus hautes unités de la racine cherchée. On soustrait de la première tranche le carré de ce chiffre ; et, à la droite du reste écrit au-dessous, on abaisse la deuxième tranche à gauche. On sépare le premier chiffre à droite du nombre ainsi formé, et l'on divise le nombre à gauche par le double du nombre déjà écrit à la racine ; on obtient ainsi le second chiffre de la racine ou un chiffre trop fort; pour le vérifier, on le met à la droite du double de la partie de la racine déjà trouvée, et l'on multiplie le nombre ainsi formé par le chiffre que l'on veut vérifier ; le produit doit être au plus égal au reste de la dernière soustraction suivi de la tranche qu'on a abaissée à sa droite. Si la condition est remplie, on fait la différence de ces nombres et on l'écrit au-dessous; dans le cas contraire on diminue le chiffre vérifié d'une unité, on fait la même vérification, et l'on continue jusqu'à ce que la soustraction puisse se faire. A la droite du nouveau reste on abaisse la troisième tranche, et l'on opère de la même manière jusqu'à ce que l'on ait abaissé toutes les tranches du nombre donné.*

Voici le tableau du calcul précédent :

$$
\begin{array}{r|l}
14.58.36 & 381 \\
55.8 & 68 \\
143.6 & 8 \\
675 & \overline{761} \\
 & 1
\end{array}
$$

Remarques. — 1. On fait en même temps les multiplications et les soustractions.

2. Pour trouver le double de 38, il suffit d'ajouter 8 à 68.

3. Dans la crainte de mettre à la racine un chiffre trop fort, on met quelquefois un chiffre trop faible ; un reste peut égaler mais ne doit pas surpasser le double du nombre déjà trouvé à la racine. Soient a le nombre donné, b la racine trouvée et c le reste ; d'après les calculs effectués, on a $a = b^2 + c$. Supposons que $c = 2b + 1$; alors $a = b^2 + 2b + 1 = (b+1)^2$, et la racine de a est $b + 1$. Si c est $< 2b + 1$, la racine du plus grand carré contenu dans a est b ; si c est $> 2b + 1$, la racine est au moins $b + 1$.

*181. **Preuve.** — Le carré de la racine trouvée, augmenté du reste de l'opération, doit égaler le nombre donné.

Preuve par 9. PRINCIPE. *Un nombre entier quelconque est égal à un multiple de 9, augmenté du carré du reste que l'on trouve en divisant par 9 la racine carrée entière de ce nombre, et du reste trouvé en divisant par 9 le reste obtenu en extrayant cette racine.*

Soit $a = b^2 + c$. Je suppose que $b = \text{M}.9 + b'$, et que $c = \text{M}.9 + c'$; il en résulte $a = \text{M}.9 + b'^2 + c'$.

Par suite, en divisant par 9 le nombre a d'une part, puis le nombre $b'^2 + c'$ de l'autre, on doit trouver le même reste.

RACINE CARRÉE D'UNE FRACTION.

RACINE D'UN NOMBRE QUELCONQUE A $\frac{1}{n}$ PRÈS, A $\frac{m}{n}$ PRÈS.

* **182.** *Pour extraire la racine d'une fraction dont les termes sont des carrés parfaits, on extrait la racine de chaque terme.*

Ainsi la racine de $\frac{16}{25}$ est $\frac{4}{5}$.

* **183.** *La racine d'un nombre à $\frac{1}{n}$ près, par défaut, est le plus grand nombre de n^{mes} dont le carré est inférieur à ce nombre.*

RÈGLE. *Pour trouver la racine carrée d'un nombre p à $\frac{1}{n}$ près, on extrait la racine entière du produit obtenu en multipliant ce nombre par le carré du dénominateur n, et l'on donne ce dénominateur au nombre trouvé.*

En effet, $p = \frac{pn^2}{n^2}$; si donc pn^2 est compris entre k^2 et $(k+1)^2$, le carré de $\frac{k}{n}$ est $< p$ et celui de $\frac{k+1}{n}$ est $> p : \frac{k}{n}$ et $\frac{k+1}{n}$ sont donc les racines cherchées par défaut et par excès.

Remarque. — Pour calculer, à une unité près, la racine d'un nombre entier augmenté d'une fraction < 1, on n'a qu'à extraire la racine entière de ce nombre entier : 5 étant la racine entière de 27, ce nombre 5 est la racine, à une unité près, de $27 + \frac{3}{4}$. En effet, le carré de 5, étant < 27, est *a fortiori* $< 27 + \frac{3}{4}$; et le carré de 6, étant > 27, est au moins égal à 28; il est donc plus grand que $27 + \frac{3}{4}$

8.

184. *La racine d'un nombre p à $\dfrac{m}{n}$ près, par défaut, est le plus grand multiple de $\dfrac{m}{n}$ dont le carré est inférieur à p.*

En remarquant que $p = \left(p\, \dfrac{n^2}{m^2} \right) \dfrac{m^2}{n^2}$, on formulera une règle analogue à la précédente pour calculer la racine de p à $\dfrac{m}{n}$ près.

*** 185. Racine carrée d'un nombre décimal. —** Règle. *Pour extraire la racine carrée d'un nombre entier ou décimal à 0,1 près, à 0,01 près, à 0,001 près,....., on prend dans le nombre donné deux fois autant de chiffres décimaux qu'on veut en avoir à la racine ; on extrait la racine entière du nombre ainsi obtenu, en faisant abstraction de la virgule, et l'on sépare ensuite au résultat les décimales demandées.*

Soit à extraire la racine de 3,1415926 ... à 0,01 près,

Je calcule la racine de 31415 ; je trouve 177 par défaut ; je dis que la racine cherchée est 1,77 par défaut et 1,78 par excès. Cela résulte de la règle générale du § 182. Pour le démontrer directement, je remarque que, d'après l'opération, $\overline{177}^2 < 31415$, et que par suite $\overline{1,77}^2 < 3,1415$, et *a fortiori* $< 3,1415926$ ... Il résulte aussi de la même opération que $\overline{178}^2 > 31415$; et comme le premier membre a au moins une unité de plus que le second,

$$\overline{178}^2 > 31\ 415,926...;$$

donc $\qquad\qquad \overline{1,78}^2 > 3,1415926.$

Remarque. — Quand on a à extraire la racine carrée d'une fraction ordinaire à une unité décimale près, on réduit d'abord cette fraction en décimales.

**** 186. Racines incommensurables. —** Qu'est-ce que la racine carrée d'un nombre p qui n'est ni le carré d'un nombre entier ni le carré d'une fraction ?

Pour répondre à cette question, j'extrais la racine de p à $\frac{1}{n}$ près, en donnant successivement à n toutes les valeurs possibles 1, 2, 3.... Les racines par défaut forment une première série de nombres dont les carrés sont moindres que p, et les racines par excès en forment une seconde dont les carrés sont supérieurs à p. Je prends sur une

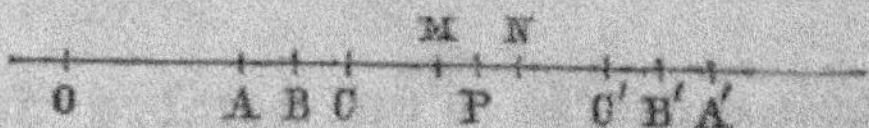

droite, à partir d'un point fixe O, des distances OA et OA', OB et OB', OC et OC', ..., pour représenter les racines ayant deux à deux le même degré d'approximation, et je remarque : 1° que les distances OA, OB, OC, ..., qui représentent les racines par défaut, sont moindres que l'une quelconque des distances OA', OB', OC', ..., qui représentent les racines par excès : les deux séries de points A, B, C, ...d'une part, A', B', C', ... de l'autre, sont donc séparées ; 2° que ces deux séries de points ne peuvent pas être séparées par une distance MN ayant une valeur déterminée et finie : car la différence de deux distances correspondantes OK et OK' est $\frac{1}{n}$ et peut être rendue moindre que toute longueur donnée MN qui n'est pas nulle. Les deux séries de points sont donc séparées par un point déterminé P. C'est la distance du point O à ce point P, c'est-à-dire *la limite déterminée commune aux deux séries de racines approchées, que l'on appelle la racine carrée de p.* On la représente par le symbole $\sqrt{p}$. Ce symbole représente une grandeur unique et déterminée, comme les nombres 5 et $\frac{4}{9}$: $\sqrt{p}$ est un *nombre incommensurable,* p n'étant pas un carré parfait. Le signe $\sqrt{\ }$ s'appelle un *radical.* On emploie aussi ce signe pour indiquer la racine d'un carré parfait : $\sqrt{25} = 5$.

**** 187. Calcul des nombres incommensurables.** — Faire une opération, addition, soustraction, *etc.*, sur un ou plusieurs nombres incommensurables donnés, c'est chercher la limite, commensurable ou incommensurable, vers laquelle tendent les résultats obtenus quand on fait cette opération sur les nombres commensurables dont les nombres donnés sont les limites.

188. *Le produit de deux racines incommensurables ne change pas quand on intervertit les facteurs.*

Je dis que

$$\sqrt{2} \times \sqrt{3} = \sqrt{3} \times \sqrt{2}.$$

Soient, en effet, a et b, a' et b', a'' et b'',… des valeurs de plus en plus approchées, par défaut, par exemple, de ces deux nombres incommensurables. On a les égalités successives :

$$a.b = b.a,$$
$$a'.b' = b'.a',$$
$$a''.b'' = b''.a''.$$

Or les premiers membres de ces égalités ont pour limite $\sqrt{2} \times \sqrt{3}$, et les seconds membres $\sqrt{3} \times \sqrt{2}$; mais ces deux séries ne diffèrent que par la forme, elles sont numériquement identiques ; il n'y a donc qu'une seule série et, par suite, une seule limite.

Remarque. — Démonstration analogue pour un produit de plusieurs facteurs.

**** 189.** Les théorèmes qui sont des conséquences du théorème précédent pour les nombres commensurables sont vrais aussi pour les racines incommensurables et se démontrent de la même manière.

Ainsi :

1° $$\sqrt{a}.\left(\sqrt{b}.\sqrt{c}\right) = \sqrt{a}.\sqrt{b}.\sqrt{c} ;$$

$$2^\circ \qquad \left(\sqrt{a}\,\sqrt{b}\,\sqrt{c}\right)\sqrt{d} = \sqrt{a}\left(\sqrt{b}\,\sqrt{d}\right)\sqrt{c};$$

$$3^\circ \qquad \left(\sqrt{a}.\,\sqrt{b}\right)^2 = \left(\sqrt{a}\right)^2\,\sqrt{b}\,)^2 = ab;$$

par suite,
$$\sqrt{a}\,\sqrt{b} = \sqrt{ab};$$

$$4^\circ \qquad a\sqrt{b} = \sqrt{a^2 b};$$

$$5^\circ \qquad \left(\frac{\sqrt{a}}{\sqrt{b}}\right)^2 = \frac{\left(\sqrt{a}\right)^2}{\left(\sqrt{b}\right)^2} = \frac{a}{b};$$

par suite,
$$\frac{\sqrt{a}}{\sqrt{b}} = \sqrt{\frac{a}{b}}.$$

Remarque. — Le produit ou le quotient de deux nombres incommensurables est quelquefois commensurable :

$$\sqrt{8} \times \sqrt{2} = \sqrt{8 \times 2} = 4,$$

$$\frac{\sqrt{\dfrac{2}{5}}}{\sqrt{\dfrac{5}{8}}} = \sqrt{\frac{2 \times 8}{5 \times 5}} = \frac{4}{5}.$$

Chapitre II. — Cube et racine cubique.

* **190.** Tableau des cubes des neuf premiers nombres.

Nombres :	1	2	3	4	5	6	7	8	9.
Cubes :	1	8	27	64	125	216	343	512	729.

* **191.**
$$(a+b)^3 = (a+b)^2 (a+b)$$
$$= a^3 + 3a^2 b + 3ab^2 + b^3. \ (\S\S\,51 \text{ et } 134, 4^\circ.)$$

Si $a+b$ est un nombre entier dont a et b sont les dizaines et les unités, l'égalité précédente s'énonce ainsi :

Le cube d'un nombre entier > 9 contient : le cube des dizaines, 3 fois le produit du carré des dizaines par les unités, 3 fois le produit du carré des unités par les dizaines, et le cube des unités.

$$\text{Ainsi : } 47^3 = 40^3 + 3 \times 40^2 \times 7 + 3 \times 7^2 \times 40 + 7^3$$
$$= 64\,000 + 33\,600 + 5\,880 + 343$$
$$= 103\,823.$$

Remarque. — Le cube des dizaines est un nombre exact de mille, parce que le produit de trois facteurs terminés chacun par un zéro est terminé par trois zéros ; les trois parties suivantes sont respectivement des centaines, des dizaines et des unités.

* **192.** $$(7 \times 5 \times 3)^3 = 7^3 \times 5^3 \times 3^3.$$

* **193.** Un nombre entier n'est pas un cube parfait,

1° Si, étant divisible par un nombre premier, il n'est pas divisible par le cube de ce nombre premier : démonstration analogue à celle du § 173, 1° ;

2° S'il est terminé par un nombre de zéros non multiple de 3 (voir § 171, 4°).

* **194.** $$\left(\frac{a}{b}\right)^3 = \frac{a}{b} \times \frac{a}{b} \times \frac{a}{b} = \frac{a^3}{b^3}.$$

Remarque. — Si la fraction $\frac{a}{b}$ est irréductible, il en est de même de la fraction $\frac{a^3}{b^3}$ (voir § 174).

* **195.** 1° Un nombre entier qui n'est pas le cube d'un nombre entier n'est pas non plus le cube d'une fraction ;
2° une fraction irréductible, dont les termes ne sont pas des cubes, n'est pas le cube d'une fraction (voir § 175).

RACINE CUBIQUE DES NOMBRES ENTIERS.

* **196.** *La racine cubique d'un cube parfait* est le nombre dont le cube est égal à ce cube parfait : 5 est la racine cubique de **125**.

La racine cubique entière, *par défaut*, d'un nombre qui n'est pas cube parfait est la racine cubique du plus grand cube contenu dans ce nombre : 7 est la racine cubique entière, par défaut, de **412** ; 8 en est la *racine cubique entière par excès*.

***197.** *Racine cubique d'un nombre* $< 1\,000$. On trouve la racine cubique d'un nombre $< 1\,000$ en consultant le tableau des cubes des 9 premiers nombres.

***198.** *Racine cubique d'un nombre* $> 1\,000$. La théorie de cette recherche repose sur le théorème suivant, qui se démontre de la même manière que celui du § 178 :

On trouve le nombre des dizaines de la racine cubique d'un nombre entier $> 1\,000$ *en extrayant la racine cubique du plus grand cube contenu dans le nombre qui exprime combien il y a de mille dans ce nombre entier.*

***199.** *Racine cubique d'un nombre* $> 1\,000$. Une analyse semblable à celle de la racine carrée d'un nombre > 100 conduit à la règle suivante.

RÈGLE. *On sépare, par des points, les chiffres du nombre donné en tranches de trois chiffres, à partir de la droite ; la dernière tranche à gauche peut n'avoir que deux chiffres ou un seul. On extrait la racine cubique du plus grand cube contenu dans la première tranche à gauche : le chiffre trouvé exprime les plus hautes unités de la racine. On soustrait de la première tranche le cube de ce chiffre, et, à la droite du reste écrit au-dessous, on abaisse la deuxième tranche à gauche ; on sépare les deux premiers chiffres à droite du nombre ainsi formé, et l'on divise le nombre à gauche par le triple du carré du nombre déjà écrit à la racine. On obtient ainsi le second chiffre de la racine ou un chiffre trop fort. Pour le vérifier, on fait le cube du nombre exprimé par les deux chiffres trouvés : ce cube doit être au plus égal au nombre formé par les tranches déjà employées. Si cette condition n'est pas remplie, on diminue d'une unité le dernier chiffre trouvé et l'on vérifie de nouveau; quand la condition est remplie, on soustrait du nombre formé par les tranches déjà employées le cube du nombre écrit à la racine; puis, à la droite du reste écrit au-dessous, on abaisse la troisième tranche, et l'on opère comme précédemment, en continuant jusqu'à ce que l'on ait abaissé toutes les tranches.*

J'applique cette règle au nombre 584 732 548.

Tableau des calculs :

584.732.548	836		83	836
512			83	836
——	64	6889	——	——
72732	3	3	249	5016
——	——	——	664	2508
5847.32	192	20667	——	6688
5717 87			6889	——
——			83	698896
129 45548			——	836
——			20667	——
5847325.48			55112	4193376
584277056			——	2096688
——			571787	5591168
455492				——
				584277056

Remarques.—1. Le reste que l'on trouve en extrayant la racine cubique d'un nombre ne doit pas surpasser trois fois le carré du nombre écrit à la racine, plus trois fois ce nombre. Soient a le nombre donné, b la racine trouvée et c le reste; on a $a = b^3 + c$. Si $c = 3b^2 + 3b + 1$, $a = b^3 + 3b^2 + 3b + 1 = (b+1)^3$, et la racine cubique de a est $b+1$; si le reste c est $> 3b^2 + 3b + 1$, la racine est au moins égale à $b+1$; et si c est au plus égal à $3b^2 + 3b$, la racine cubique entière de a est b.

2. Au lieu de faire le cube du nombre $d + u$ trouvé à la racine (d dizaines et u unités) et de comparer ce nombre aux tranches déjà employées, on pourrait composer ce cube diminué de d^3, et comparer le résultat au nombre formé par le dernier reste et la tranche abaissée à sa droite. Ce résultat, égal à $3d^2u + 3du^2 + u^3$, peut s'écrire $u(3d^2 + 3du + u^2)$. Dans le calcul précédent, après avoir trouvé 83, les trois nombres $3d^2$, $3du$ et u^2 sont 19 200, 720 et 9; leur somme 19 929 multipliée par u ou 3 devient 59 787; et ce nombre, retranché de 72 732, donne le second reste 12 945.

*** 200. Preuve par 9.** — Soient a le nombre donné, b la racine trouvée et c le reste : $a = b^3 + c$. b' et c' étant les restes que l'on trouverait en divisant b et c par 9, on a

$$b = \mathrm{M}.9 + b', \quad b^3 = \mathrm{M}.9 + b'^3, \quad c = \mathrm{M}.9 + c';$$

et par suite $a = \mathrm{M}.9 + b'^3 + c'$. Donc, en divisant par 9 d'une part a, et de l'autre $b'^3 + c'$, on doit trouver le même reste. Dans le calcul précédent,

$$b' = 8, \quad c' = 2, \quad b'^3 + c' = 514;$$

ce dernier nombre et 584 732 548 donnent le même reste 1.

RACINE CUBIQUE D'UNE FRACTION.

RACINE à $\dfrac{1}{n}$, à $\dfrac{m}{n}$ PRÈS.

*** 201.** On trouve la racine cubique d'une fraction dont les termes sont des cubes parfaits en extrayant la racine cubique de chaque terme.

*** 202.** Pour trouver le plus grand nombre de n^{mes} dont le cube est contenu dans un nombre a, on extrait la racine cubique, à une unité près par défaut, du nombre $a\,n^3$ et l'on donne le dénominateur n au nombre entier trouvé.

L'exactitude de cette règle résulte de l'égalité $a = \dfrac{a\,n^3}{n^3}$

Remarque.—Pour trouver la racine cubique, à une unité près par défaut, d'un nombre composé d'un entier et d'une fraction moindre que l'unité, on néglige la fraction (voir § 183, *Rem.*).

**** 203.** L'égalité $a = \left(a\,\dfrac{n^3}{m^3} \right) \times \dfrac{m^3}{n^3}$ donne la règle à appliquer pour trouver la racine cubique de a à $\dfrac{m}{n}$ près.

204. Racine cubique d'un nombre décimal. — RÈGLE. *Pour extraire la racine cubique d'un nombre entier ou décimal à 0,1 près, à 0,01 près,..., on prend dans ce nombre trois fois autant de décimales qu'on veut en avoir à la racine ; on extrait la racine cubique entière du nombre ainsi obtenu, en faisant abstraction de la virgule, et l'on sépare au résultat les décimales demandées.*

Même démonstration que pour la racine carrée (§ 185).

Remarque. — Quand on a à extraire à 0,1 près, à 0,01 près, la racine cubique d'une fraction ordinaire, on la réduit d'abord en décimales.

**** 205.** Les développements donnés pour les racines carrées incommensurables pourraient être répétés pour les racines cubiques incommensurables. On les désigne par le symbole $\sqrt[3]{\ }$ que l'on emploie aussi pour les racines commensurables. On a

$$\sqrt[3]{a}\cdot\sqrt[3]{b} = \sqrt[3]{b}\cdot\sqrt[3]{a}, \quad \sqrt[3]{a}\sqrt[3]{b} = \sqrt[3]{ab}, \quad a\sqrt[3]{b} = \sqrt[3]{a^3 b},$$

$$\frac{\sqrt[3]{a}}{\sqrt[3]{b}} = \sqrt[3]{\frac{a}{b}}.$$

EXERCICES SUR LES CARRÉS, LES CUBES ET LES RACINES.

206. 1. Carré de $60 + 7$; cube du même nombre.

2. La différence des carrés de deux nombres consécutifs est 135; quels sont ces nombres? — Réponse : 67 et 68.

3. La différence des cubes de deux nombres consécutifs est 13 669; quels sont ces nombres? — Réponse : 67 et 68.

Remarque. — En retranchant 1 de $3a^2 + 3a + 1$ et divisant par 3, on a le nombre $a^2 + a$, dont la racine entière est a, a étant supposé un nombre entier.

4. La différence de deux nombres est 13, et la différence de leurs carrés est 1 911; quels sont ces nombres? — Réponse : 67 et 80.

5. La différence de deux nombres est 2, et la différence de leurs cubes est 27 746; quels sont ces nombres? — Réponse : 67 et 69.

6. On veut planter des arbustes dans un carré de manière à former des rangées à égale distance les unes des autres et parallèles aux côtés du carré. En mettant un certain nombre d'arbustes dans chaque rangée, il reste 20 arbustes; et si l'on en mettait un de plus par rangée, il en manquerait 145 : combien a-t-on d'arbustes? — Réponse : 4509.

7. Calculer $\sqrt{78\,352}$: 1° à une unité près; 2° à 0,01 près; 3° à $\dfrac{1}{15}$ près; 4° à $\dfrac{2}{9}$ près.

8. Calculer $\sqrt{\dfrac{347}{13}}$: 1° à 0,001 près; 2° à $\dfrac{2}{17}$ près.

9. Calculer $\sqrt{2 + \sqrt{2}}$ à 0,01 près.

10. Calculer $\sqrt{3 + \sqrt{3 + \sqrt{3}}}$ à 0,01 près.

11. Démontrer que la racine carrée de 7 à $\dfrac{1}{10^n}$ près n'est pas périodique.

12. Exercices 7, 8, 9, 10 et 11 en remplaçant la racine carrée par la racine cubique.

13. Il y avait dans un tonneau 100 litres d'alcool ; on en a remplacé 10 litres par 10 litres d'eau ; on a ensuite remplacé 10 litres du mélange par 10 litres d'eau, et l'on a fait la même opération une troisième fois. Combien reste-t-il d'alcool dans le tonneau ? Généraliser. — Réponse : 100 lit. $\times \left(\dfrac{9}{10}\right)^3$.

14. On a planté des arbustes dans deux carrés, par rangées parallèles et égales. Il y a en tout 949 arbustes, et le plus grand carré contient 304 arbustes de plus que l'autre. Combien y a-t-il d'arbustes dans chaque rangée des deux carrés ? — Réponse : 25 et 18.

15. Les cubes des nombres entiers consécutifs divisés par 9 donnent périodiquement pour restes 1, 8 et 0.

16. La somme de deux nombres est 43 et la différence de leurs carrés est 301 : quels sont ces nombres ? — Réponse : 18 et 25.

Remarque. $a^2 - b^2 = (a + b)(a - b)$.

17. La différence de deux nombres est 7, et la différence de leurs carrés est 301 : quels sont ces nombres ? — Réponse : 18 et 25.

18. En retranchant 1 du carré d'un nombre impair on trouve un nombre divisible par 8.

Remarque. $(2n + 1)^2 - 1 = (2n + 2)\,2n = 4n\,(n + 1)$.

19. Extraire la racine sixième de 7 à 0,01 près.

Remarque. $\sqrt[6]{7} = \sqrt{\sqrt[3]{7}}$.

20. Les carrés de deux nombres entiers dont la somme est 10 sont terminés par le même chiffre à droite. Il en est de même pour deux nombres dans lesquels les chiffres des unités ont une somme égale à 10.

21. L'un des côtés d'un rectangle est les $\dfrac{3}{5}$ de l'autre, et la surface du rectangle est de 23 m. q. 814. Calculer les deux côtés du rectangle. On trouve la surface d'un rectangle en faisant le produit des deux côtés. — Réponse : 6^m,30 et 3^m,78.

22. Un jardinier avait établi une pépinière dans un terrain rectangulaire, où il avait mis 64 pieds d'arbres sur la longueur et 36 sur la largeur. Il transplante ces arbres dans un terrain de forme carrée : combien doit-il mettre d'arbres sur le côté? — Réponse : 48.

23. Un carré et un rectangle ont chacun 400 mètres de contour, et la surface du rectangle n'est que les $\frac{7}{16}$ de celle du carré : quelles sont les dimensions du rectangle ?

Remarque. — La base et la hauteur du rectangle peuvent être représentées par $100 + x$ et par $100 - x$, et la surface par $\overline{100}^2 - x^2$.

24. La somme des carrés de trois nombres est 1 314 ; le second est les $\frac{7}{4}$ du premier, et le troisième les $\frac{9}{7}$ du second : quels sont ces nombres ? — Réponse : 12, 21 et 27.

25. La somme des cubes de trois nombres est 30 672 ; le second est les $\frac{7}{4}$ du premier, et le troisième les $\frac{9}{7}$ du second : quels sont ces nombres? — Réponse : 12, 21 et 27.

26. Quel est le nombre qui, diminué de sa racine carrée, donne pour reste 272? — Réponse : 289.

(Paris, diplôme d'études.)

Remarque. — 1° Le nombre demandé est un carré ;
2° En l'appelant a, on a : $\sqrt{a} \, (\sqrt{a} - 1) = 272$: donc 272 contient le carré de $\sqrt{a} - 1$ et ne contient pas celui de $\sqrt{a}$; etc.

27. Partager 590 en deux parties telles que leur produit soit égal à 80 464. — Réponse : 376 et 214.

(Paris, diplôme d'études.)

Remarque. $(a - b)^2 = (a + b)^2 - 4ab$.

LIVRE VI.

Chapitre Ier. — Système métrique.

207. Le système métrique est l'ensemble des mesures de longueur, de surface, de volume, de capacité, de poids et de valeur monétaire, adoptées en France et rendues obligatoires, depuis le 1er janvier 1840, par une loi du 4 juillet 1837.

208. Les principaux défauts des anciennes mesures étaient :

1o Leur multiplicité : le Hainaut français, par exemple, avait plus de 200 mesures pour les terres ;

2o Leur défaut de fixité, leur grandeur n'étant pas définie par la loi ; exemple : dans les Landes, l'arpent avait une dizaine de valeurs différentes, dont la plus grande valait cinq fois environ la plus petite ;

3o La complication des calculs résultant des rapports complexes qui existaient entre les unités principales et leurs subdivisions : la livre poids, par exemple, était subdivisée en deux marcs, le marc en 8 onces, l'once en 8 gros, et le gros en 72 grains ;

4o L'absence de toute nomenclature simple et régulière.

209. Faire disparaître le chaos des anciennes mesures ; les remplacer par des mesures nouvelles dérivant toutes, d'après des définitions précises, d'une unité fondamentale, invariable comme les dimensions de la terre ; établir, pour chaque espèce de mesure usuelle, une série d'unités liées entre elles par l'échelle décimale, et une nomenclature systématique très simple ; ramener les calculs à la simplicité du calcul des nombres entiers ; imposer le nouveau système de mesures en lui donnant l'autorité de la loi, et le propager autant que possible à l'étranger, afin de rendre les transactions commerciales et les relations internationales plus faciles et moins sujettes à la fraude et à l'erreur : tels sont les importants résultats que l'on a poursuivis et obtenus en créant le système métrique.

210. L'établissement du système métrique fut décrété, en 1790, par l'Assemblée constituante. Les premiers travaux furent faits par une commission de l'Académie des sciences composée de Borda, de Lagrange, de Laplace, de Monge et de Condorcet. Cette commission décida, le 19 mars 1791, que l'on prendrait pour unité de longueur la dix-millionième partie du quart du méridien terrestre ; que l'on rapporterait le poids de tous les corps à celui de l'eau distillée, et que les mesures d'une même espèce seraient reliées par l'échelle décimale. Il était donc nécessaire de connaître avec exactitude la longueur du méridien. De grands travaux avaient déjà été faits dans ce but ; mais pour donner à la base du nouveau système toutes les garanties d'exactitude désirables, on résolut de mesurer de nouveau l'arc du méridien de Paris qui part de Dunkerque et de le continuer jusqu'à Barcelone. Cet arc est environ le dixième du quart du méridien. Les astronomes Méchain et Delambre commencèrent ce grand travail en 1792 et l'achevèrent en 1798. Une commission, composée de onze savants français et d'autant de savants étrangers, vérifia les travaux de Méchain et de Delambre, ainsi que ceux que venait de faire le physicien Lefèvre Gineau pour la détermination du poids de l'eau. La longueur du quart du méridien fut trouvée de 5 130 740 toises. La toise, qui était la principale unité de longueur à cette époque, est représentée par une tige en fer $\left(\text{à } 16° \frac{1}{4}\right)$ que l'on conserve dans les archives de l'Académie. Le mètre est donc la dix-millionième partie de 5 130 740 toises. La longueur du mètre fut représentée par une tige en platine, qui est l'*étalon prototype* de l'unité de longueur, et par des tiges en fer, que l'on conserve dans les archives. Ces règles donnent la longueur du mètre à la température de la glace fondante. La commission adopta aussi un *étalon prototype* pour représenter l'unité de poids appelée *kilogramme*. C'est un cylindre en platine, dont la longueur est égale à la largeur, et dont le poids, dans le vide, est égal au poids de l'eau pure contenue dans un cube d'un dixième de mètre de côté, et dans laquelle un thermomètre centigrade marquerait 4 degrés. Une loi du 19 frimaire an VIII sanctionna ces résultats, et l'on frappa une médaille sur la principale face de laquelle on lisait : *A tous les temps, à tous les peuples*. Le nouveau système ne fut pas imposé immédiatement. Pour ménager la transition, on toléra l'usage des anciennes mesures, et l'on employa en même temps des mesures nouvelles dérivant du mètre, auxquelles on donna d'abord des noms anciens ou nouveaux, dont la plupart n'ont pas été conservés. La nomenclature définitive a été fixée par la loi de 1837.

Le système métrique a été adopté par la Belgique, la Hollande, la Suisse, l'Italie, la Grèce, l'Espagne, le Portugal et plusieurs États de l'Amérique du Sud; il est facultatif en Angleterre, et les États-Unis l'ont adopté en principe. L'établissement d'une unité monétaire commune à tous les pays civilisés serait un grand bienfait: l'Europe a aujourd'hui environ *deux cents* espèces de monnaies.

Tableau des mesures légales annexé à la loi du 4 juillet 1837.

NOMS SYSTÉMATIQUES.   VALEUR.

Mesures de longueur :

Myriamètre	Dix mille mètres.
Kilomètre	Mille mètres.
Hectomètre	Cent mètres.
Décamètre	Dix mètres.
Mètre	Unité fondamentale des poids et mesures. Dix millionième partie du quart du méridien terrestre.
Décimètre	Dixième du mètre.
Centimètre	Centième du mètre.
Millimètre	Millième du mètre.

Mesures agraires :

Hectare	Cent ares ou dix mille mètres carrés.
Are	Cent mètres carrés, carré de dix mètres de côté.
Centiare	Centième de l'are ou mètre carré.

Mesures de capacité pour les liquides et les matières sèches :

Kilolitre	Mille litres.
Hectolitre	Cent litres.
Décalitre	Dix litres.
Litre	Décimètre cube.
Décilitre	Dixième du litre.

Mesures de solidité :

Décastère	Dix stères.
Stère	Mètre cube.
Décistère	Dixième de stère.

9.

NOMS SYSTÉMATIQUES.	VALEUR.

Poids :

Millier	Mille kilogrammes : poids du mètre cube d'eau et du tonneau de mer.
Quintal	Cent kilogrammes, quintal métrique.
Kilogramme.	Mille grammes : poids, dans le vide, d'un décimètre cube d'eau distillée, à la température de 4 degrés centigrades.
Hectogramme	Cent grammes.
Décagramme	Dix grammes.
Gramme.	Poids d'un centimètre cube d'eau distillée, à 4 degrés centigrades, dans le vide.
Décigramme.	Dixième du gramme.
Centigramme	Centième du gramme.
Milligramme.	Millième du gramme.

Monnaie :

Franc.	Cinq grammes d'argent au titre de neuf dixièmes de fin.
Décime	Dixième du franc.
Centime.	Centième du franc.

Conformément à la loi du 18 germinal an III, concernant les poids et les mesures de capacité, chacune des mesures de ces deux genres a son double et sa moitié, dans le but de faciliter la pratique de ces espèces de mesures.

211. Pour chaque espèce de mesure, ce tableau contient une série d'unités composée d'une unité principale et d'un certain nombre d'unités secondaires, multiples ou sous-multiples, suivant l'échelle décimale, de cette unité principale. Les dénominations des unités multiples se forment en faisant précéder le nom de l'unité principale des mots *myria, kilo, hecto, déca,* qui signifient respectivement : dix-mille, mille, cent, dix ; et celles des unités sous-multiples, en faisant précéder le nom de l'unité principale des mots *déci*, *centi*, *milli*, qui signifient : dixième, centième, et millième.

212. Les unités de mesure qui composent le système métrique sont *réelles* ou *fictives*. Les mesures réelles ou *effectives* sont représentées par des objets matériels façonnés selon l'usage auquel ils sont destinés, et dont on se sert dans les opérations du commerce, de l'industrie et de la science. Elles portent un poinçon officiel. Les mesures fictives ou *de compte* servent dans les calculs et le langage, mais elles ne sont pas représentées matériellement.

DÉTAILS SUR LES DIVERSES ESPÈCES DE MESURES.
COMPLÉMENTS DU TABLEAU LÉGAL.

213. **Mesures de longueur**. — Les unités de la série du mètre sont de dix en dix fois plus grandes depuis le millimètre jusqu'au myriamètre.

On trouve huit mesures réelles de longueur, depuis le double décamètre jusqu'au décimètre :

Le double décamètre et le décamètre : chaînes d'arpenteur, composées, la première de 100 chaînons, et la deuxième de 50, en gros fil de fer ou en ruban métallique, chaque chaînon ayant deux décimètres de longueur ;

Le demi-décamètre : ruban divisé en mètres, décimètres et centimètres, enroulé sur l'axe d'un étui cylindrique ;

Le double mètre : règle ou ruban divisé en décimètres, centimètres et millimètres ;

Le mètre et le demi-mètre : règles droites ou à charnières avec divisions ;

Le double décimètre et le décimètre : règles en bois ou en ivoire avec divisions.

Les mesures itinéraires, le myriamètre, le kilomètre et l'hectomètre sont des mesures fictives.

Remarque. — On écrit en chiffres une longueur exprimée en mètres, multiples et subdivisions, d'après les principes de la numération décimale. Une longueur de 5 kilomètres 3 hectomètres 4 mètres et 8 centimètres s'écrit : 5 304^m,08 si l'on prend le mètre pour unité; si l'on prenait l'hectomètre pour unité, cette même longueur s'écrirait : 53^{hm},0408.

214. Mesures de surface. — Pour les surfaces autres que des parcelles de terrain, on se sert du mètre carré, de ses subdivisions et de ses multiples.

Toutes ces mesures sont fictives.

Le mètre carré est la surface d'un carré dont le côté a une longueur égale à un mètre. On le représente par deux lettres : m. q.

Les multiples sont : le décamètre carré, l'hectomètre carré, le kilomètre carré et le myriamètre carré. Ce sont des carrés dont les côtés ont respectivement des longueurs d'un décamètre, d'un hectomètre, d'un kilomètre et d'un myriamètre.

Les unités sous-multiples sont : le décimètre carré, le centimètre carré et le millimètre carré. Ce sont des carrés dont les côtés ont respectivement un décimètre, un centimètre, un millimètre.

On remarquera que, dans ces dénominations, les mots *déca, hecto, kilo, myria, déci, centi, milli*, ne désignent pas l'étendue des carrés, mais les longueurs des côtés de ces carrés.

Remarque I. — On voit par les figures ci-contre que si l'on rend le côté d'un carré deux fois plus grand, trois fois plus grand, la surface du carré devient quatre fois plus grande, neuf fois plus grande. Si le côté devient n fois plus grand, la surface devient n^2 fois plus grande. C'est pour cette raison que le produit n^2 est appelé le carré de n.

Le décamètre carré vaut donc cent mètres carrés ; le mètre carré, cent décimètres carrés : dans la série du mètre carré, chaque unité vaut 100 fois celle qui la précède immédiatement ; 10 000 fois celle qui la précède de deux rangs, et ainsi de suite. Pour trouver combien de fois une unité de la série du mètre carré vaut l'unité qui la précède d'un certain nombre de rangs, on écrit le chiffre 1 et autant de fois deux zéros à sa droite qu'il y a de rangs. En prenant pour unité le mètre carré, un décimètre carré s'écrit : $0^{mq},01$; un centimètre carré : $0^{mq},0001$ et ainsi de suite. Une surface de 5 mètres carrés 8 décimètres carrés et 47 centimètres carrés doit s'écrire : $5^{mq},0847$ en prenant le mètre carré pour unité ; si l'on prenait pour unité le décimètre carré, on l'écrirait : $508^{dmq},47$.

Remarque II. — Le kilomètre carré et le myriamètre carré s'emploient pour exprimer de grandes surfaces, comme l'étendue d'une commune, d'un département, d'un État. L'étendue de la France est de 530 400 kilomètres carrés.

215. Mesures agraires. — Pour mesurer une parcelle de terrain, on prend pour unité une surface équivalente au décamètre carré ou à 100 mètres carrés ; on la désigne par le mot *are*. L'*hectare* est la seule unité multiple employée ; un hectare vaut 100 ares ; le *centiare*, la seule unité sous-multiple de l'are, est le centième de l'are et par conséquent l'équivalent du mètre carré.

216. Mesures de volume. — L'unité principale des mesures de volume est le *mètre cube* : c'est un cube dont l'arête a un mètre de longueur, et dont chaque face est par suite un mètre carré.

On représente le mètre cube par la notation : m. c.

Unités multiples.

Décamètre cube : cube d'un décamètre d'arête ou de côté.
Hectomètre cube :   —   hectomètre   —
Kilomètre cube :   —   kilomètre   —
Myriamètre cube :   —   myriamètre   —

Unités sous-multiples,

Décimètre cube : cube d'un décimètre de côté ;
Centimètre cube :   —   centimètre   —
Millimètre cube :   —   millimètre   —

Remarque. — Soient deux carrés (1) et (2) dont les côtés sont doubles l'un de l'autre. Le carré (2) est quadruple du carré (1). Si l'on conçoit un cube ayant pour base le carré (1), on pourra le placer 4 fois sur le carré (2), et si on le place 4 fois encore au-dessus de ces 4 cubes, on aura un solide composé de 8 cubes égaux au cube construit sur (1), et dont la surface sera évidemment composée de six carrés égaux au carré (2) ; ce sera donc un cube ayant une arête double de celle du premier. On voit ainsi que si l'on rend l'arête d'un cube 2 fois plus grande, le cube devient 8 fois plus grand. On remarquera que 8 est le cube de 2. On verrait de la même manière que si le côté du second cube était 3 fois plus grand que celui du premier, le second cube serait 27 fois plus grand que le premier : 27 est le cube de 3. Si le côté d'un cube devient n fois plus grand, le cube devient n^3 fois plus grand. C'est pour cette raison que le produit n^3 a été appelé le *cube de n*. Un décamètre cube vaut donc 1 000 mètres cubes ; un mètre cube, 1 000 décimètres cubes ; dans la série du mètre cube, chaque unité vaut 1 000 fois celle qui la précède immédiatement ; 1 000 000 de fois celle qui la précède de deux rangs, et ainsi de suite. Pour trouver combien de fois une unité de la série du mètre cube vaut l'unité qui la précède d'un certain nombre de rangs, on écrit le chiffre 1 et autant de fois trois zéros à sa droite qu'il y a de rangs. En prenant le mètre cube pour unité, un décimètre cube s'écrit : 0^{mc},001 ; un centimètre cube : 0,000 001. Un volume de 5 mètres cubes 8 décimètres cubes et 47 centimètres cubes doit s'écrire : 5^{mc},008 047, en prenant le mètre cube pour unité ; si l'on prenait le décimètre cube, on l'écrirait : $5\ 008^{dmc}$,047.

Remarque. — Le myriamètre cube et le kilomètre cube s'emploient rarement : on les emploierait pour exprimer, par exemple, le volume de l'Océan ; le volume de la Terre est d'environ un billion de myriamètres cubes.

217. Mesurage du bois. — Pour mesurer le bois de chauffage, on empile les bûches entre deux châssis rectangulaires ou dans un seul châssis dont les dimensions en largeur et en hauteur sont calculées d'après la longueur des bûches, de telle sorte que le volume du bois qui remplit le châssis soit à peu près équivalent à un mètre cube. Le mètre cube est alors appelé *stère*. On emploie quelquefois des châssis plus grands donnant le double stère et même le demi-décastère ou 5 stères.

La largeur du châssis est de 1 mètre pour le stère, de 2 mètres pour le double stère et de 3 mètres pour le demi-décastère.

La hauteur du châssis varie avec la longueur des bûches : pour une longueur moyenne de $1^m,14$, la hauteur pour les trois châssis précédents est respectivement de $0^m,88$, de $0^m,88$ et de $1^m,462$.

Le bois de construction se mesure d'après les principes de la géométrie, et le volume trouvé s'exprime soit en stères, décastères et décistères, soit en mètres cubes et subdivisions du mètre cube.

Le décistère est désigné quelquefois sous l'ancienne dénomination de *solive*, et le double stère, sous le nom de *voie métrique*.

218. Mesures de capacité. — Les mesures de capacité ont la forme cylindrique.

Pour le lait et l'huile ces cylindres sont en fer blanc, et leur hauteur ou profondeur est égale au diamètre intérieur de la base ; pour les autres liquides tels que le vin, les eaux-de-vie, les mesures sont ordinairement en étain, et leur profondeur est double de la largeur. Pour le commerce en gros des liquides, on emploie cinq grandes mesures, depuis l'hectolitre jusqu'au demi-décalitre. Ce sont des cylindres aussi larges que profonds, en cuivre, tôle ou fonte ; ils sont étamés à l'intérieur. Pour les grains et pour diverses matières sèches et divisées, comme la chaux, le plâtre, le charbon de terre ou de bois, le coke, *etc.*, on se sert de cylindres en bois, aussi larges que profonds.

Les mesures effectives de capacité sont au nombre de 13 : la plus grande est l'hectolitre, et la plus petite le centilitre. Dans l'intervalle, chaque mesure a son double et sa moitié. Elles sont munies d'une anse ou de deux anses latérales, et leur contenance est inscrite sur leur surface extérieure.

Pour les matières sèches on emploie ces mesures depuis le demi-décilitre jusqu'à l'hectolitre ; pour le lait, depuis le demi-décilitre jusqu'au double litre, et pour les autres liquides depuis le centilitre jusqu'au double litre.

Remarque. — Le décalitre et sa moitié sont souvent désignés par les dénominations anciennes de *boisseau* et de *demi-boisseau*.

219. Mesures de poids. — On détermine le poids d'un corps en le comparant à des poids marqués, au moyen d'instruments appelés *balances*. Ces poids marqués sont au nombre de 24, et ils forment trois séries, savoir : 5 gros poids, 9 poids moyens et 10 petits. Les gros poids commencent à 50 kilogrammes et se terminent à 2 kilogrammes inclusivement ; à ces deux poids extrêmes, il faut joindre les poids intermédiaires compris dans la série du gramme, le myriagramme, le kilogramme, *etc.*, leurs doubles et leurs moitiés. Ces poids sont en fonte de fer ; les deux plus gros ont la forme de pyramides tronquées à bases rectangulaires, et les autres sont des pyramides tronquées régulières à bases hexagonales. Le poids est inscrit sur la base supérieure ; à cette base est adapté un anneau par lequel on peut soulever le poids. Ces mêmes poids, à partir de 20 kilogr. et au-dessous, sont aussi représentés par des cylindres en laiton surmontés d'un bouton.

Les poids moyens vont du kilogramme au double gramme inclusivement ; ce sont des cylindres en cuivre surmontés d'un bouton ; on leur donne aussi la forme de godets en cuivre s'emboîtant les uns dans les autres.

La série des petits poids commence au gramme et se termine au milligramme. Ce sont des plaques rectangulaires, carrées ou octogonales, en platine, en argent, en cuivre ou en aluminium.

Remarques. — 1. Le demi-kilogr., qui correspond à peu près à l'ancienne livre, est souvent pris pour unité dans le commerce de détail, et on l'appelle ordinairement *livre*. L'ancien quintal était un poids peu différent de 50 kilogr. que l'on appelle encore quelquefois un *petit quintal*, pour le distinguer du *quintal métrique* qui est de 100 kilogr. Rappelons encore qu'un poids de 1 000 kilogr. est appelé un *millier*, un *tonneau* ou une *tonne*.

2. Les poids se déterminent avec plus d'exactitude que les volumes ; aussi l'usage des pesées tend à se généraliser : l'huile, les grains, le bois, *etc.*, se vendent souvent au poids.

220. Mesures de valeur ou monnaies. — La valeur d'un objet ou d'un travail se représente ordinairement par des disques métalliques appelés *pièces de monnaie*. Notre système monétaire est composé de 14 pièces. L'unité principale est le *franc* ; les autres pièces représentent les multiples et les sous-multiples décimaux du franc, leurs doubles et leurs moitiés, depuis le *centifranc* appelé centime jusqu'à l'*hectofranc* ou cent francs ; ces dénominations régulières ne sont pas employées. Il y a 4 pièces en bronze, d'un centime à un décime ; 5 en argent, de 2 décimes à 5 francs ; et 5 en or, de 5 francs à 100 francs.

Le bronze des monnaies est composé de 95 parties de cuivre, de 4 d'étain et de 1 de zinc. La loi tolère une erreur

de 1 pour 100 sur le cuivre et de $\frac{1}{2}$ pour 100 sur les autres métaux. La pièce de 5 centimes en bronze, comme la
pièce de 1 franc en argent, pèse 5 grammes; elle vaut 20
fois moins.

La monnaie de bronze sert à compléter le solde d'un
compte : c'est une monnaie d'appoint. Les caisses publiques
ne donnent et ne reçoivent en bronze que des sommes in-
férieures à 0 fr. 50. Dans le commerce on peut refuser une
somme en bronze supérieure à 5 francs.

La pièce de 5 francs en argent contient les 0,9 de son
poids en argent et 0,1 en cuivre. On dit qu'elle est au
titre de 0,9 ou de 0,900. Le titre d'un alliage, par rapport
à l'un des métaux qui le composent, est le nombre qui
exprime quelle est, en poids, la quantité de ce métal qui
entre dans l'unité de poids de l'alliage. Les autres pièces
en argent, dites *pièces divisionnaires*, étaient autrefois au
même titre ; depuis 1866, elles contiennent 0,835 d'argent
et 0,165 de cuivre.

Ces titres ne diffèrent pas beaucoup du titre $\frac{11}{12}$ qui
donne à l'alliage de l'argent et du cuivre la plus grande
dureté. La loi tolère une erreur de 0,003, en plus ou en
moins, dans le titre des pièces en argent.

Le titre des monnaies d'or est, comme celui des pièces
de 5 francs en argent, de 0,9 ; le métal allié à l'or est le
cuivre, comme pour l'argent. La tolérance pour le titre des
monnaies d'or est de 0,002.

Il existe pour chaque pièce de monnaie un poids légal
ou *poids droit*, et une tolérance qui varie d'une pièce à
une autre. La plus faible est de 0,001 du poids total pour
la pièce de 100 francs, et la plus forte, pour la pièce de
0,01, est de 0,015 du poids total.

D'après le tarif légal des matières et espèces d'or et d'argent (voir l'*Annuaire du Bureau des longitudes*), l'or

monnayé vaut, à poids égal, 15 fois $\frac{1}{2}$ plus que l'argent, ou, ce qui revient au même, à valeur égale, l'or monnayé pèse 15 fois $\frac{1}{2}$ moins que l'argent.

221. Les 14 pièces de notre système monétaire ont toutes des diamètres différents ; les voici exprimés en millimètres :

$$
Or. \begin{cases}
100 \text{ francs.} & 35^{mm} \\
50 \quad - & 28 \\
20 \quad - & 21 \\
10 \quad - & 19 \\
5 \quad - & 17
\end{cases}
\quad
Argent. \begin{cases}
5 \text{ francs.} & 37^{mm} \\
2 \quad - & 27 \\
1 \quad - & 23 \\
0,50 \text{ cent.} & 18 \\
0,20 \quad - & 16
\end{cases}
\quad
Bronze. \begin{cases}
10 \text{ cent.} & 30^{mm} \\
5 \quad - & 25 \\
2 \quad - & 20 \\
1 \quad - & 15
\end{cases}
$$

222. Un kilogr. d'argent monnayé a une valeur légale de 200 fr. ; mais cette somme contient 1 fr. 50 pour la fabrication des pièces. La valeur d'un kilogr. d'argent monnayé, diminuée du prix de la main-d'œuvre, est donc de 198 fr. 50. En ne tenant pas compte du prix du cuivre, qui est négligeable, cette dernière somme est donc le prix de 900 grammes d'argent pur ; par suite, le prix d'un kilogr. d'argent pur est de $\dfrac{198,50 \times 100}{900} = 220$ fr. 56.

En ne tenant pas compte de la fabrication, on trouverait **222** fr. **22.**

La valeur légale d'un kilogr. d'or monnayé est de $200 \times 15,5 = 3100$ fr. Le prix de la main-d'œuvre étant de 6 fr. 70, cette valeur se réduit à 3 093,30. Le prix d'un kilogr. d'or pur est donc de $\dfrac{3\,093,30 \times 10}{9} = 3\,437$ francs.

Si l'on ne tenait pas compte de la fabrication, on trouverait 3 444 fr. 44.

223. Les pièces de monnaie étrangères ne sont reçues dans les bureaux de change des hôtels de monnaie que comme lingots, et l'on en détermine la valeur d'après le poids et le titre. Le titre légal de la plupart des pièces étrangères n'est pas exact, et l'on a dû établir un tarif faisant connaître le titre réel. Le prix se calcule donc d'après le poids et le titre du tarif. (*Annuaire du Bureau des longitudes.*)

La valeur *au pair* d'une pièce de monnaie étrangère est exprimée en francs par le rapport du poids de l'or fin qu'elle contient au poids de l'or fin contenu dans chaque franc de monnaie française. — Définition analogue pour les monnaies en argent.

La Belgique, l'Italie, la Suisse et la Grèce ont, depuis **1865**, les mêmes pièces de monnaie que la France.

La valeur d'un objet en or ou en argent se compose de la valeur de la matière, du prix du travail, des bénéfices dus au marchand et enfin du droit de contrôle. Au change des monnaies on ne tient compte que du poids et du titre. Une loi du **19** brumaire an **VI** (**9** octobre **1797**) autorise deux titres pour les ouvrages d'argent, le premier à **0,950** pour la vaisselle en argent, et le second à **0,800** pour les couverts, les bijoux, *etc.*; et trois titres pour les ouvrages d'or : **0,920** pour la vaisselle ; **0,840** et **0,750** pour les bijoux. La loi tolère **0,005** d'erreur sur le titre des objets en argent, et **0,003** sur le titre des objets en or.

Remarque. — Il y a en France deux ateliers pour la fabrication des monnaies, à Paris et à Bordeaux ; les marques de fabrique sont A pour Paris et K pour Bordeaux.

CHAPITRE II. — MESURE DES ANGLES, DES ARCS DE CERCLE, DU TEMPS, DES FORCES ET DES TEMPÉRATURES.

*** 224.** Aux détails précédents sur les mesures qui font l'objet spécial du système métrique, nous ajouterons quelques mots sur la mesure des angles, des arcs de cercle, du temps, des forces et des températures.

225. Mesure des angles et des arcs de cercle. —

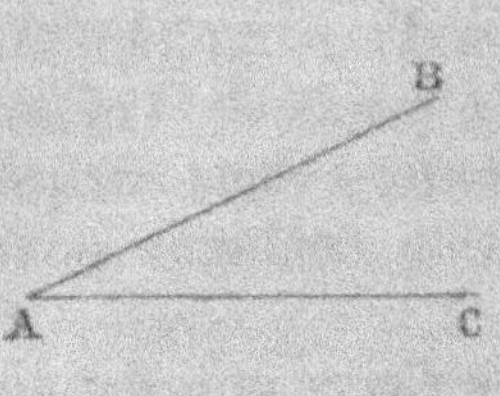

Un angle est la figure formée par deux droites qui partent d'un même point. Ce point est le sommet de l'angle, et les deux droites, limitées d'une part au sommet et illimitées de l'autre, en sont les côtés. La figure BAC est un angle.

Deux angles peuvent être égaux, c'est-à-dire superposables ; on peut augmenter ou diminuer un angle en faisant tourner un de ses côtés autour du sommet, l'autre côté restant fixe : un angle est une grandeur. Mesurer un angle, c'est chercher comment on pourrait le composer en répétant un autre angle ou une partie aliquote de cet angle. L'unité principale dans la mesure des angles est l'angle

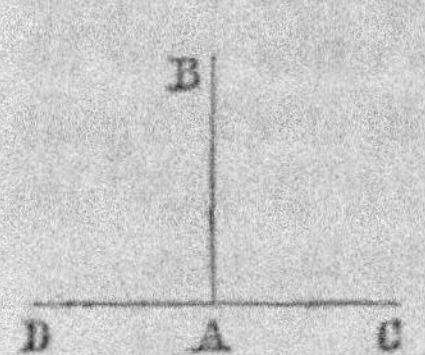

droit. On appelle ainsi un angle BAC tel qu'en prolongeant un de ses côtés CA au-delà du sommet, on forme un second angle BAD égal au premier. Les unités secondaires sont : la 90e partie de l'angle droit ou l'angle d'un degré ; la 60e partie de l'angle d'un degré ou l'angle d'une minute, et la 60e partie de la minute ou l'angle d'une seconde. Les créateurs du système métrique auraient voulu assujettir les subdivisions de l'angle droit à la loi décimale en partageant l'angle droit en cent parties égales appelées *grades* ou degrés centésimaux ; le grade, en cent minutes et la minute en cent secondes centésimales. Mais les astronomes ont préféré l'ancienne division, qui est aujourd'hui exclusivement adoptée.

226.

Si au centre d'un cercle on fait un angle droit BOA, et qu'on prolonge ses côtés jusqu'à la circonférence, on la

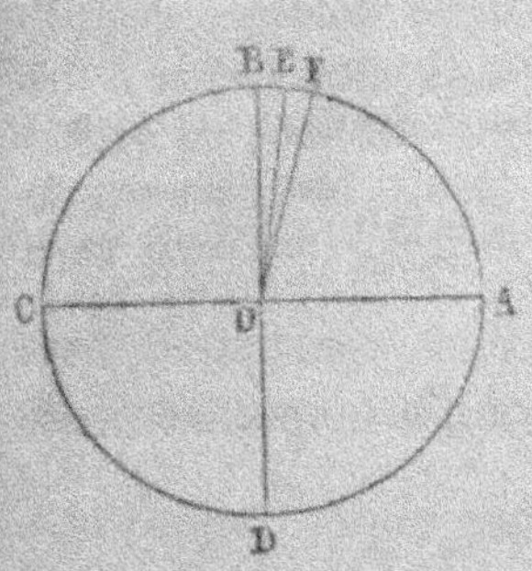

partage en quatre arcs égaux AB, BC, CD, DA, appelés quadrants : chaque quadrant correspond à un angle droit. Si l'on conçoit que l'un de ces angles droits soit partagé en quatre-vingt-dix parties égales telles que BOE, EOF, *etc.*, ces petits angles sont des angles d'un degré ; pour cette raison les arcs qui leur correspondent sont appelés des arcs d'un degré. Pour la même raison, la 60ᵉ partie de l'arc d'un degré est appelée une minute d'arc, et la 60ᵉ partie de la minute une seconde d'arc.

Il résulte de la correspondance qu'on a ainsi établie entre les unités d'angle et les unités d'arc qu'un angle ayant son sommet au centre d'un cercle a autant de degrés, de minutes et de secondes d'angle que l'arc compris entre ses côtés a de degrés, de minutes et de secondes d'arc. On exprime cette correspondance en disant *qu'un angle qui a son sommet au centre d'un cercle a pour mesure l'arc qui lui correspond*. Un angle ou un arc de 12 degrés 57 minutes 32 secondes et 8 dixièmes de seconde, s'écrit : 12° 57′ 32″,8.

Pour réduire des degrés en minutes, on multiplie par 60 ; on fait la même opération pour réduire des minutes en secondes.

227. Pour ajouter des nombres de degrés, on opère comme on le voit dans le tableau suivant :

12°	57′	32″,8
5	40	47, 4
6	53	19, 5
27	58	35, 9
17	54	57, 6
71°	05′	13″,2

Remarque. — La somme des chiffres de la colonne des dizaines de secondes, retenue comprise, est 19, c'est-à-dire 3 fois 6 dizaines de secondes ou 3 minutes, plus 1 dizaine ; on écrit 1 au-dessous et on retient 3. De même, pour les dizaines de minutes, on trouve 24, c'est-à-dire 4 degrés ; on écrit zéro au-dessous et l'on retient 4.

228. Pour la soustraction on opère d'une manière analogue.

Exemple :

$$
\begin{array}{ccc}
47^\circ & 26' & 47'',5 \\
12 & 35 & 24,6 \\
\hline
34^\circ & 51' & 22'',7
\end{array}
$$

Remarque. — Les 3 dizaines de minutes du second terme ne peuvent pas être retranchées du chiffre correspondant 2 : on ajoute à ce chiffre un degré ou 6 dizaines de minutes, et de la somme 8 on retranche 3. On continue en ajoutant 1 au chiffre inférieur suivant.

229. Pour multiplier un nombre de degrés, minutes et secondes par un nombre entier, on multiplie successivement les secondes, les minutes et les degrés par ce nombre, en ayant soin de faire les retenues comme dans l'addition.

Exemple :

$$
\begin{array}{ccc}
32^\circ & 15' & 25'',8 \times 7 \\
 & & 7 \\
\hline
225^\circ & 48' & 00'',6
\end{array}
$$

230. Pour diviser un nombre de degrés, minutes et secondes par un entier, on opère en sens inverse ; on convertit les degrés qui restent en dizaines de minutes, à raison de six dizaines par degré, *etc.*

Exemple :

$$225° \ 48' \ 00'',6 : 7$$
$$32° \ 15' \ 25'',8$$

En divisant 225° par 7, on trouve 32° et il reste 1° qui vaut 6 dizaines de minutes ; 6 et 4 font 10, dont le 7e est 1, *etc.*

Remarque.—Pour multiplier un nombre de degrés, minutes et secondes par $\frac{3}{5}$, on multiplie par 3 et l'on divise le résultat par 5.

231. Pour diviser un nombre de degrés, minutes et secondes par un nombre de degrés, minutes et secondes, on réduit ces deux nombres en secondes et l'on fait la division des nombres trouvés.

Exemple :

$$\frac{225° \ 48' \ 00'',6}{32° \ 15' \ 25',8} = \frac{812\ 880,6}{116\ 125,8} = 7.$$

232. Mesure du temps. — Le temps est pour nous l'impression que laisse dans la mémoire une suite d'événements dont nous sommes certains que l'existence a été successive (*Laplace*). Quand un pendule, à la fin de chaque oscillation, se retrouve dans des circonstances parfaitement semblables, les durées de ces oscillations sont les mêmes, et le temps peut se mesurer par leur nombre. Le phénomène de la révolution diurne des étoiles et du soleil nous présente des unités naturelles pour la mesure du temps. Les étoiles mettent toujours le même temps, appelé *jour sidéral*, pour faire le tour du ciel ; le soleil met un temps un peu plus long, et qui n'est pas toujours le même, mais qui varie pourtant très peu. Les astronomes prennent ordinairement pour unité le jour sidéral ; pour les usages civils, le jour sidéral aurait l'inconvénient de commencer successivement à tous les moments de la journée; on prend pour unité le jour solaire, corrigé de ses variations : on l'appelle alors *jour solaire moyen*. On fixe à minuit son origine et on le partage en 24 heures; on partage de même l'heure en 60 minutes et la minute en 60 secondes : on les appelle heures, minutes, secondes de *temps moyen*, pour les distinguer des heures, minutes et secondes *sidérales*, obtenues en partageant le jour sidéral de la même manière.

La période des saisons appelée *année tropique* est aussi une unité naturelle pour la mesure du temps. Elle n'est pas non plus tout à fait constante; mais elle varie très peu. Elle contient maintenant 365 jours moyens, 2422, à 0,0001 près. Pour que l'année civile ne commence pas successivement à toutes les heures de la journée, il a fallu la composer d'un nombre exact de jours. Après de nombreux tâtonnements, on est parvenu à faire concorder périodiquement, d'une manière suffisante, l'année civile avec la période des saisons. Cette réforme a été opérée en 1582 par le pape Grégoire XIII, aidé d'un savant Calabrais nommé Lilio.

Depuis cette époque, trois années consécutives, appelées années communes, sont de 365 jours, et la quatrième, celle dont le millésime est divisible par 4, est de 366 jours : on l'appelle *année bissextile*. Sont exceptées 3 années tous les 400 ans, savoir : les 3 années séculaires 1700, 1800 et 1900 par exemple, dont le millésime, après la suppression des deux zéros qui le terminent, n'est pas divisible par 4 : ces années sont de 365 jours.

233. Un temps de 15 jours 7 heures 43 minutes 15 secondes et 8 dixièmes de seconde s'écrit :

$$15^j \ 7^h \ 43^m \ 15^s,8.$$

Les opérations sur des nombres de cette espèce se font de la même manière que pour les angles et les arcs.

10.

Les retenues se font d'après les valeurs relatives des unités successives.

En voici des exemples :

ADDITION.

$$8^j \quad 15^h \quad 32^m \quad 47^s,2$$
$$7 \quad 3 \quad 49 \quad 13,6$$
$$2 \quad 20 \quad 54 \quad 37,5$$
$$1 \quad 18 \quad 47 \quad 58,6$$

$$18^j \quad 59^h \quad 04^m \quad 36^s,9$$

ou

$$20^j \quad 11^h \quad 04^m \quad 36^s,9$$

SOUSTRACTION.

$$12^j \quad 5^h \quad 15^m \quad 32^s,6$$
$$7 \quad 14 \quad 8 \quad 47,3$$

$$4^j \quad 15^h \quad 6^m \quad 45^s,3$$

MULTIPLICATION.

$$12^j \quad 7^h \quad 15^m \quad 32^s,6 \times 5$$
$$5$$

$$61^j \quad 12^h \quad 17^m \quad 43^s,0$$

DIVISION.

$$61^j \quad 12^h \quad 17^m \quad 43^s : 5 = 12^j \quad 7^h \quad 15^m \quad 32^s,6.$$

234. Mesure des forces. — L'unité de force est le kilogramme. La comparaison d'une force quelconque au kilogramme peut se faire directement au moyen de certains instruments appelés *dynamomètres*.

On dit qu'une force est de 30 kilogr. si elle peut produire le même effet qu'un poids de 30 kilogr.: par exemple, si la force et le poids peuvent déformer de la même manière une lame élastique, comme on peut le constater avec un dynamomètre.

On évalue le *travail* fait par une force quelconque en le comparant au travail fait par une force qui soulève un poids de 1 kilogr. à 1 mètre de hauteur. Cette unité de travail est appelée un *kilogrammètre*.

Pour les machines à vapeur, on prend pour unité un travail de 75 kilogrammètres fait pendant une seconde : c'est ce que l'on appelle un *cheval-vapeur*.

235. Mesure des températures. — L'unité de température appelée *degré* est la variation que doit subir la température pour qu'une colonne de mercure enfermée dans un tube de verre se dilate de la centième partie de la dilatation qu'elle éprouverait si on la faisait passer de la température de la glace fondante à la température de la vapeur fournie par de l'eau que l'on ferait bouillir sous une pression de 760 millimètres. Le degré se divise en dixièmes et même en centièmes. Le degré que nous venons de définir est appelé *degré centigrade*, et l'instrument qui permet de mesurer ainsi la température est le *thermomètre centigrade*.

236. Dans le thermomètre Réaumur, l'intervalle de la température de la glace fondante à celle de la vapeur d'eau bouillante est divisé en 80 parties égales. Il résulte de là que **80 degrés Réaumur valent 100 degrés centigrades**. Il sera donc facile de réduire des degrés centigrades en degrés Réaumur, et réciproquement.

237. Degré d'approximation des diverses mesures. — Les résultats des mesures effectuées dans les opérations du commerce, de l'industrie et de la science sont des nombres approchés, et il importe de n'admettre dans ces nombres que les chiffres significatifs dont l'exactitude est à peu près certaine.

238. Les instruments de précision dont on se sert pour mesurer les longueurs peu considérables, au-dessous de 10 mètres environ, permettent d'arriver jusqu'aux dixièmes de millimètre et d'avoir quatre ou même cinq chiffres exacts dans le nombre trouvé. Pour les grandes longueurs, on se sert d'instruments moins exacts, comme la chaîne d'arpenteur, et l'on admet généralement que l'on ne peut compter que sur l'exactitude des quatre ou cinq premiers chiffres.

239. Les balances de précision donnent le demi-milligramme au-dessous de 500 grammes et le milligramme jusqu'à 1 000 grammes environ; on peut donc compter sur cinq ou six chiffres exacts. Les balances ordinaires donnent le poids à 1 gramme ou à quelques grammes près et permettent d'obtenir trois ou quatre chiffres exacts. Enfin les bascules pèsent à quelques kilogrammes près pour les grands poids et donnent deux ou trois chiffres exacts.

240. Les astronomes mesurent les angles à un dixième de seconde près. Dans le levé des plans on ne peut guère compter que sur la minute. Nous citerons comme exemple de précision, dans ces sortes de mesures, le résultat suivant, obtenu par Méchain et Delambre : Sur les 90 triangles qui joignent les extrémités de l'arc de méridien mesuré, il y en a 56 sur lesquels l'erreur de la somme des angles est moindre qu'une seconde. La mesure d'un angle, exprimée en secondes, peut avoir cinq ou six chiffres exacts.

241. Les dynamomètres permettent d'évaluer les forces à un kilogramme près, à un hectogramme près. Les bons chronomètres donnent les dixièmes de seconde, et les thermomètres les dixièmes et même les centièmes de degré. Dans toutes ces mesures, on ne peut guère compter que sur trois ou quatre chiffres exacts.

La conclusion générale est donc que, dans la plupart des mesures, on ne peut compter que sur trois ou quatre chiffres exacts; que, dans quelques cas exceptionnels, on peut aller jusqu'à cinq ou six, mais rarement au delà.

242. Conversion des anciennes mesures en mesures nouvelles. — On trouve dans l'*Annuaire du Bureau des longitudes* les rapports des anciennes mesures aux mesures nouvelles qui les ont remplacées. On y trouve, par exemple, qu'une toise est l'équivalent de $1^m,949$ à $0,001$ près, ou, ce qui revient au même, que le rapport de la toise au mètre est $1,949$.

Pour réduire en mètres un nombre donné de toises, il suffira donc de multiplier $1^m,949$ par ce nombre. Inversement, si l'on voulait réduire des mètres en toises, on diviserait par le même rapport. On opère de la même manière pour toutes les mesures. Pour simplifier les calculs et les réduire à de simples additions, on se sert de tableaux où se trouvent exprimées en unités nouvelles les valeurs d'une unité ancienne, de deux unités,...., jusqu'à neuf unités anciennes.

On opère de la même manière pour la conversion des mesures étrangères en mesures françaises, et réciproquement. On trouve les rapports dans l'*Annuaire*.

243. Quelques-unes des anciennes dénominations se rencontrent fréquemment dans les ouvrages et sont encore employées dans la conversation. Il sera utile de se rappeler les détails suivants :

1. Une *lieue terrestre*, ou de 25 au degré, vaut 4 444 mètres.

2. Une *lieue marine*, ou de 20 au degré, vaut 5 555 mètres.

3. Le *mille*, de 60 au degré, est le tiers de la lieue marine : il vaut 1 852 mètres.

4. Un *nœud marin* est la 120e partie d'un mille : si dans une demi-minute un navire parcourt 20 nœuds, en une heure il parcourt 20 milles.

5. Une *lieue de poste* était de 2 000 toises : elle vaut 3 898 mètres.

6. L'ancienne *livre* de 2 marcs vaut $489^{gr},5$.

La pile de Charlemagne, conservée dans les archives depuis le XIVe siècle, fait connaître l'ancienne livre de

2 marcs. La livre romaine n'était que les $\frac{3}{4}$ de notre ancienne livre; celle-ci était appelée *livre poids de marc*.

7. Un *quintal métrique* vaut 204 livres.

8. Un *quintal ancien* valait 100 livres; il vaut $48^k,951$.

9. Le *carat*, unité de poids pour les diamants et les perles fines, vaut à peu près 2 décigrammes.

10. Le mot *carat* avait une autre signification : l'or pur était dit à 24 carats, et pour désigner un alliage de 20 parties d'or pur et de 4 parties d'un métal différent, par exemple, on disait : de l'or à 20 carats. De même l'argent pur était dit à 12 deniers.

11. La *livre tournois*, désignée dans les auteurs par le signe *lt* ou *lt*, vaut $\frac{80}{81}$ de franc.

EXERCICES SUR LE SYSTÈME MÉTRIQUE.

244. 1. Que deviendraient les unités principales du système métrique autres que le mètre, si, en conservant leurs définitions, on prenait un nouveau mètre 1° 2 fois plus grand que le mètre adopté; 2° égal aux $\frac{3}{5}$ du mètre adopté?

2. Écrire 7 kilomètres 2 décamètres 6 mètres et 4 millimètres, en prenant pour unité : 1° le mètre; 2° le centimètre.

3. Écrire 3 kilom. carrés 5 hectom. carrés 38 mètres carrés, en prenant pour unité : 1° le mètre carré; 2° l'hectomètre carré; 3° l'are; 4° l'hectare.

4. Écrire 4 hectom. cubes 58 décam. cubes 302 mètres cubes 57 centim. cubes, en prenant pour unité : 1° le mètre cube; 2° le décimètre cube.

5. Quel est le poids de 2 mètres cubes 47 décim. cubes et 458 centim. cubes d'eau?

6. Quel est le volume de 7 kilogr. 8 hectogr. et 3 gr. d'eau?

7. Quel est le poids de 8 décil. et 3 millil. d'eau?

8. L'eau pèse 770 fois plus que l'air pris à la pression ordinaire et à la température zéro : quel est, dans ces conditions, le poids d'un mètre cube d'air ?

9. Un litre de mercure à 0⁰ pèse 13 kilogr., 586 ; quel est le poids d'un mètre cube de mercure à 100⁰ ? On sait que le volume d'une certaine masse de mercure augmente de sa 5 550ᵉ partie pour chaque augmentation de température d'un degré dans l'intervalle de 0⁰ à 100⁰. — Réponse : 13 346 kilogr.

10. Un décimètre cube de fer pèse 7 kilogr.,770 ; quel serait le poids d'un mètre cube de fer plongé dans l'eau ? On sait qu'un corps plongé dans un liquide perd une partie de son poids égale au poids du liquide qu'il déplace.—Réponse : 6 770 kilogr.

11. Calculer mentalement le prix de 320 grammes d'une marchandise à 0 fr., 90 le demi-kilogr., ou, en d'autres termes, à 18 sous la livre. On appliquera cette règle : *Autant de sous la livre, autant de centimes l'hectogramme.* — Réponse : 3 fois 18 cent. ou 54 cent., plus le 5ᵉ de 18 cent. ou 4 cent. par excès ; total 0 fr., 58.

12. Former un poids de 148 gr. avec des pièces de 5 fr. en argent, de 2 fr. et de 0 fr., 20. — Réponse : 5 pièces de 5 fr., 2 pièces de 2 fr. et 3 pièces de 0 fr.,20.

13. Quel est le poids de 2 450 fr. : 1° en or monnayé ; 2° en or pur ?—Réponse : 1° 790 gr. ; 2° 711 gr., à 1 gr. près par défaut.

14. Quelle serait, au change des monnaies, la valeur d'une cuiller en argent au titre de 0,800 et pesant 72 grammes ? — Réponse : 12 fr., 70.

15. Quelle serait, au change des monnaies, la valeur d'un bijou en or pesant 8 gr. et au titre de 0,750 ? — Réponse : 20 fr.,62.

16. Quels sont les poids d'argent pur et de cuivre qui entrent dans une somme de 2 450 fr. en pièces de 5 fr. ? — Réponse : 11 025 gr. d'argent et 1 225 gr. de cuivre.

17. Quels sont les poids d'argent pur et de cuivre qui entrent dans une somme de 674 fr., 80 en pièces divisionnaires ? — Réponse : 2 817 gr., 29 d'argent et 556 gr., 71 de cuivre.

18. Combien de grammes de cuivre faudrait-il ajouter à une somme de 2 450 fr. en pièces de 5 fr. pour obtenir le métal nécessaire pour faire des pièces divisionnaires, et quelle serait la nouvelle somme ?— Réponse : 953 gr. ; 2 640 fr. à 1 fr. près.

19. Convertir 8 toises 4 pieds 5 pouces et 7 lignes en mètres. On sait qu'une toise vaut 1 m.,949, et qu'elle se divise en 6 pieds, le pied en 12 pouces et le pouce en 12 lignes. — Réponse : 17 m., 042 à 0,001 près par défaut.

20. Convertir 18 arpents de Paris et 36 perches en ares. L'arpent de Paris vaut 34 ares, 19, et la perche est la centième partie de l'arpent. — Réponse : 627 ares, 73 à 0,01 près par excès.

21. Convertir 18 arpents des eaux et forêts et 36 perches en ares. L'arpent des eaux et forêts vaut 51 ares, 07, et la perche en est la 100ᵉ partie. — Réponse : 937 ares, 65 par excès.

22. Convertir 9 livres 14 onces 4 gros et 18 grains en kilogrammes. Une livre vaut 0 k. 48951, et elle se divise en 16 onces ; l'once en 8 gros, et le gros en 72 grains. — Réponse : 4 kilogr., 850.

23. Sur un plan fait à l'échelle de $\frac{1}{1\,250}$, quelle est la longueur qui représente 425 mètres ? — Réponse : 0 m.,34.

24. Quelle est la longueur représentée par 0 m.,34 sur un plan fait à l'échelle de $\frac{1}{1\,250}$? — Réponse : 425 m.

25. En admettant que la limite des longueurs appréciables sur le papier soit de $\frac{1}{5}$ de millimètre, quel est le degré de précision qu'il est inutile de dépasser dans la mesure des longueurs sur un terrain dont le plan doit être fait à l'échelle de $\frac{1}{1\,250}$? — Réponse : sur un tel plan, $\frac{1}{5}$ de millimètre représente une longueur de 0ᵐ,25. Il suffit donc de mesurer les longueurs à $\frac{1}{4}$ de mètre près.

26. La plus grande longueur que l'on puisse prendre sur la feuille de papier qui doit servir à faire le plan d'un terrain est de 0ᵐ,5 ; et la plus grande longueur du terrain est de 500 mètres : quelle est l'échelle qu'il convient d'adopter ? — Réponse : $\frac{0,5}{500} = \frac{1}{1\,000}$.

27. Pizarre conquit l'empire des Incas avec 250 fantassins et 60 cavaliers. Atabalipa vaincu s'obligea à donner autant d'or

qu'une des salles de son palais pouvait en contenir jusqu'à la hauteur de sa main, qu'il éleva au-dessus de sa tête. Chaque cavalier espagnol eut 240 marcs en or, chaque fantassin en eut 60. On leur partagea dix fois autant d'argent dans la même proportion. On envoya à Charles-Quint 30 000 marcs d'argent, 3 000 marcs d'or non travaillé et 20 000 marcs pesant d'argent avec 2 000 marcs d'or en ouvrages du pays. Les officiers se partagèrent des richesses immenses que l'on peut supposer égales en totalité à la part de Charles-Quint. On demande quelle serait aujourd'hui, au change des monnaies, la valeur de ces richesses, en supposant l'or au titre de 0,950 et l'argent au titre de 0,890. — Réponse : 50 415 680 fr.

Remarque. — Ces immenses richesses ne sont guère que la centième partie de la somme de cinq milliards payée par la France à la Prusse.

28. Quelle serait la somme nécessaire en pièces de 5 fr. en argent pour faire le tour de la terre suivant un méridien, en mettant ces pièces en contact à la suite les unes des autres ? — Réponse : 5 405 405 405 fr., à 5 fr. près.

29. En désignant par 1 une hauteur variable d'un port à un autre, mais constante pour un même port, la hauteur de la marée est, à une certaine date, égale à 0,71 dans tous les ports ; et à une autre date, égale à 1,14. Quelle est, à chacune de ces dates, la différence des hauteurs de la marée à Lorient et à Saint-Malo, sachant que l'unité vaut 2 m.,24 pour le premier port, et 5 m.,98 pour le second ? — Réponse : 2,65 et 4,26.

Remarque. — Les nombres tels que 0,71 et 1,14 sont calculés d'avance pour les diverses époques de l'année et consignés dans l'*Annuaire du Bureau des longitudes*. On y trouve aussi l'unité de hauteur pour les principaux ports.

30. Un objet en or et en argent, au titre de 0,750 pour l'or, vaut 360 fr., si l'on ne tient compte que de la valeur des métaux. Quel est son poids, en supposant que l'or ait une valeur 15 fois $\frac{1}{2}$ plus grande que celle de l'argent, et que le kilogr. d'argent ait une valeur de 222 fr. ? — Réponse : 136 grammes.

31. Une somme de 10 592 fr. se compose à poids égaux de

trois espèces de pièces de monnaie : de 20 fr., de 5 fr. en argent et de 10 centimes. On demande le nombre de pièces de chaque espèce et les sommes qu'elles forment.

Réponse : 320 pièces en bronze valant   32 fr.

128   —   argent   —   640

496   —   or   —   9 920

32. La superficie d'un terrain a été trouvée de 19 hectares 38 ares et 47 centiares, les mesures ayant été faites avec un décamètre dont la longueur était non de 10 mètres, comme on le croyait, mais de 10 m., 02. Calculez la superficie exacte de ce terrain. — Réponse : 19 hectares 46 ares 23 centiares.

Remarque. — L'unité de surface employée est le carré dont le côté est 1^m,002, en exprimant la surface en mètres carrés.

33. En carbonisant du bois, on obtient un rendement de 35 pour 100 en volume. Un mètre cube de bois coûte 3 fr., 25 avant l'abatage, et les frais pour couper le bois et faire le charbon s'élèvent à 1 fr., 50 par mètre cube. Quel bénéfice aura-t-on en transformant 100 stères de bois en charbon, le prix du charbon étant de 14 fr., 60 le mètre cube ? — Réponse : 36 fr.

34. Lorsqu'on fait moudre du blé, on laisse pour la mouture $\frac{1}{20}$ du blé au meunier, ou l'on paye 1 fr., 40 pour 100 kilogr. de blé. Le double décalitre pèse 15 kilogr. et se vend 4 fr., 50 : quel est le payement le plus avantageux ? — Réponse : En donnant du blé, on paye 0 fr., 10 de plus pour 100 kilogr.

35. Un kilogramme de houille développe par la combustion 7 050 unités de chaleur, et un kilog. de bois sec 3 600. Le stère de bois pèse 360 kilogr. ; l'hectolitre de houille pèse 84 kilogr., et la houille coûte 40 fr. la voie de 15 hectolitres. Quel devrait être le prix d'un stère de bois pour que la chaleur qu'il fournit revînt au même prix que celle de la houille ? — Réponse : 5 fr., 83.

Remarque. — L'unité de chaleur est la quantité de chaleur nécessaire pour élever de 0 degré à 1 degré la température de 1 gramme d'eau.

36. Paris et Perpignan sont sensiblement sur le même méridien, et l'arc qui va de l'une de ces villes à l'autre est de

6° 9′ 10″ : quelle est, en mètres, la longueur de cet arc? — Réponse : 683 642 m.

37. Un terrain de 60 arpents de Paris a été payé à raison de 3 000 livres tournois l'arpent avant l'établissement du système métrique ; sa valeur a doublé depuis cette époque. On demande quelle est en francs sa valeur actuelle, et ce que vaut l'hectare de ce terrain, sachant : 1° que 80 fr. valent 81 livres tournois ; 2° que l'arpent de Paris vaut 100 perches carrées, dont chacune était un carré de 18 pieds de côté ; 3° que le pied était le sixième de la toise ; 4° enfin que 10 millions de mètres valent 5 130 740 toises.

Réponse : 1° valeur actuelle du terrain, 355 555 f. 55 ; 2° valeur de l'hectare . . . . 17 333 f.

(Concours général des lycées de Paris.)

38. Le souverain d'Angleterre pèse 7 gr.,9808, et son titre est de 0,917. Combien contient-il d'or fin, et quelle est sa valeur au pair? — Réponse : 7 gr.,3184 ; 25 fr.,21.

39. Le crown ancien pèse 30 gr.,074, et son titre est de 0,925. Combien contient-il d'argent pur, et quelle est sa valeur au pair ? — Réponse : 27 gr.,818 ; 6 fr.,18.

40. Deux points A et B sont distants de 225 kilom. ; le quintal de charbon coûte 27 fr.,50 en A, 12 fr.,50 en B, et paye 8 centimes de transport par kilom. ; quel est le point C de la ligne AB où le charbon revient au même prix, qu'il vienne de A ou de B? — Réponse : AC = 18 kil.,75.

41. Une usine à gaz est chargée d'alimenter annuellement 2 600 becs pendant 1 440 heures ; on sait qu'un bec consomme 130 litres de gaz par heure, et que la distillation d'un hectolitre de houille donne 18 m. c.,548 de gaz. Combien cette usine consomme-t-elle d'hectolitres de houille dans l'année? — Réponse : 26 244 hectol.

(Besançon, brevet de capacité.)

42. Sur une route on place une borne à chaque hectomètre et une plus grande à chaque kilomètre. Sachant qu'on emploie 1 161 bornes hectométriques, trouver la longueur de la route. Exprimer en décistères le volume des bornes employées, si la borne kilométrique a 25 décim. cubes de volume,

et la borne hectométrique 4 décim. cubes, 2. — Réponse : Longueur de la route : 129 kilomètres. Volume des bornes : 84 décistères, 012.

(Constantine, brevet du 2ᵉ ordre.)

43. 7 hectares 9 ares de vignes valent 15 hectares 33 ares de prairie, et 28 hectares de prairie valent 62 hectares 65 ares de bois. Quel est le prix d'un hectare de bois, sachant que l'hectare de vigne vaut 5 300 fr. — Réponse : 4 095 fr., 5

(Paris, brevet du 2ᵉ ordre.)

44. Combien dépensera-t-on pour soufrer trois fois une vigne malade, sachant : 1° que le champ a 275 mètres sur 33 mètres ; 2° qu'il faut 40 kilogr. de soufre et deux journées de travail par hectare ; 3° que le soufre coûte 40 fr., 50 le quintal métrique ; 4° que le prix de la journée d'un ouvrier est de 2 fr., 25. — Réponse : 23 fr., 28.

(Paris, brevet du 2ᵉ ordre.)

45. On a une somme de 4 682 000 fr. en pièces divisionnaires anciennes ; on estime à 0,004 la perte moyenne de poids de ces pièces, occasionnée par l'usure. On demande : 1° le poids du cuivre qu'il faut ajouter à cette monnaie pour en faire des pièces divisionnaires nouvelles ; 2° quel sera le bénéfice de cette refonte, le prix du cuivre étant de 4 fr., 20 le kilogr., et les frais de fabrication étant de 4 fr., 50 le kilogr. ; 3° combien on pourra faire de pièces de chaque espèce, si leurs nombres sont proportionnels aux nombres 4, 4, 6 et 5. — Réponse : 1° 4 820 kilogr., 513 ; 2° 349 425 fr. ; 3° 504 142 pièces de 2 fr., 2 016 568 pièces de 4 fr., 3 024 852 pièces de 0 fr., 50 et 2 520 710 pièces de 0 fr., 20.

46. Le soleil et la lune décrivent en moyenne par jour sur leurs orbites supposées circulaires des arcs de 13° 10′34″ et de 59′8″19‴. En supposant que ces astres se meuvent dans le même plan, on demande quel est le temps qui doit s'écouler entre deux passages consécutifs de ces astres sur une droite les joignant à la terre supposée au centre de ces cercles. — Réponse : 29 jours 12 heures 45ᵐ 4ˢ, 7.

47. Une salle de classe a 7 m., 50 de long sur 6 m., 40 de large. On demande : 1° d'évaluer le nombre d'élèves qu'elle peut contenir à raison de 4 mètre carré par élève ; 2° d'évaluer

le volume d'air qu'elle contient en admettant la hauteur tolérée de 3 m.,30 ; 3° le volume d'air par élève ; 4° enfin, le volume d'oxygène, sachant que l'air normal en contient 21 pour 100, et le volume d'acide carbonique, sachant qu'il s'en trouve les $\dfrac{5}{10\,000}$ du volume de l'air. — Réponse : 1° 45 élèves ; 2° 150 me.,975 ; 3° 3 mc.,355 ; 4° 704 dmc.,55 et 1 dmc.,68.

(Paris, brevet du 2° ordre.)

48. On demande de trouver en kilom. carrés la surface des terres labourables que l'on doit , chaque année, ensemencer en blé pour suffire à l'alimentation de la population entière de la France évaluée à 35 millions d'habitants, sachant : qu'on sème en moyenne huit doubles décalitres de blé par hectare, et qu'on en récolte 11 pour 1 ; qu'un hectolitre de blé pèse 75 kilogr. et produit à la mouture 74 pour 100 de farine ; que 120 kilogr. de farine fournissent 150 kilogr. de pain, et que chaque groupe de 5 habitants consomme 12 kilogr. de pain par semaine. — Réponse : 35 749 kmq ou 3 574 938 hectares.

Remarque. — La surface de la France est d'environ 52 millions d'hectares.

(Perpignan, brevet de capacité.)

49. Un marchand a acheté 650 hectolitres de charbon à 20 fr. les 11 hectolitres ; que gagnera-t-il en revendant le tout à 23 fr.,40 la tonne ? L'hectolitre de charbon pèse 85 kilogr. — Réponse : 111 fr.,04.

(Lille, brevet de capacité.)

50. Sur un champ de 45 ares de luzerne on a pu faire trois coupes, dont la 3° a donné 540 kilog. de fourrage sec. Sachant que la 1re coupe a été les $\dfrac{3}{5}$ de la 2°, et la 3° les $\dfrac{3}{8}$ de la 2°, on demande : 1° le produit de ces trois coupes, à raison de 6 fr.,50 le quintal métrique ; 2° le même produit brut pour une étendue d'un hectare. — Réponse : 1° 184 fr.,86 ; 2° 410 fr.,80.

(Châlons-sur-Marne, brevet du 2° ordre.)

51. On place dans l'un des plateaux d'une balance un vase plein d'eau distillée : pour faire équilibre, il faut mettre dans

l'autre plateau 75 pièces de 5 fr., 280 pièces de 2 fr., et 378 pièces de 20 fr. On demande, en litres, la capacité du vase, sachant qu'il pèse 275 grammes. — Réponse : 6 lit., 838.

(Albi, brevet du 2ᵉ ordre.)

52. La France est située entre 42° 20′ et 51°5′ de latitude nord. Combien cet intervalle comprend-il de kilomètres? — Réponse : 972 kilom., 222.

(Paris, brevet du 2ᵉ ordre.)

53. Une ville possède 115 530 habitants, et l'on y recueille dans des citernes l'eau qui tombe sur une étendue de 520 hectares. En moyenne il tombe sur cette surface 82 centim. d'eau de pluie par an. On demande le nombre de litres d'eau de pluie dont peut disposer par jour chaque habitant de la ville. — Réponse : 101 litres.

(Paris, brevet de capacité.)

54. Combien payera-t-on, à raison de 8 fr., 75 le stère, une pile de bois à brûler qui a 8 m., 40 de longueur sur 1 m., 20 de largeur et 2 m., 50 de hauteur ? — Réponse : 220 fr. 50.

(Agen, brevet de capacité.)

55. Un terrain de 3 hectares 5 ares 4 centiares a été payé 60 000 fr. : combien faut-il revendre le mètre carré pour gagner 3 000 fr.? — Réponse : 2 fr., 06.

(Poitiers.)

56. La surface d'une classe contient 97 m. q., 09 ; l'étendue assignée pour chaque élève est de 68 décim. carrés 19 centim. carrés ; de plus, les vides nécessaires pour la circulation comprennent 15 m. q., 76, et l'espace pris par l'estrade égale celui qu'occupent 7 élèves : on demande combien la salle peut recevoir d'enfants. — Réponse : 112.

(Paris.)

57. Un stère de bois de charme pèse 410 kilogr. et coûte 21 fr. à un marchand ; un stère de bois de sapin pèse 345 kilogr. et coûte 16 fr. Le marchand fait avec ces deux bois un mélange dont le stère pèse 350 kilog. Combien devra-t-il vendre le

stère de ce mélange pour gagner 20 0/0 ? — Réponse :
24 fr. 44.

(Douai, brevet complet.)

58. On a récolté 28 hectol. de blé par hectare dans un champ
qui a 560 m. de long et 355 m. de large. Chaque hectolitre pesant
75 kilogr., on demande : 1° quelle est la valeur de la récolte à
raison de 25 fr. les 75 kilogr. ; 2° quel est son poids. —
Réponse : 1° 43 916 fr.; 2° 41 748 kilog.

(Certificat d'études, Drôme.)

59. On extrait 53 kilogr. d'amidon de 100 kilogr. de froment ;
l'hectolitre de froment pèse 78 kilogr. et un hectare de terrain
donne en moyenne 4 363 litres de froment. On porte à une usine
d'amidon la récolte de 2 hectares, 0033. Trouver le poids d'amidon qu'on pourra en retirer. — Réponse : 4 428 kilogr., 788.

(Grenoble, brevet simple.)

60. Une tailleuse emploie 14 mètres d'une étoffe ayant $\frac{3}{4}$
de mètre de largeur pour faire une robe. Combien faudra-t-il de
mètres d'une autre étoffe ayant $\frac{5}{8}$ de mètre de largeur pour
habiller la même personne ? Ces deux robes coûtant le même
prix, on demande quelle longueur de la première étoffe on
aura pour le prix d'un mètre de la seconde. — Réponse :
16 m. $+\frac{4}{5}$; $\frac{5}{6}$ de mètre.

(Bordeaux, brevet du 2° ordre.)

61. Les voyageurs de 3° classe en chemin de fer payent par
tête et par kilomètre 0 fr.,055 plus un décime par franc en sus.
Les bagages excédant 30 kilogr. par personne payent 0 fr.,36
plus un décime par franc par 4 000 kilogr. et par kilomètre. Combien payera d'après cela une famille de quatre personnes qui se
rendra en 3° classe à une station située à 476 kilom. de distance avec 240 kilogr. de bagages ? — Réponse : 137 fr., 80.

(Bordeaux, certificat d'études.)

62. Une somme en argent monnayé au titre de 0,900 a été amenée au titre de 0,835 par l'addition d'une certaine quantité de cuivre. La somme fabriquée avec l'alliage obtenu a été ainsi augmentée de 5 000 fr. Quelle était la somme primitive ? — Réponse : 64 231 fr.

(Toulouse, brevet complet.)

63. On a 1 500 fr. en pièces d'argent de 5 fr. On demande : 1° quel est le poids de l'argent pur contenu dans cette somme ; 2° combien il faut ajouter de cuivre à l'alliage précédent pour abaisser le titre à 0,835. — Réponse : 1° 6 750 gram. ; 2° 584 gram.

(Nancy, diplôme d'études.)

64. Il est tombé pendant un orage $0^m,01$ de pluie. Quel est le poids de l'eau tombée sur la surface d'un hectare de terrain ? — Réponse : 100 tonnes.

(Brevet simple.)

65. Une citerne pleine d'eau a $0^m,85$ de longueur sur $0^m,64$ de largeur et $0^m,75$ de profondeur. Combien contient-elle de seaux de 12 litres ? — Réponse : 34 seaux.

(Brevet simple.)

LIVRE VII.

** APPROXIMATIONS NUMÉRIQUES.

Chapitre Ier. — Opérations abrégées.

245. Nous avons supposé jusqu'à présent que les nombres sur lesquels nous avions à effectuer des calculs étaient exacts, et qu'il devait en être généralement de même des résultats de ces calculs ; le contraire a lieu très souvent. Les mesures faites avec des instruments sont toujours imparfaites ; les nombres incommensurables, les nombres décimaux périodiques, les nombres décimaux qui ont un grand nombre de chiffres sont également remplacés dans les calculs par des nombres approchés, et les résultats de ces calculs sont eux-mêmes des nombres inexacts, sur lesquels on peut avoir à faire de nouvelles opérations. D'ailleurs, dans la plupart des questions, il n'est pas nécessaire d'arriver à des résultats absolument exacts ; il suffit ordinairement, connaissant le degré d'approximation des nombres sur lesquels on opère, de pouvoir assigner une limite supérieure de l'erreur commise dans le résultat, afin de connaître les chiffres sur l'exactitude desquels on peut compter ; ou, inversement, de savoir trouver avec quelle approximation on doit prendre les nombres connus, pour que l'erreur du résultat soit moindre qu'un nombre donné. On a donc à résoudre les deux problèmes suivants :

1° *Déterminer le degré d'approximation avec lequel il faut prendre chacun des nombres sur lesquels on opère, pour que l'erreur du résultat soit moindre qu'un nombre donné ;*

11.

2° *Déterminer le degré d'exactitude du résultat d'un calcul, connaissant le degré d'exactitude de chacun des nombres sur lesquels on opère.*

Après avoir donné quelques définitions et quelques théorèmes préliminaires, nous ferons connaître les principales solutions de ces deux problèmes.

246. L'*erreur absolue* d'un nombre inexact est la différence qui existe entre ce nombre et le nombre exact. On suppose ordinairement que cette différence est peu considérable, et le nombre inexact est aussi appelé un nombre *approché*. L'erreur est *par excès* ou *par défaut*. On fait connaître le degré d'approximation d'un nombre inexact en assignant une *limite supérieure* de son erreur, c'est-à-dire en indiquant un nombre plus grand que l'erreur; c'est ordinairement une unité décimale d'un ordre déterminé, un millième, par exemple : on dit alors que le nombre est connu à moins d'un millième, ou à $0,001$ près. Une telle unité est aussi appelée l'*unité d'approximation*.

247. Quand on dit qu'un nombre entier ou décimal a n chiffres exacts, on veut dire que son erreur absolue est moindre qu'une unité de l'ordre du $n^{ième}$ chiffre à partir du premier chiffre significatif à gauche. Ainsi, au lieu de dire que l'erreur du nombre $38,47635$ est moindre que $0,001$, nous pourrons dire que ce nombre a cinq chiffres exacts; de même, en disant que le nombre $0,0034586$ a trois chiffres exacts, on voudra dire que son erreur absolue est $< 0,00001$.

248. *Quand un nombre a* n *chiffres exacts, on peut le réduire à ses* n *premiers chiffres à partir du premier chiffre significatif à gauche, en conservant le même degré d'approximation, si l'on connaît le sens de l'erreur.*

En effet, si le nombre est connu par excès, on n'a qu'à supprimer les chiffres qui suivent le $n^{ième}$; on fait ainsi une seconde erreur de sens contraire, et moindre, comme la première, qu'une unité de l'ordre du $n^{ième}$ chiffre ; l'erreur définitive, différence de ces deux erreurs, est donc moindre aussi que cette unité. Si l'erreur du nombre donné est par défaut, on arrive au même résultat en supprimant les chiffres qui suivent le $n^{ième}$ et en ajoutant 1 au dernier chiffre conservé : en effet, en supprimant ces chiffres on fait une seconde erreur qui s'ajoute à la première ; mais comme leur somme est moindre que deux unités de l'ordre du $n^{ième}$ chiffre, en ajoutant 1 à ce chiffre, l'erreur qui reste est moindre qu'une unité de l'ordre de ce chiffre. Dans les deux cas, on ne connait pas le sens de l'erreur définitive.

249. *Si l'on ne connait pas le sens de l'erreur d'un nombre qui a* n *chiffres exacts, on peut, si le* $n^{ième}$ *chiffre n'est pas un zéro, réduire ce nombre à ses* n — 1 *premiers chiffres en ajoutant 1 au dernier chiffre à droite ; l'erreur qui reste est moindre qu'une unité de l'ordre de ce dernier chiffre.*

Le nombre **275,54698** ayant six chiffres exacts, je dis que l'erreur du nombre **275,55** est $<$ **0,01**. Je suppose d'abord que le nombre donné soit approché par excès : par hypothèse son erreur est $<$ **0,001**. En réduisant ce nombre à **275,54**, on ferait une seconde erreur $<$ **0,01** et $>$ **0,001** ; ce nombre **275,54** est donc approché par défaut à moins de **0,01**, et par suite **275,55** est approché par excès à moins de **0,01**. Je suppose ensuite que le nombre donné soit approché par défaut : l'erreur du nombre **275,54** est par défaut et $<$ **0,02** ; celle du nombre **275,55** est donc $<$ **0,01**.

250. *Si un nombre, dont le dernier chiffre à droite n'est pas zéro, a une erreur moindre qu'une unité de l'ordre de ce chiffre, quel que soit le sens de l'erreur, si l'on supprime ce chiffre, on a un nombre approché par défaut à moins d'une unité de son dernier chiffre.*

En effet, le nombre trouvé est affecté de deux erreurs : la première étant moindre que 0,001 par exemple, la seconde est au moins égale à 0,001 et au plus à 0,009. La seconde erreur, qui est par défaut, est donc la plus grande, et par suite l'erreur définitive est par défaut; il est d'ailleurs évident qu'elle est $< 0,01$, soit que les deux premières erreurs s'ajoutent, soit qu'elles se retranchent.

Remarque. — Ordinairement, on n'a pas à se préoccuper du sens de l'erreur du nombre cherché; mais si l'on voulait calculer un nombre à 0,01 près, par exemple, et par défaut, on le calculerait à 0,001 près sans connaître le sens de l'erreur, et on appliquerait le théorème précédent.

251. Addition abrégée. — Premier problème.

RÈGLE. *Si l'on a au plus dix nombres à ajouter, on conserve dans chaque nombre une décimale de plus qu'on n'en veut avoir au résultat; on fait la somme; on supprime le dernier chiffre à droite et l'on ajoute 1 au dernier chiffre conservé. L'erreur du nombre trouvé est moindre qu'une unité de l'ordre de son dernier chiffre à droite.*

Soit à faire, à 0,001 près, la somme des nombres incommensurables

$$\sqrt{a}, \quad \sqrt{b}, \quad \sqrt[3]{c}, \quad \sqrt[3]{d}.$$

J'extrais chaque racine à 0,0001 près par défaut; je trouve, je suppose, les nombres

$$75,3786; \quad 8,6927; \quad 17,5318; \quad 0,7254;$$

j'ajoute ces nombres :

$$
\begin{array}{r}
75,3786 \\
8,6927 \\
17,5318 \\
0,7254 \\
\hline
102,5285
\end{array}
$$

La somme demandée est 102,529. En effet, l'erreur de la somme 102,5285 est $< 0,0004$, et, tant que le nombre des termes de la somme ne dépassera pas 10, cette erreur sera $< 0,001$; en supprimant le dernier chiffre, on fait une seconde erreur moindre aussi que 0,001, et, comme ces deux erreurs s'ajoutent, l'erreur du nombre 102,528 pourrait être $> 0,001$, mais elle est toujours $< 0,002$: celle du nombre 102,529 est donc $< 0,001$, soit par excès, soit par défaut.

Remarques.— 1. Dans cet exemple, l'erreur du résultat est par excès.

2. Si l'on calculait chaque terme de la somme par excès, on n'aurait qu'à supprimer le dernier chiffre à droite.

252. Si l'on avait plus de 10 nombres à ajouter, mais moins de 100, on prendrait dans chacun de ces nombres deux décimales de plus que dans le résultat; on supprimerait les deux derniers chiffres de la somme et l'on ajouterait 1 au dernier chiffre; on le *forcerait*, comme on dit quelquefois.

Il serait facile de modifier la règle si l'on avait plus de 100 nombres à ajouter.

253. Second problème. Quel que soit le sens de l'erreur de chaque terme de la somme, on trouve évidemment une limite supérieure de l'erreur de la somme de plusieurs nombres approchés en multipliant un nombre plus grand que la plus grande erreur partielle par le nombre des termes de la somme. Si l'on trouve que l'erreur du résultat est $< \dfrac{1}{10^n}$, on pourra ne conserver que les n premiers ou les $n-1$ premiers chiffres décimaux, selon que l'on connaîtra ou qu'on ne connaîtra pas le sens de l'erreur (§§ 248 et 249).

254. Soustraction abrégée. — Premier problème.
Règle. *On conserve dans les deux termes autant de chiffres*

décimaux qu'on veut en avoir au résultat en les prenant tous les deux par défaut ou tous les deux par excès.

Si l'on prend chaque terme à 0,01 près par défaut, par exemple, ou tous les deux par excès, l'erreur du reste, différence des erreurs des deux termes, sera moindre aussi que 0,01.

255. Second problème. 1° On connaît le sens de l'erreur de chaque terme : si le sens est le même, l'erreur du reste est moindre que la plus grande des erreurs des deux termes; si le sens n'est pas le même, elle est égale à leur somme.

2° On ne connaît pas le sens des erreurs : l'erreur du reste est au plus égale à leur somme; dans tous les cas, il sera donc facile de trouver une limite supérieure de l'erreur du résultat, au moyen des limites supérieures des erreurs des deux termes.

256. Multiplication abrégée. — Premier problème.
RÈGLE D'OUGHTRED. *Pour trouver le produit de deux nombres décimaux à moins d'une certaine unité décimale, on met le chiffre des unités du multiplicateur au-dessous du chiffre du multiplicande qui exprime des unités cent fois moindres que l'unité d'approximation ; puis on écrit les autres chiffres successifs du multiplicateur, un à un, au-dessous des chiffres du multiplicande, mais dans un ordre inverse, à droite ceux qui sont à gauche et à gauche ceux qui sont à droite ; on supprime ensuite à la droite du multiplicande et à la gauche du multiplicateur tous les chiffres qui n'ont pas de correspondants. Cela fait, on multiplie le multiplicande par chaque chiffre du multiplicateur en commençant chaque multiplication partielle par le chiffre du multiplicande placé au-dessus du chiffre par lequel on multiplie. On met les produits partiels les uns au-dessous des autres en faisant correspondre leurs premiers chiffres à droite. On les additionne ; on supprime les deux derniers*

chiffres à droite de la somme, et l'on force le dernier chiffre conservé. Il ne reste plus qu'à mettre la virgule de manière à faire exprimer au résultat des unités de l'ordre de l'unité d'approximation.

Soit à multiplier $\sqrt{a}$ par $\sqrt[3]{b}$ à 0,1 près. Je suppose que $\sqrt{a}$ ait trois chiffres à la partie entière et que $\sqrt[3]{b}$ en ait deux. On calculera alors $\sqrt{a}$ avec quatre chiffres décimaux et $\sqrt[3]{b}$ avec cinq. Je suppose que l'on ait trouvé 547,3837 et 62,53478. Je dispose et j'effectue le calcul d'après la règle, comme on le voit dans le tableau suivant :

$$
\begin{array}{r}
547,38\ 37 \\
874\ 35,26 \\
\hline
32843022 \\
1094766 \\
273690 \\
16419 \\
2188 \\
378 \\
40 \\
\hline
34230503 \\
\hline
34\ 230\ 5 \\
\hline
34\ 230,6
\end{array}
$$

Le produit cherché est 34 230,6 à 0,1 près par défaut ou par excès.

Pour le démontrer, je remarque d'abord que les produits partiels expriment tous des centièmes de l'unité d'approximation, des millièmes dans cet exemple. Cela est évident pour le produit qui correspond au chiffre des unités du multiplicateur, puisqu'on a mis ce chiffre au-dessous du chiffre des millièmes du multiplicande. Or si, à partir de ce chiffre, on avance d'un certain nombre de rangs vers la droite ou vers la gauche, les unités du multiplicateur seront devenues un certain nombre de fois plus grandes ou plus petites, et celles du multiplicande seront le même nombre de fois plus petites ou plus grandes; il y aura donc compensation, et le produit exprimera encore des millièmes. Il est donc nécessaire de faire correspondre les premiers chiffres à droite. Cherchons maintenant une limite supérieure de l'erreur de chaque produit partiel. En supprimant les chiffres qui suivent le dernier chiffre 7 conservé au multiplicande, on a fait une erreur $< 0,0001$, et en négligeant de multiplier ces chiffres par le chiffre 6, qui exprime des dizaines, on a fait une erreur $< 0,0001 \times 60$ ou < 6 millièmes.

On voit de même que les erreurs des produits partiels suivants sont respectivement moindres que des nombres de millièmes exprimés par les chiffres successifs du multiplicateur. Ainsi, dans l'avant-dernier produit partiel, on a fait au multiplicande, en négligeant les chiffres qui sont à la droite du 4, une erreur moindre qu'une unité de l'ordre de ce chiffre, et, en ne multipliant pas par 7 les chiffres supprimés, on a fait une erreur moindre que le produit d'une unité de l'ordre du chiffre 4 par le chiffre correspondant 7; or, nous avons vu qu'un tel produit exprime des millièmes : l'erreur de l'avant-dernier produit est donc moindre que 7 millièmes. Il reste encore à trouver une limite supérieure de l'erreur qu'on a faite en supprimant les chiffres du multiplicateur qui suivent le 8. Les chiffres supprimés ont une valeur moindre qu'une unité de l'ordre du 8; le multiplicande est d'ailleurs moindre que six unités de l'ordre du chiffre correspondant 5 : le produit négligé est donc moindre que 6 millièmes. L'erreur de la somme des produits partiels est donc moindre qu'un nombre de millièmes exprimé par la somme des chiffres conservés au multiplicateur, plus le premier chiffre à gauche du multiplicande, augmenté de 1. En général, cette somme est moindre que 100, et dans cette hypothèse l'erreur du nombre trouvé est $<$ 100 millièmes ou 0,1. Cette erreur étant par défaut, si l'on supprime les derniers chiffres à droite 0 et 3, et si l'on force le dernier chiffre conservé, on trouve un nombre plus simple 34250,6 qui a le même degré d'approximation.

Remarque. — Si la somme que nous avons supposée $<$ 100 était plus grande, on placerait le chiffre des unités du multiplicateur sous le chiffre du multiplicande exprimant des unités mille fois moindres que l'unité d'approximation.

257. Second problème. *Calculer, avec la plus grande approximation que puisse donner la règle d'Oughtred, le produit du nombre 68,46375, approché par défaut à moins d'un cent-millième, par le nombre 475,378 approché à moins d'un millième.* On placera le multiplicateur renversé au-dessous du multiplicande en faisantcorrespondre le dernier chiffre à droite 8 du multiplicateur avec le premier chiffre à gauche 6 du multiplicande : le chiffre des unités 5 du multiplicateur sera alors placé sous un chiffre exprimant des centièmes de l'unité d'approximation. Dans cet exemple, ce chiffre exprime des centièmes ; le résultat définitif sera donc approché à moins d'une unité.

Voici le calcul :

$$
\begin{array}{r}
68,4637 \cdot 5 \\
87\ 3574 \\
\hline
2738548 \\
479241 \\
34250 \\
2052 \\
476 \\
48 \\
\hline
32\ 545,95 \\
\hline
32\ 546
\end{array}
$$

Remarque. — On ne peut pas avancer davantage vers la droite le chiffre des unités du multiplicateur dans le but d'obtenir une plus grande approximation, car le chiffre des plus hautes unités du multiplicande n'aurait pas de correspondant, et l'erreur qui résulterait de la suppression de ce chiffre serait généralement $> 0,1$ de l'unité d'approximation, au lieu d'être moindre, comme le suppose la démonstration de la règle d'Oughtred.

258. Division abrégée. — Premier problème. RÈGLE INVERSE DE LA RÈGLE D'OUGHTRED. *Pour obtenir, à une unité près d'un certain ordre, le quotient de la division d'un nombre entier ou décimal par un autre nombre entier ou décimal compris entre 1 et 10, on supprime au dividende tous les chiffres qui sont à la droite de celui qui exprime des centièmes de l'unité d'approximation : les chiffres qui restent forment le* PREMIER DIVIDENDE. *On prend sur la gauche du diviseur assez de chiffres pour que le nombre qu'ils expriment soit contenu, en faisant abstraction des virgules, au moins une fois et moins de* 10 *fois dans le premier dividende : le nombre conservé au diviseur est le* PREMIER DIVISEUR. *On divise le premier dividende par le premier diviseur et l'on trouve le chiffre des plus hautes unités du quotient; on le place au-dessous du dernier chiffre à droite du premier diviseur, et l'on fait la multiplication et la soustraction comme dans la division ordinaire : le reste trouvé est le* SECOND DIVIDENDE. *On supprime, en mettant un point au-dessus, le premier chiffre à droite du premier diviseur et l'on a le* SECOND DIVISEUR. *La division de ces deux nombres donne le second chiffre du quotient, que l'on écrit à la gauche du premier et au-dessous du dernier chiffre du second diviseur. On continue de la même manière jusqu'à la division partielle, dont le diviseur n'a que trois chiffres : cette division donne le dernier chiffre du quotient. On écrit les chiffres trouvés dans l'ordre inverse et l'on place la virgule de manière à faire exprimer,* *au dernier chiffre à droite, des unités de l'ordre de l'unité d'approximation.*

Soit à trouver le rapport de la toise au mètre à 0,001 près. Il faut diviser 10 000 000 par 5 130 740, ou bien 10 par 5,13074. Le premier dividende est 10,00000, et le premier diviseur 5,13074.

Voici le tableau du calcul :

$$
\begin{array}{r|l}
10,00000 & 5,13074 \\
4,86926 & \\
\cline{2-2}
25163 & 9491 \\
\cline{2-2}
4643 & 513074 \\
26 & 461763 \\
& 20520 \\
& 4617 \\
\end{array}
$$

Le nombre 1,949 est le rapport cherché. Pour le démontrer, je vais prouver que le quotient exact de cette division est compris entre 1,950 et 1,948. Je remarque d'abord que les produits partiels qu'on a retranchés des dividendes successifs expriment tous, comme ces dividendes, des centièmes de l'unité d'approximation. Cela est évident pour le dernier, qui a été obtenu en multipliant un certain nombre de centièmes par un chiffre qui, d'après la règle dont on veut vérifier l'exactitude, représente des unités de l'ordre de l'unité d'approximation. Il en est de même, par suite, des autres produits partiels, qui sont obtenus, comme le dernier, en multipliant le diviseur par 1,949 à 0,001 près, d'après la règle d'Oughtred. Je remarque, en second lieu, que, d'après les calculs effectués, la somme de ces produits partiels est moindre que le dividende, puisqu'on a pu retrancher de ce dividende successivement toutes ses parties, mais que le contraire aurait lieu pour le produit, effectué d'après la règle d'Oughtred, du diviseur par 1,950; il en serait donc de même, *a fortiori*, pour le produit exact de ces deux nombres, qui est plus grand que le produit approché. Le quotient exact est donc moindre que 1,950. Il reste à prouver qu'il est > 1,948. Pour cela, je remarque qu'en diminuant le nombre 1,949 de 0,001 le produit du diviseur par ce nombre diminue d'un millième du diviseur, c'est-à-dire d'un nombre > 0,001, le diviseur étant > 1. Or, en diminuant ce produit d'un nombre moindre qu'un millième par l'application de la règle d'Oughtred, on a trouvé un nombre moindre que le dividende; le produit exact du diviseur par 1,948 est donc, *a fortiori*, moindre que le dividende.

Remarques. — 1. Si l'un des nombres n'avait pas assez de chiffres, on mettrait des zéros à sa droite.

2. On fait ordinairement les multiplications et les soustractions en même temps.

3. Lorsque l'un des dividendes successifs contient dix fois le diviseur correspondant, on met 10 au quotient comme si ce nombre n'avait qu'un seul chiffre; les chiffres suivants du quotient sont des zéros.

En voici un exemple :

Diviser 48 517,63 235 par 7,825 438, à une unité près.

48 517,63·235	7,82 543·8
4 565 05	0 (10) 46
782 51	
000 04	4 695 258
	78 254
	78 250

Le quotient est 6 200 à une unité près.
Même démonstration.

259. Second problème. *Trouver, en appliquant la règle précédente, le quotient de 738,46327 par 3,28364 avec la plus grande approximation possible, chacun de ces nombres* *ayant une erreur par défaut moindre qu'une unité de l'ordre de son dernier chiffre.*

On ne peut conserver que les six premiers chiffres du dividende; le sixième chiffre exprimant des millièmes, le quotient sera approché à 0,1 près.

Remarque. — Cette solution du problème n'est applicable que si le diviseur a au moins trois chiffres exacts. Elle a d'ailleurs l'inconvénient plus grave de ne pas faire connaître le quotient avec toute l'approximation possible.

260. Racine carrée abrégée. — Règle abrégée pour extraire la racine carrée d'un nombre entier ou décimal, lorsque cette racine doit avoir cinq chiffres au moins.

Nous supposerons que le nombre donné est entier, et que l'on veut calculer la racine de ce nombre à une unité près. Les autres cas se ramènent à celui-là.

Règle. *Quand on a calculé plus de la moitié des chiffres de la racine d'un nombre entier, on trouve les chiffres suivants en divisant par le double de la racine trouvée, prise dans sa valeur relative, le reste de la dernière opération suivi de tous les chiffres du nombre proposé qui n'ont pas été employés.*

Soient n le nombre proposé, a la première partie de la racine prise dans sa valeur relative, c'est-à-dire composée des chiffres calculés et d'autant de zéros à la suite qu'il reste de chiffres à calculer, et x la partie complémentaire. On se propose de calculer x, si ce nombre est entier, ou la partie entière de x par défaut ou par excès, dans le cas contraire.

On a

$$n = (a + x)^2 = a^2 + 2ax + x^2;$$

par suite,

$$x = \frac{n - a^2}{2a} - \frac{x^2}{2a}.$$

J'effectue la division de $n - a^2$ par $2a$: si q et r sont le quotient entier et le reste de cette division, on a

$$\frac{n - a^2}{2a} = q + \frac{r}{2a},$$

et, par suite,

$$x = q + \frac{r}{2a} - \frac{x^2}{2a}.$$

Or la fraction $\dfrac{r}{2a}$ est < 1, puisque le reste r est $<$ le diviseur $2a$; il en est de même de $\dfrac{x^2}{2a}$, car le nombre $2a$ a au moins autant de chiffres que la partie entière de la racine, tandis que x^2 en a, à sa partie entière, au plus deux fois autant que la partie entière de x, et par suite moins que $2a$. La différence des deux nombres $\dfrac{r}{2a}$, $\dfrac{x^2}{2a}$, est donc moindre que 1 ; et en prenant q pour valeur de x on fait une erreur < 1.

Remarques. — 1. On a
$$n - a^2 = 2aq + r,$$

et, par suite,

$$n = a^2 + 2aq + r ;$$

d'ailleurs,

$$(a + q)^2 = a^2 + 2aq + q^2 ;$$

par conséquent, 1° si $q^2 = r$, $a + q$ est la racine exacte de a ; 2° si $q^2 < r$, $a + q$ est la racine de a approchée par défaut à moins d'une unité ; et 3° si $q^2 > r$, $a + q$ est la racine par excès.

2. Si $q^2 < r$, la racine approchée par défaut est $a + q$; le reste, que l'on aurait trouvé par la méthode ordinaire, est $n - (a + q)^2 = r - q^2$. Si $q^2 > r$, la racine par défaut est $a + q - 1$, et le reste est $n - (a + q - 1)^2 = 2a + r - (q - 1)^2$.

3. Si la racine devait avoir un grand nombre de chiffres, on en calculerait trois par la règle ordinaire, puis les deux suivants par défaut par une division, puis les quatre suivants par une seconde division, et ainsi de suite.

Exemple : Calculer $\sqrt{2}$ avec neuf décimales exactes.

On trouve d'abord 141 par la méthode ordinaire ; en divisant le reste 119, suivi de quatre zéros, par 28200, double de 141 suivi de deux zéros, on trouve 42 et 5600 pour reste. Comme le carré 1764 de 42 est $<$ 5600, les cinq premiers chiffres de la racine sont 14142 par défaut, et le reste est 5600 — 1764 = 3836. On met huit zéros à la suite et l'on divise par 282840000, double de 14142, suivi de quatre zéros. On trouve 1356 par défaut, car le carré de 1356 est moindre que le reste 68960000. La racine de 2, avec neuf chiffres exacts par défaut, est donc 1,414421356.

Chapitre II. — Méthode des erreurs relatives.

261. *L'erreur relative d'un nombre approché est le quotient que l'on trouve en divisant l'erreur absolue par le nombre exact ; c'est, en d'autres termes, l'erreur faite sur chaque unité du nombre exact.*

Le quotient d'une division étant composé avec l'unité de la même manière que le dividende est composé avec le diviseur, on peut dire encore que *l'erreur relative d'un nombre approché est une fraction qui exprime de quelle partie de sa valeur le nombre exact a été altéré.*

Exemple : Si dans le nombre 7,38 on supprime le chiffre 8, on fait une erreur absolue égale à 0,08 et une erreur relative égale à

$$\frac{0,08}{7,38} = \frac{8}{738}.$$

le nombre 7,38 a été diminué de ses $\dfrac{8}{738}$. Cette fraction exprime aussi l'erreur faite sur une unité du nombre exact. En effet, sur 738 centièmes, on a fait une erreur égale à 0,08 ; sur un centième l'erreur est de $\dfrac{0,08}{738}$ et sur 100 centièmes, elle est de

$$\frac{0,08 \times 100}{738} = \frac{8}{738}.$$

L'erreur relative est, bien mieux que l'erreur absolue, la mesure de l'erreur faite sur le nombre exact. Pour comparer les erreurs faites sur des nombres différents, on compare généralement les erreurs faites sur des parties égales de ces nombres, par exemple sur une unité, c'est-à-dire les erreurs relatives.

262. Quand on déplace la |virgule dans un nombre décimal approché, l'erreur absolue est multipliée ou divisée par une puissance de 10 ; mais l'erreur relative reste la même, car, par ce déplacement de la virgule, le nombre exact est multiplié ou divisé par la même puissance de 10.

263. L'erreur absolue et l'erreur relative ne sont presque jamais connues exactement ; mais, pour résoudre les questions d'approximation, il suffit de connaître des limites supérieures de ces erreurs.

Pour trouver une limite supérieure de l'erreur relative, il suffit de diviser un nombre plus grand que l'erreur absolue par un nombre moindre que le nombre exact ; et, inversement, pour trouver une limite supérieure de l'erreur absolue, il suffit de multiplier un nombre plus grand que le nombre exact par une fraction plus grande que l'erreur relative.

Les deux théorèmes suivants permettent de passer, sans calcul, de l'une de ces limites à l'autre.

264. *L'erreur relative d'un nombre décimal ayant n chiffres exacts est moindre qu'une unité décimale du* $(n-1)^{ième}$ *ordre, c'est-à-dire* $< \dfrac{1}{10^{n-1}}$.

Soit un nombre approché 7,643285 compris entre 1 et 10, ayant cinq chiffres exacts; son erreur absolue est $< \dfrac{1}{10^4}$, et il en est de même de l'erreur relative, puisque le nombre exact est > 1.

Soit un nombre quelconque 764,3285 ayant aussi cinq chiffres exacts. L'erreur relative de ce nombre est la même que celle du nombre 7,643285. Le théorème est donc toujours exact.

Remarques. — 1. La démonstration directe sur ce second exemple se ferait à peu près comme pour le premier : l'erreur absolue est moindre que $\dfrac{1}{10^2}$; le nombre exact est > 100; l'erreur relative est donc moindre que $\dfrac{1}{10^2} : 100$, ou $< \dfrac{1}{10^4}$.

2. Au lieu de diviser l'erreur absolue par 1 dans le premier exemple, et par 100 dans le second, on peut la diviser par 7 dans le premier, et par 700 dans le second; on trouve alors que l'erreur relative est $< \dfrac{1}{7 \times 10^4}$, c'est-à-dire moindre qu'une unité de l'ordre $(n-1)$, divisée par le premier chiffre à gauche du nombre.

265. *Si l'erreur relative d'un nombre approché est moindre qu'une unité décimale du* $n^{ième}$ *ordre, ce nombre a au moins n chiffres exacts.*

Soit d'abord un nombre approché 7,643285 n'ayant qu'un chiffre à la partie entière; si son erreur relative est $< \dfrac{1}{10^4}$, ce nombre a au moins quatre chiffres exacts. Le

12.

nombre étant < 10, l'erreur absolue est $< \dfrac{1}{10^4} \times 10$

ou $< \dfrac{1}{10^3}$, c'est-à-dire moindre qu'une unité de l'ordre du quatrième chiffre à partir de la gauche. Le nombre a donc quatre chiffres exacts. Si la virgule était placée à la droite du second chiffre, au lieu de multiplier l'erreur relative par 10, on devrait la multiplier par 100, et l'on aurait une décimale exacte de moins; mais comme il y a un chiffre de plus à la partie entière, il y aurait encore quatre chiffres exacts. Si la virgule était placée à la gauche du premier chiffre significatif, on devrait multiplier par 1;

l'erreur absolue serait $< \dfrac{1}{10^4}$ et l'on aurait encore quatre chiffres exacts.

On pourra compléter la démonstration en faisant voir que si le théorème est vrai pour une certaine place de la virgule, il est encore vrai quand on l'avance d'un rang vers la droite ou vers la gauche.

Remarque. — Si l'erreur relative était moindre que $\dfrac{1}{K \times 10^n}$, K étant un nombre entier plus grand que le premier chiffre à gauche du nombre ou un nombre quelconque plus grand que le nombre obtenu, en mettant la virgule, dans le nombre exact ou dans le nombre approché par excès, à la droite du premier chiffre significatif à gauche, ce nombre aurait au moins $n+1$ chiffres exacts.

Même démonstration en prenant pour multiplicateur K, si le nombre n'a qu'un chiffre à la partie entière; $K \times 10$, si elle en a deux, et ainsi de suite.

266. Les solutions des deux problèmes sur les approximations données dans le chapitre précédent, pour l'addition et la soustraction, sont aussi simples que possible. Nous allons donner les théorèmes nécessaires pour résoudre ces deux problèmes pour les autres opérations au moyen des erreurs relatives. Nous désignerons un nombre exact par une lettre a, par exemple; le nombre approché, par $a + a\alpha$ ou par $a - a\alpha$, $a\alpha$ étant l'erreur absolue, et α l'erreur relative de ce nombre approché.

267. Multiplication. — *Si un seul facteur est approché, l'erreur relative du produit est égale à celle de ce facteur.*

Soit

$$(a \pm a\alpha)\, b = ab \pm ab\alpha$$

le produit approché; son erreur absolue est $ab\alpha$, et son erreur relative α.

Remarques. — 1. Le double signe $\pm$ signifie *plus ou moins*.

2. Sans employer des lettres, on peut dire : En augmentant le multiplicande de sa quinzième partie, par exemple, on le multiplie par $\dfrac{16}{15}$; le produit est donc multiplié aussi par $\dfrac{16}{15}$ et par suite augmenté de sa quinzième partie.

On peut d'une manière analogue démontrer les théorèmes suivants pour la multiplication et la division; mais les démonstrations avec les lettres sont généralement plus simples.

268. *Si les deux facteurs d'un produit sont approchés par défaut, l'erreur relative du produit est moindre que la somme des erreurs relatives des facteurs.*

Soit

$$(a - a\alpha)\,(b - b\beta) = ab - ab\alpha - ab\beta + ab\alpha\beta$$

le produit approché; son erreur absolue est

$$ab\alpha + ab\beta - ab\alpha\beta,$$

et, par suite, son erreur relative est

$$\alpha + \beta - \alpha\beta < \alpha + \beta.$$

269. *Si les deux facteurs d'un produit sont approchés par excès, l'erreur relative du produit est plus grande que la somme des erreurs relatives des facteurs.*

Soit

$$(a + a\alpha)\,(b + b\beta) = ab + ab\alpha + ab\beta + ab\alpha\beta$$

le produit approché; son erreur absolue est

$$ab\alpha + ab\beta + ab\alpha\beta,$$

et son erreur relative est

$$\alpha + \beta + \alpha\beta > a + \beta.$$

270. Les deux théorèmes précédents sont vrais pour le produit d'un nombre quelconque de facteurs approchés. On peut le démontrer en faisant voir que, s'ils sont vrais pour un produit $A.B...H = P$ de n facteurs, ils le sont aussi pour un produit $A.B...H.K = P.K = P'$ de $n+1$ facteurs. Supposons que tous ces facteurs soient approchés par excès; alors on a : erreur relative de $P' >$ erreur relative de $P +$ erreur relative de K ; or, par hypothèse, erreur relative de $P >$ erreur relative de $A +$ erreur relative de $B + ... +$ erreur relative de H ; on a donc *a fortiori* : erreur relative de $P' >$ erreur relative de $A +$ erreur relative de $B + ... +$ erreur relative de $H +$ erreur relative de K.

271. Premier problème. *Calculer un produit avec une approximation donnée, en prenant dans chaque facteur aussi peu de chiffres que possible.*

RÈGLE. *Déterminer d'abord le nombre des chiffres exacts que doit avoir le produit; en conclure, en appliquant les théorèmes sur les erreurs relatives, une limite supérieure de l'erreur relative du produit, et, par suite, une limite supérieure de l'erreur relative de chaque facteur; et, de*

*cette limite, déduire enfin avec combien de chiffres exacts
on doit prendre chaque facteur.*

Soit à calculer à 0,1 près le produit

$$\sqrt{a} \times \sqrt[3]{b},$$

a et *b* étant des nombres exacts, dont les racines sont incommensurables. Je calcule les parties entières de ces racines. Je suppose que l'on tronve 547 et 62. Le produit est compris entre 547×62 et 548×63, et il a par conséquent cinq chiffres à la partie entière. Il s'agit donc de le calculer avec six chiffres exacts. Il suffit pour cela que son erreur relative soit $< \dfrac{1}{10^6}$, et, par suite, que l'erreur relative de chaque facteur, pris par défaut, soit $< \dfrac{1}{2 \times 10^6}$; il suffira donc de prendre chaque facteur avec sept chiffres exacts. Je suppose que l'on trouve 547,3827 pour $\sqrt{a}$, et 62,53478 pour $\sqrt[3]{b}$. J'effectue la multiplication de ces deux nombres par la règle ordinaire, et je trouve le produit 34 230,456720306 ; l'erreur de ce produit est par défaut et $< 0,1$; il en est donc de même de 34 230,5, soit par défaut, soit par excès (§ 248).

Remarques. — 1. Au lieu de demander le produit à 0,1 près, on le demande quelquefois avec *n* chiffres exacts ou avec une erreur relative $< \dfrac{1}{10^n}$. La marche à suivre est la même.

2. S'il y avait plus de deux facteurs, on prendrait chaque facteur avec un nombre de chiffres exacts tel que la somme des erreurs relatives de tous les facteurs qu'on suppose approchés par défaut fût moindre que la limite supérieure trouvée pour l'erreur relative du produit.

272. Second problème. *Avec quelle approximation peut-on calculer le produit* $5,47 \times 24,6 \times 748,3$, *chaque* *facteur étant approché par défaut à moins d'une unité décimale de l'ordre de son dernier chiffre?*

L'erreur relative du premier facteur est $< \dfrac{1}{5 \times 10^2}$; celle du second est $< \dfrac{1}{2 \times 10^2}$, et celle du troisième $< \dfrac{1}{7 \times 10^3}$; la somme de ces nombres est $< \dfrac{1}{10^2}$; l'erreur relative du produit est donc $< \dfrac{1}{10^2}$ et ce produit a au moins deux chiffres exacts. Le produit effectué étant 100 692,7446, on peut le remplacer, avec le même degré d'approximation, par 110 000; ce nombre est approché à 10 000 unités près.

Remarque. — La somme

$$\frac{1}{5 \times 10^2} + \frac{1}{2 \times 10^2} + \frac{1}{7 \times 10^3} = \frac{1}{\frac{7}{5} 10^2};$$

on peut donc compter sur trois chiffres exacts (§ 264, *Rem.*) et prendre pour produit 101 000; ce produit est approché à 1 000 unités près.

273. Division. — *Si le dividende est seul altéré, l'erreur relative du quotient est égale à celle du dividende et de même sens.*

En effet,

$$\frac{a + a\alpha}{b} - \frac{a}{b} = \frac{a}{b}\alpha;$$

de même

$$\frac{a}{b} - \frac{a - a\alpha}{b} = \frac{a}{b}\alpha.$$

274. *Si le diviseur est seul altéré, l'erreur relative du quotient est de sens contraire à celle du diviseur, et elle* *est moindre ou plus grande, suivant que le diviseur est approché par excès ou par défaut.*

1° Le diviseur est approché par excès :

$$\frac{a}{b} - \frac{a}{b+b\beta} = \frac{a\beta}{b+b\beta},$$

quantité qui, divisée par $\dfrac{a}{b}$, donne un quotient

$$\frac{\beta}{1+\beta} < \beta.$$

2° Le diviseur est approché par défaut :

$$\frac{a}{b-b\beta} - \frac{a}{b} = \frac{a\beta}{b-b\beta};$$

en divisant cette erreur absolue par $\dfrac{a}{b}$, on trouve

$$\frac{\beta}{1-\beta} > \beta.$$

275. *Si le dividende est approché par défaut, et le diviseur par excès, le quotient est approché par défaut, et son erreur relative est moindre que la somme des erreurs relatives du dividende et du diviseur.*

L'erreur absolue est

$$\frac{a}{b} - \frac{a-a\alpha}{b+b\beta} = \frac{ab\beta+ab\alpha}{b(b+b\beta)} = \frac{a(\alpha+\beta)}{b(1+\beta)};$$

en divisant par le nombre exact $\dfrac{a}{b}$, on a

$$\frac{\alpha+\beta}{1+\beta} < \alpha+\beta.$$

Remarque. — Les trois cas qui précèdent sont les seuls utiles pour les applications. On traiterait les autres de la même manière.

276. Premier problème. La règle à suivre est analogue à celle que nous avons donnée pour la multiplication :

Déterminer d'abord le nombre de chiffres exacts que doit avoir le quotient ; en déduire une limite supérieure de son erreur relative ; prendre le dividende par défaut et le diviseur par excès, avec assez de chiffres exacts pour que la somme de leurs erreurs relatives soit moindre que celle qui doit affecter le quotient.

Exemple : Calculer $\dfrac{\sqrt[3]{a}}{\sqrt{b}}$ à 0,01 près, a et b étant des nombres exacts dont les racines sont incommensurables. Je suppose que le nombre $\sqrt[3]{a}$ soit compris entre 500 et 600, et que le nombre $\sqrt{b}$ soit compris entre 20 et 30 ; j'en conclus que la partie entière du quotient doit avoir deux chiffres, et que, par suite, on veut avoir le quotient avec quatre chiffres exacts. Il suffira donc de le calculer avec une erreur relative $< \dfrac{1}{10^4}$; on y arrivera en prenant le dividende par défaut et le diviseur par excès, chacun avec une erreur relative $< \dfrac{1}{2\times 10^4}$; comme le premier chiffre de chaque nombre est > 1, il suffira de calculer les cinq premiers chiffres de chaque racine. Je suppose que l'on ait trouvé 547,52 pour le dividende, pris par défaut, et 23,548 pour le diviseur, pris par excès. Je fais la division en la terminant au chiffre des centièmes, que je force à cause des chiffres supprimés à la suite : je trouve 23,25.

277. Second problème. *Calculer, avec toute l'approximation possible, le quotient de 758,46327 par 3,28364, ces deux nombres étant approchés, chacun par défaut, à moins de 0,00001.*

En prenant le diviseur par excès 3,28365, l'erreur relative du quotient est $< \dfrac{1}{7\times 10^7} + \dfrac{1}{3\times 10^5} < \dfrac{1}{10^5}$. Le quotient a donc au moins cinq chiffres exacts ; comme il a trois chiffres à la partie entière, il sera calculé à moins de 0,01. Je fais la division jusqu'au chiffre des centièmes ; je force ce dernier chiffre, et je trouve 224,90 à 0,01 près par défaut ou par excès.

Remarque. — En effectuant la somme

$$\frac{1}{7 \times 10^7} + \frac{1}{3 \times 10^5}$$

on trouve

$$\frac{1}{\dfrac{2\,100}{703} \times 10^5}.$$

Comme

$$\frac{2\,100}{703} \text{ est } > 2,2491,$$

on peut compter au quotient sur six chiffres exacts. On trouve 224 892 à 0,001 près par excès ou par défaut. Par la division abrégée, on n'a pu trouver ce quotient qu'à 0,1 près.

278. Carré et racine carrée. — 1° *L'erreur relative du carré d'un nombre approché par défaut est moindre que le double de l'erreur relative de ce nombre.* 2° *L'erreur relative du carré d'un nombre approché par excès est plus grande que le double de l'erreur relative de ce nombre.*

Ces principes sont des conséquences des principes analogues pour la multiplication.

279. *L'erreur relative de la racine d'un nombre A approché par excès est moindre que la moitié de celle de ce nombre.*

En effet

$$A = \sqrt{A} \times \sqrt{A} ;$$

le nombre $\sqrt{A}$ étant, comme A, approché par excès, on a : erreur relative de A $>$ 2 fois erreur relative de $\sqrt{A}$:

donc l'erreur relative de $\sqrt{\mathrm{A}}$ est $< \dfrac{1}{2}$ de l'erreur relative de A.

Autre démonstration. Il s'agit de voir que l'on a

$$\frac{\sqrt{a+a\alpha}-\sqrt{a}}{\sqrt{a}} < \frac{\alpha}{2},$$

ou

$$\sqrt{1+\alpha}-1 < \frac{\alpha}{2},$$

ou

$$\sqrt{1+\alpha} < 1+\frac{\alpha}{2},$$

ou enfin

$$1+\alpha < 1+\alpha+\frac{\alpha^2}{4}.$$

280. *L'erreur relative de la racine d'un nombre approché par défaut est moindre que celle du nombre.*

Vérifier que

$$\frac{\sqrt{a}-\sqrt{a-a\alpha}}{\sqrt{a}} < \alpha,$$

ou

$$1-\sqrt{1-\alpha} < \alpha,$$

ou

$$1-\alpha < \sqrt{1-\alpha},$$

ce qui est évident.

281. Premier problème. *Extraire la racine carrée de* $\sqrt{\mathrm{A}}$ *à* 0,01 *près, en calculant* $\sqrt{\mathrm{A}}$ *avec aussi peu de chiffres que possible.*

Le nombre demandé a, je suppose, un chiffre à la partie entière; il doit donc avoir trois chiffres exacts; il suffit pour cela que son erreur relative soit $< \dfrac{1}{10^3}$. Or l'erreur relative de la racine est moindre que celle du nombre; il suffit donc de calculer $\sqrt{A}$ avec une erreur relative $< \dfrac{1}{10^3}$, c'est-à-dire avec quatre chiffres exacts. Je suppose que l'on trouve $67,39$ par excès. J'extrais la racine de ce nombre jusqu'au chiffre des centièmes : je trouve $8,20$; c'est le nombre demandé. En effet, la racine complète de $67,39$ aurait une erreur par excès $< 0,01$; or, en supprimant les chiffres à la suite du chiffre des centièmes, on fait une seconde erreur par défaut moindre aussi que $0,01$.

Remarque. — Si l'on prenait $\sqrt{A}$ avec n chiffres exacts par excès, l'erreur relative de la racine de ce nombre serait $< \dfrac{1}{2 \times 6 \times 10^{n-1}}$, et par suite $< \dfrac{1}{10^n}$, et cette racine aurait n chiffres exacts : n devant être égal à 3, on voit qu'il suffit de calculer $\sqrt{A}$ avec trois chiffres exacts par excès, et de calculer les trois premiers chiffres de la racine de ce nombre $67,4$. On trouve $8,20$.

282. Second problème. *Un nombre donné a n chiffres exacts; avec combien de chiffres exacts peut-on calculer sa racine?*

Si a est le premier chiffre à gauche du nombre donné, et si ce nombre est approché par excès, son erreur relative est $< \dfrac{1}{a \cdot 10^{n-1}}$, et celle de la racine sera $< \dfrac{1}{2a \cdot 10^{n-1}}$; la racine aura donc n chiffres exacts au moins si $2a$ est plus grand que le premier chiffre à gauche de la racine; et $n-1$ chiffres exacts au moins dans le cas contraire.

Si l'on ne connaissait pas le sens de l'erreur, on aurait a à la place de $2a$, et la racine aurait au moins n ou $n-1$ chiffres exacts, suivant que a serait $>$ ou $<$ le premier chiffre de la racine.

Remarque. — Quand la racine est par défaut, on doit forcer le dernier chiffre à cause des chiffres supprimés à la suite.

283. Cube et racine cubique. — *L'erreur relative du cube d'un nombre approché est moindre ou plus grande que le triple de l'erreur relative de ce nombre, suivant qu'il est approché par défaut ou par excès.*

284. *L'erreur relative de la racine cubique d'un nombre approché par excès est moindre que le tiers de l'erreur relative de ce nombre.*

Démonstrations analogues à celle du § 279.

285. *L'erreur relative de la racine cubique d'un nombre approché par défaut est moindre que celle du nombre.*

Démonstration analogue à celle du § 280.

Remarque. — Des théorèmes analogues aux précédents existent pour une puissance et une racine quelconques et se démontrent de la même manière.

286. Premier problème. *Combien faut-il prendre de chiffres exacts dans un nombre entier ou décimal, pour que la racine cubique ait n chiffres exacts?*

Soit m le nombre de chiffres cherché; l'erreur relative du nombre approché est alors $< \dfrac{1}{a \cdot 10^{m-1}}$, a étant son premier chiffre à gauche; ce nombre étant pris par excès, l'erreur relative de sa racine sera $< \dfrac{1}{3a \cdot 10^{m-1}}$. Soit b le premier chiffre de la racine : si $3a$ est $> b$, la racine aura au moins m chiffres exacts; dans le cas contraire, elle en aura au moins $m - 1$. Donc il suffira de prendre dans le nombre donné autant de chiffres exacts que l'on veut en avoir à la racine, si le premier chiffre de la racine est moindre que le triple du premier chiffre à gauche du nombre; et un de plus dans le cas contraire.

287. Second problème. On voit, de la même manière que dans le paragraphe précédent, que si le nombre est approché par excès, on peut compter à la racine sur autant de chiffres exacts que dans le nombre, ou sur un de moins, suivant que le premier chiffre à gauche de la racine est $<$ ou $>$ le triple du premier chiffre à gauche du nombre. Si l'on ne connaît pas le sens de l'erreur, on arrive à une conclusion analogue en comparant le premier chiffre de la racine au premier chiffre du nombre.

Remarque. — Il faut toujours tenir compte des chiffres supprimés à la suite des chiffres calculés.

EXERCICES SUR LES APPROXIMATIONS.

288. 1. Calculer la somme $\sqrt{15} + \sqrt{2} + \sqrt{0,3} + \sqrt{\dfrac{5}{6}}$ à 0,01 près.

2. Calculer la différence $\sqrt{15} - \sqrt{2}$ à 0,01 près.

3. Calculer $x = \sqrt{15} - \sqrt[3]{7} + \sqrt{2} - \sqrt[3]{0,4} + \sqrt{0,3}$ à 0,01 près.

4. Calculer le produit $(\sqrt{3} + 2)(\sqrt{15} - 1)(\sqrt{8} + 1)$ avec 3 chiffres exacts. — Réponse : 81,6.

5. Calculer le produit $7\,850,34 \times 3,4567$, dont chaque facteur est approché par défaut à moins d'une unité de l'ordre de son dernier chiffre, et ne conserver que les chiffres exacts. — Réponse : 27 140, à une dizaine près.

6. Le rayon d'une circonférence égale à 3 est égal à $\dfrac{3}{2\pi}$; calculer ce rayon à 0,001 près. On sait que $\pi = 3,1415926\ldots$ — Réponse : 0,478.

7. Calculer avec 3 chiffres exacts le rayon $\dfrac{\sqrt{3}}{2\pi}$ d'une circonférence égale à $\sqrt{3}$. — Réponse : 0,276.

8. Calculer $\sqrt{215 + \dfrac{4}{7}}$ à 0,01 près, en calculant $\dfrac{4}{7}$ avec aussi peu de décimales que possible. — Réponse : 14,68 ; la première décimale de $\dfrac{4}{7}$ suffit.

9. Calculer $\sqrt[3]{\dfrac{3}{7}}$ à 0,001 près, en calculant $\dfrac{3}{7}$ avec aussi peu de décimales que possible. — Réponse : 0,753 ; 4 décimales.

10. Le nombre 23 456 a une erreur < 1 : avec combien de chiffres exacts peut-on calculer sa racine ? — Réponse : 5 chiffres : 153,16 à 0,01 près.

Remarque. — L'erreur absolue de la racine est

$$< \sqrt{23457} - \sqrt{23455} < \frac{2}{2\sqrt{23455}} < 0,01.$$

11. Calculer $\sqrt{10 + 2\sqrt{5}}$ avec 3 chiffres exacts, en calculant $2\sqrt{5}$ avec aussi peu de chiffres que possible. — Réponse : Il suffit de calculer $2\sqrt{5}$ avec 4 chiffres ; l'expression $= 3,84$ à 0,01 près.

12. Calculer $\sqrt{\pi}$ à 0,01 près. — Réponse : 1,78.

13. L'aire d'un cercle étant égale à 645 décimètres carrés, son rayon en décimètres est exprimé par $\sqrt{\dfrac{645}{\pi}}$: si le nombre 645 est connu à une unité près, avec quelle approximation peut-on calculer le rayon ? — Réponse : A 0,1 de décim. ; R $= 14$ décim.,4.

Remarque. — L'erreur est

$$< \frac{\sqrt{646} - \sqrt{644}}{\sqrt{\pi}} < \frac{2}{2\sqrt{644}\cdot\sqrt{\pi}} < \frac{1}{10}.$$

14. Calculer $\sqrt[4]{7}$ ou $\sqrt{\sqrt{7}}$ à 0,001 près, en calculant la première racine avec aussi peu de chiffres que possible. — Réponse : Il suffira de calculer $\sqrt{7}$ avec 4 chiffres exacts par excès.

15. Le nombre a ayant n chiffres exacts, avec combien de chiffres exacts peut-on calculer $\sqrt{\sqrt[3]{a}}$? — Réponse : Avec $n - 2$ chiffres exacts au moins.

Remarque. — En tenant compte du premier chiffre à gauche de chaque nombre dans l'expression de l'erreur relative, on trouve quelquefois n chiffres exacts au résultat.

16. Le nombre $23,7368427$ a 6 chiffres exacts par défaut : avec combien de chiffres exacts peut-on calculer $\sqrt{\sqrt[3]{23,7368427}}$? — Réponse : Avec 6 chiffres exacts.

17. La longueur de l'arc de $10''$, dans le cercle dont le rayon est égal à 1, est exprimée par $\dfrac{\pi}{64\,800}$: calculer cette longueur avec une erreur $< \dfrac{1}{10^{13}}$, 1° par la règle d'Oughtred, 2° par la division abrégée ; 3° par la méthode des erreurs relatives ; 4° en ne considérant que l'erreur absolue. — Réponse : $0,0000484813681$.

18. Le nombre arc $10''$ étant connu avec une erreur $< \dfrac{1}{10^{13}}$, avec combien de chiffres exacts peut-on calculer le nombre $\sqrt{1 - (\text{arc } 10'')^2}$? — Réponse : Avec 17 chiffres exacts au moins.

19. Calculer, à un millimètre près, le côté d'un carré dont la surface est de 8 décimètres carrés 21 centimètres carrés 44 millimètres carrés. — Réponse : 286 millimètres par défaut.

Remarque. — On trouve la surface d'un carré en élevant au carré le nombre qui exprime la longueur du côté.

20. La base d'un rectangle est de 34 mètres, et sa hauteur de $12^{m},7$; calculer, à un centim. près, le côté du carré équivalent. — Réponse : $20^{m},77$ par défaut.

Remarque. — La surface d'un rectangle s'obtient en multipliant la base par la hauteur.

21. La superficie d'un terrain est de 2 hectares, 3 ares et 8 centiares : calculer, à un décim. près, le côté du carré équivalent. — Réponse : 142 mèt. 5.

22. Calculer, à un centim. près, le côté du carré équivalent à un cercle dont le rayon a 1 mèt. — Réponse : 1 mèt. 78.

Remarque. — La surface du cercle dont le rayon est R est exprimée par la formule πR^2.

23. La capacité d'un cylindre est de 1 hectol. ; sa hauteur est de 1 mèt. : calculer le rayon de la base en prenant $\pi = 3,15$,

et dire sur combien de chiffres on pourra compter. — Réponse :
0^m,17 à 0,04 près.

Remarque. — Le volume d'un cylindre dont le rayon est R, et la
hauteur H, est exprimé par la formule $\pi R^2 H$.

24. Calculer, à un millimètre près, le rayon de la base du
litre dont on se sert pour mesurer les grains. — Réponse :
54 millim.

Remarque. — Calculer, à une unité près, la valeur de l'expression

$$\sqrt[3]{\frac{500000}{\pi}}.$$

Il suffit de prendre π avec 4 chiffres exacts par excès, c'est-à-dire
$\pi = 3,142$.

25. Calculer, à un millimètre près, le rayon de la base du
litre dont on se sert pour mesurer les liquides. — Réponse :
44 millim.

(Paris, diplôme d'études.)

26. Calculer, à moins d'un kilomètre, le rayon de la Terre,
supposée sphérique, sachant que le plus grand nombre de millions de kilom. cubes contenus dans son volume est 1 082 841.
— Réponse : 6 371 kilom.

Remarque. — Calculer, à une unité près, le nombre

$$\sqrt[3]{\frac{3 \times 1082841000000}{4\pi}}.$$

Il suffit de prendre $\pi = 3,1416$.

27. L'arc d'une circonférence égal au rayon contient un
nombre de secondes exprimé par $\dfrac{180 \times 3\,600}{\pi}$; quel est ce
nombre, à une unité près ? — Réponse : 206 265.

———•••———

LIVRE VIII.

Chapitre Iᵉʳ. — Rapports et proportions. — Proportionnalité des grandeurs. — Règle de trois.

289. Rapports et proportions. — Multiplier une grandeur par un nombre, c'est faire sur cette grandeur les opérations qu'il faudrait faire sur l'unité pour obtenir ce nombre. Si le nombre est entier, ces opérations consistent à ajouter un certain nombre de grandeurs égales à la grandeur multipliée, et s'il est fractionnaire, à ajouter un certain nombre de parties aliquotes égales de cette grandeur : ainsi, multiplier une longueur par $\frac{5}{7}$, c'est en prendre cinq fois la septième partie.

290. Le rapport d'une première grandeur à une seconde grandeur de la même espèce est le nombre par lequel il faut multiplier la seconde pour composer la première.

Si un poids A est les $\frac{3}{8}$ d'un poids B, le rapport de A à B est $\frac{3}{8}$. Si le poids B était de 40 kilogr., A serait de $40^k \times \frac{3}{8} = 15$ kilogr. Si B était égal à 1 kilogr., A serait de $\frac{3}{8}$ de kilogr. Le rapport de deux grandeurs est donc la valeur que prend la première quand la seconde est égale à 1 ; c'est pour cette raison que le rapport de deux grandeurs est aussi appelé la mesure de la première grandeur, lorsque la seconde est prise pour unité de mesure.

13.

Quand on a à à calculer le rapport de deux grandeurs qui sont liées l'une à l'autre d'une manière déterminée, on donne ordinairement à la seconde la valeur 1, et l'on calcule la valeur correspondante de la première : cette valeur est le rapport cherché.

291. *Exemple :* Dans quel rapport faut-il allier de l'argent à $0^f,2$ le gramme avec de l'or à $3^f,1$ le gramme pour que le nombre qui représente la valeur de l'alliage en francs soit égal au nombre qui exprime le poids de cet alliage en grammes ?

Je prends 1 gramme d'or : la valeur et le poids sont représentés par les nombres $3,1$ et 1, dont la différence en faveur de la valeur est $2,1$. Il faudrait donc ajouter à ce gramme d'or un poids d'argent tel, que la différence analogue, mais en faveur du poids, fût aussi égale à $2,1$. Or, si l'on met 1 gramme d'argent, la valeur et le poids sont représentés par les nombres $0,2$ et 1 dont la différence est $0,8$ en faveur du poids. Ainsi, pour avoir une différence égale à $0,8$, on doit prendre 1 gramme d'argent; par conséquent, pour une différence de $0,1$ on doit prendre $\frac{1}{8}$ de gramme d'argent, et, pour une différence de $2,1$, on doit prendre $\frac{21}{8}$: le rapport demandé est donc $\frac{21}{8}$.

292. Le rapport d'une grandeur A à une grandeur B étant $\frac{3}{8}$, quel est le rapport de B à A? Puisque les $\frac{3}{8}$ de B valent A, $\frac{1}{8}$ de B vaut $\frac{1}{3}$ de A; et les $\frac{8}{8}$ de B valent $\frac{8}{3}$ de A : le rapport de B à A est donc $\frac{8}{3}$. Ces deux rapports sont *inverses* l'un de l'autre.

293. *Lorsque deux grandeurs* A *et* B *ont été mesurées* *avec une même unité, on obtient le rapport de* A *à* B *en divisant la mesure de* A *par la mesure de* B.

Je suppose que A et B soient deux longueurs, la première de $4^m,32$, et la seconde de $7^m,5$: je dis que le rapport de A à B est exprimé par le quotient $\dfrac{432}{750}$ de ces deux nombres. En effet, d'après le second nombre, un centimètre est la 750e partie de B ; et, par suite, A, qui contient 432 centimètres, est bien les $\dfrac{432}{750}$ de B.

294. Rapport de deux nombres. — Le quotient indiqué ou effectué de la division de deux nombres, qui, d'après le théorème précédent, est quelquefois le rapport de deux grandeurs de la même espèce, est aussi appelé le rapport de ces deux nombres, abstraction faite de la nature des grandeurs dont ces nombres peuvent être les mesures.

Le rapport de deux nombres s'écrit souvent de la même manière qu'une fraction : $\dfrac{a}{b}$ est le rapport du nombre a au nombre b, ces nombres étant entiers ou fractionnaires, ou même incommensurables; a et b s'appellent le dividende et le diviseur du rapport, ou le numérateur et le dénominateur. L'expression $\dfrac{a}{b}$ est une fraction, lorsque a et b sont des nombres entiers.

Le rapport de deux grandeurs commensurables peut toujours être exprimé par une fraction :

$$\frac{4,32}{7,5} = \frac{432}{750}.$$

295. Le rapport de deux nombres n'est pas altéré quand on multiplie ses deux termes par un même nombre. Cette proposition ne diffère pas de celle qui a été démontrée (§ 146) pour un quotient.

Il en est de même pour le rapport de deux grandeurs : il est évident, en effet, qu'il revient au même de prendre les $\frac{3}{5}$ ou les $\frac{6}{10}$ d'une grandeur. Si l'on multipliait un seul terme d'un rapport par un nombre, le rapport serait multiplié ou divisé par ce nombre (§§ 144, 145).

Corollaire. — On peut simplifier un rapport quand les deux termes sont divisibles par un même nombre, et l'on peut réduire plusieurs rapports au même dénominateur.

296. Le rapport de deux grandeurs, obtenu en mesurant ces grandeurs avec une même unité, est indépendant de la grandeur de cette unité. Car en prenant une nouvelle unité deux fois, trois fois,..., plus petite ou plus grande, on multiplie ou on divise les deux termes du rapport par un même nombre, 2 ou 3,..., et le rapport conserve la même valeur.

297. Proportions. — *Une proportion est l'égalité de deux rapports,* c'est-à-dire une expression composée de quatre nombres tels, que le rapport du premier au second soit égal au rapport du troisième au quatrième. Ces nombres représentent ordinairement des grandeurs qui sont de la même espèce dans chaque rapport.

Exemple :

$$\frac{18}{12} = \frac{30}{20}; \qquad \frac{a}{b} = \frac{c}{d}.$$

On dit ordinairement : a est à b comme c est à d ; et on écrit quelquefois

$$a : b :: c : d.$$

Le premier terme et le troisième sont les deux *antécédents ;* le deuxième et le quatrième les deux *conséquents ;* le premier terme et le quatrième sont aussi appelés les *ex-*

trêmes, le deuxième et le troisième les *moyens;* le quatrième terme s'appelle encore la *quatrième proportionnelle* des trois premiers. Lorsque les deux moyens sont égaux, le quatrième terme est appelé la *troisième proportionnelle* des deux autres termes différents, et le terme moyen est la *moyenne proportionnelle* des deux extrêmes : ainsi, dans la proportion

$$\frac{4}{6} = \frac{6}{9},$$

9 est la troisième proportionnelle des nombres 4 et 6, et 6 est la moyenne proportionnelle des nombres 4 et 9. Il ne faut pas confondre la moyenne proportionnelle de deux nombres avec leur *moyenne arithmétique,* qui est leur demi-somme : la moyenne arithmétique entre 4 et 9 est

$$\frac{4+9}{2} = 6,5.$$

298. *Dans toute proportion, le produit des extrêmes est égal au produit des moyens.*

Soit la proportion

$$\frac{a}{b} = \frac{c}{d}.$$

Je réduis les deux rapports au même dénominateur; je trouve

$$\frac{a.d}{b.d} = \frac{c.b}{b.d}.$$

Ces deux quotients sont égaux et ils ont le même diviseur : les dividendes sont donc égaux; or, ces dividendes sont, l'un, $a.d$, le produit des extrêmes, et l'autre, $b.c$, le produit des moyens.

La réciproque est vraie : l'égalité $a.d = b.c$ donne la proportion

$$\frac{a}{b} = \frac{c}{d}.$$

Corollaires. — 1. Quand on connaît trois termes d'une proportion, on peut calculer le quatrième : de l'égalité

$$a.d = b.c,$$

on tire

$$d = \frac{b.c}{a} \, ;$$

un extrême s'obtient en divisant le produit des moyens par l'autre extrême.

Règle analogue pour calculer un moyen.

2. La moyenne proportionnelle de deux nombres s'obtient en extrayant la racine du produit de ces nombres : m étant la moyenne proportionnelle entre a et b, on a

$$\frac{a}{m} = \frac{m}{b},$$

et par suite

$$\overline{m}^2 = a.b, \quad m = \sqrt{a.b}.$$

299. *Quand on a deux rapports égaux, on forme un troisième rapport ayant la même valeur, en prenant pour numérateur la somme des numérateurs, et pour dénominateur la somme des dénominateurs.*

Soit q la valeur commune à deux rapports égaux $\frac{a}{b}$ et $\frac{c}{d}$. On a

$$a = b.q, \quad c = d.q,$$

et, par suite,

$$a + c = b.q + d.q = (b + d)\, q.$$

q est donc aussi le quotient de la division de $a + c$ par $b + d$, et l'on a

$$\frac{a}{b} = \frac{c}{d} = \frac{a + c}{b + d}.$$

On trouve de même

$$\frac{a}{b} = \frac{c}{d} = \frac{a - c}{b - d}.$$

Remarque. — Le théorème est vrai pour plusieurs rapports égaux et se démontre de la même manière :

$$\frac{a}{b} = \frac{c}{d} = \frac{e}{f} = \frac{a+c+e}{b+d+f} = \frac{a+c-e}{b+d-f} \text{ etc.}$$

300. Applications. — 1. Deux courriers partent au même instant de deux villes séparées par une distance de 180 kilomètres; le premier parcourt 10 kilomètres à l'heure, et le second 14 kilomètres; où se rencontreront-ils ?

Les distances x et y, parcourues par les deux courriers depuis leur départ jusqu'à leur rencontre, sont proportionnelles aux nombres 10 et 14; on a donc

$$\frac{x}{10} = \frac{y}{14} = \frac{x+y}{24} = \frac{180}{24} ;$$

d'où

$$x = \frac{180 \times 10}{24} = 75 \quad \text{et} \quad y = \frac{180 \times 14}{24} = 105.$$

2. Deux courriers partent en même temps, l'un de A pour aller en B, l'autre de B pour aller en A. Leurs vitesses sont uniformes et telles, que le premier arrive en B 16 heures après leur rencontre en C, et que le second arrive en A 25 heures après la rencontre; quel est le temps employé par chaque courrier pour parcourir la distance AB ?

Les deux courriers ont mis le même temps inconnu x pour aller, le premier, du point A au point de rencontre C, et le second, du point B au point C. On sait de plus que le premier a mis 16 heures pour parcourir CB, et que le second a mis 25 heures pour parcourir CA. Il est d'ailleurs évident que le rapport des temps qu'ils mettent à parcourir une même distance est le même, quelle que soit cette distance. Si, pour parcourir un mètre, le second met deux fois plus de temps que le premier, il en sera de même pour parcourir plusieurs mètres. On a donc

$$\frac{25}{x} = \frac{x}{16};$$

d'où

$$x^2 = 25 \times 16 \quad \text{et} \quad x = 20;$$

ils ont donc mis : le premier $20 + 16$ ou 36 heures, et le second $20 + 25$ ou 45 heures à parcourir AB.

301. Séries de nombres proportionnels. — On dit que *des nombres d'une première série sont directement proportionnels ou simplement proportionnels à des nombres d'une seconde série correspondant, un à un, à ceux de la première, lorsque le rapport de deux termes correspondants est le même pour tous les termes correspondants pris dans le même ordre.*

Exemple : Les nombres 2, 7, 9 et 15 sont proportionnels aux nombres 6, 21, 27 et 45, parce que l'on a

$$\frac{2}{6} = \frac{7}{21} = \frac{9}{27} = \frac{15}{45}.$$

On dit que des nombres d'une première série sont *inversement* proportionnels à des nombres d'une seconde série, lorsque les premiers sont directement proportionnels aux inverses des derniers. L'inverse d'un nombre est l'unité divisée par ce nombre.

302. *Dans deux séries de nombres proportionnels, on peut, sans altérer la proportionnalité, multiplier ou diviser tous les termes d'une même série par un même nombre.*

En multipliant ou en divisant tous les numérateurs, on multiplie ou l'on divise des rapports égaux par un même nombre, et l'on trouve évidemment de nouveaux rapports égaux. Il en est de même si l'on multiplie ou si l'on divise tous les dénominateurs.

Corollaire. — Lorsque, dans l'une des deux suites, il y a des termes fractionnaires, on peut la remplacer par une autre suite dont tous les termes soient entiers.

303. Partages proportionnels. — *Partager* 360 *en parties proportionnelles aux nombres* 3, 4 *et* 5.

Soient x, y et z les trois parties; d'après la définition du paragraphe 301, on doit avoir

$$\frac{x}{3} = \frac{y}{4} = \frac{z}{5},$$

et, d'après un théorème connu (§ 299), on a

$$\frac{x}{3} = \frac{y}{4} = \frac{z}{5} = \frac{x+y+z}{3+4+5} = \frac{360}{3+4+5}.$$

La proportion

$$\frac{x}{3} = \frac{360}{3+4+5}$$

donne

$$x = \frac{360 \times 3}{3+4+5} = \frac{360 \times 3}{12} = 90 \, ;$$

on a de même

$$y = \frac{360 \times 4}{12} = 120$$

et

$$z = \frac{360 \times 5}{12} = 150.$$

Remarque. — On peut trouver les parties demandées en remarquant que, si le nombre à partager proportionnellement aux nombres 3, 4 et 5 était 3+4+5 ou 12, les parties seraient évidemment 3, 4 et 5; que, si l'on voulait partager de la même manière le nombre 1, les parties seraient respectivement 12 fois moindres, et qu'en partageant de même le nombre 360 les parties devraient être 360 fois plus grandes. On retrouve ainsi pour les nombres cherchés :

$$\frac{360 \times 3}{12}, \quad \frac{360 \times 4}{12} \quad \text{et} \quad \frac{360 \times 5}{12}.$$

304. *Partager 4 455 fr. entre trois personnes de manière que la deuxième ait les $\frac{2}{3}$ de la part de la première, et que la troisième ait les $\frac{8}{15}$ de la part de la première.*

On demande de partager 4 455 en parties proportionnelles aux nombres 1, $\frac{2}{3}$ et $\frac{8}{15}$, ou bien aux nombres 15, 10 et 8. Les trois parts sont :

$$\frac{4\ 455 \times 15}{33} = 2\ 025 \text{ fr.},$$

$$\frac{4\ 455 \times 10}{33} = 1\ 350 \text{ fr.},$$

$$\frac{4\ 455 \times 8}{33} = 1\ 080 \text{ fr.}$$

305. *Partager 4 455 fr. entre trois personnes de manière que la deuxième ait les $\frac{2}{3}$ de la part de la première, et que la troisième ait les $\frac{4}{5}$ de la part de la deuxième.*

Cette question se ramène à la précédente, en rapportant la troisième part, comme la seconde, à la première ; les $\frac{4}{5}$ de la part de la seconde valent, d'après l'énoncé, les $\frac{4}{5}$ des $\frac{2}{3}$ ou les $\frac{8}{15}$ de la part de la première.

306. *Partager 4 836 fr. entre trois personnes de manière que la deuxième ait 245 fr. plus les $\frac{2}{3}$ de la part de la première, et que la troisième ait les $\frac{4}{5}$ de la part de la deuxième diminués de 60 fr.*

On remarquera d'abord que les $\frac{4}{5}$ de la part de la deuxième personne se composent des $\frac{4}{5}$ de 245 fr. ou de 196 fr., et des $\frac{4}{5}$ des $\frac{2}{3}$ ou des $\frac{8}{15}$ de la première part ; la troisième personne doit donc avoir 196 fr. moins 60 fr. ou 136 fr., plus les $\frac{8}{15}$ de la première part. Si l'on commence par donner 245 fr. à la deuxième personne et 136 fr. à la seconde, il n'y aura plus qu'à partager $4\,836 - (245 + 136)$ ou 4 455, comme on l'a déjà fait (§ 304).

307. *Partager 4 696 fr. entre trois personnes de manière que la deuxième ait les $\frac{2}{3}$ de la part de la première, plus 245 fr., et que la troisième ait les $\frac{4}{5}$ de la part de la deuxième, moins 200 fr.*

Solution analogue à la précédente.

308. Plusieurs questions usuelles très importantes se résolvent par des partages proportionnels : la répartition du contingent, celle de l'impôt ; le partage de l'actif d'une faillite ; la détermination des dividendes dans les entreprises industrielles, et plus généralement le partage des bénéfices ou des pertes d'une société commerciale ou industrielle.

309. *Contingent.* — En France, le pouvoir législatif vote annuellement, sur la proposition du ministre de la guerre, le nombre d'hommes à appeler sous les drapeaux pour le renouvellement de l'armée. La répartition s'en fait ensuite entre les départements, proportionnellement à leur population ; dans chaque département, la répartition se fait de la même manière entre les arrondissements, et pour chaque arrondissement entre les cantons ; dans chaque canton, la répartition se fait entre les communes par le *tirage au sort*.

310. *Impôts.* — On désigne sous le nom d'*impôts* les sommes que payent directement ou indirectement les citoyens pour contribuer et subvenir aux charges publiques. Les contributions directes sont les impôts établis sur les personnes et sur les biens ; telles sont : la contribution personnelle et mobilière, perçue sur les personnes et les habitations ; la contribution foncière, perçue sur les propriétés ; les contributions des portes et fenêtres, les patentes, *etc*. Les contributions indirectes sont établies sur les objets de commerce, de consommation, les tabacs, la poudre, *etc*. L'impôt mobilier et l'impôt foncier se répartissent par des partages proportionnels. L'impôt mobilier se répartit pour chaque commune entre les habitants, proportionnellement aux loyers de leurs habitations. On calcule l'impôt que devrait un loyer de 1 franc, et l'on n'a plus que des multiplications à faire, ou même des additions, au moyen d'un tableau contenant les 9 premiers multiples de ce nombre. L'impôt foncier se répartit d'une manière analogue. Il a pour base le revenu présumé de chaque propriété ; ce revenu est inscrit sur le cadastre. Le conseil d'arrondissement détermine la contribution foncière de chaque commune, et cette contribution est ensuite répartie proportionnellement aux revenus des propriétés. On calcule l'impôt dû par un franc de revenu, ce qu'on appelle *le centime le franc*, et il ne reste que des multiplications à faire. Le centime le franc doit être calculé avec assez de décimales pour que les produits qu'on doit effectuer ensuite soient suffisamment approchés.

311. Règle de société. — La répartition des bénéfices ou des pertes d'une société commerciale ou industrielle dont le *capital social* s'est constitué par des *mises de fonds* égales ou inégales, qui sont restées dans l'association pendant des temps égaux ou inégaux, se fait ordinairement d'après la convention suivante :

1° Pour un même temps, les gains ou les pertes sont proportionnels aux mises.

2° Pour des mises égales, les gains ou les pertes sont proportionnels aux temps.

312. Règle de société simple. *Si le temps est le même pour toutes les mises, ou si des mises égales sont restées pendant des temps différents dans l'association, la règle de société est tout simplement un partage proportionnel.*

Exemples : 1. Trois personnes se sont associées et ont mis en commun, la première 4 000 fr., la deuxième, 7 000 fr., la troisième 9 000 fr. La société ayant fait un bénéfice de 5 340 fr., on demande quelle est la part de chaque associé.

La question se réduit à partager 5 340 proportionnellement aux 3 mises ou aux nombres 4, 7 et 9. On trouve 1 068 fr., 1 869 fr. et 2 403 fr.

2. Les mises de 3 associés sont égales ; celle du premier est restée 8 mois dans la société ; celle du second 10 mois, et celle du troisième 1 an. Le bénéfice est de 6 435 fr. Quelle est la part de chaque associé ?

Il s'agit de partager 6 435 fr. proportionnellement aux nombres 8, 10 et 12 ou aux nombres 4, 5 et 6. On trouve : 1 716 fr., 2 145 fr. et 2 574 fr.

313. Règle de société composée. *Lorsque les mises et les temps sont différents pour les divers associés, on ramène la question à une règle de société simple, en remplaçant les mises et les temps réels par des mises fictives, qui en restant pendant un même temps dans l'association auraient droit aux*

*mêmes bénéfices que les mises réelles : ces mises fictives s'ob-
tiennent en multipliant chaque mise réelle par le temps correspondant exprimé avec la même unité pour toutes les mises.*

Il résulte en effet de la convention d'après laquelle se
fait le partage, qu'une mise de 450 fr., qui resterait 8 mois
dans une société, devrait avoir le même bénéfice qu'une
mise 8 fois plus grande qui ne resterait qu'un mois dans
ladite société : on exprime cela ordinairement en disant
que, lorsque les mises et les temps sont différents, les
bénéfices ou les pertes sont proportionnels aux produits
des mises par les temps correspondants.

Exemple. Deux personnes se sont associées pour une entreprise : la première a mis 18 000 fr. pendant 4 mois dans
la société, et la seconde 15 000 fr. pendant 6 mois. Partager entre elles le bénéfice, qui est de 6 435 fr.

On partagera 6 435 fr. proportionnellement aux deux
produits $18\,000 \times 4$ et $15\,000 \times 6$, ou proportionnellement aux nombres réduits 4 et 5. On trouvera 2 860 fr. et
3 575 fr.

314. Les conditions très diverses dans lesquelles peuvent
se constituer les associations introduisent des complica-
tions plus ou moins grandes dans les règles de société ; au
lieu de prendre pour inconnues les bénéfices ou les pertes,
on peut d'ailleurs prendre les mises, les temps ou telle
autre quantité liée aux données par l'énoncé. La solution
du problème peut ainsi devenir plus ou moins difficile.

Exemple. Trois personnes se sont associées pour une
entreprise : la première a donné un immeuble d'un prix
déterminé ; la deuxième a versé 15 670 fr., et la troisième
12 348 fr. Cette dernière aura droit à $\dfrac{2}{17}$ des bénéfices de
l'association pour les soins qu'elle donne à l'entreprise. A
la fin de l'année, le premier associé reçoit pour sa part
des bénéfices 2 326 fr.,75 ; et le deuxième 1 954 fr.,95.

Trouver : 1° ce qui revient au troisième pour sa mise et pour ses soins ; 2° le bénéfice total de la société ; 3° le prix de l'immeuble donné par le premier associé.

Le second associé ayant reçu 1 954 fr., 95 pour une mise de 15 670 fr., j'en conclus que la mise qui correspondrait à un bénéfice de 1 fr. est égale à

$$\frac{15\,670}{1\,954,95},$$

et que la mise du premier associé, qui a reçu 2 326 fr., 75 de bénéfice est de

$$\frac{15\,670 \times 2\,326,75}{1\,954,95} = 18\,650,18 ;$$

cette somme est le prix de l'immeuble fourni par le premier associé.

La part de bénéfice qui revient au troisième associé pour sa mise, qui est de 12 348 fr., est égale à

$$\frac{1\,954,95 \times 12\,348}{15\,670} = 1\,540,50.$$

La somme des bénéfices dus aux trois mises est donc

$$2\,326,75 + 1\,954,95 + 1\,540,50 = 5\,822,20.$$

Les $\frac{2}{17}$ du bénéfice total étant dus au troisième associé pour les soins qu'il a donnés à l'entreprise, la somme 5 822 fr., 20 représente les $\frac{15}{17}$ du bénéfice total ; ce bénéfice est donc égal à

$$\frac{5\,822,20 \times 17}{15} = 6\,598,49 ;$$

et ses $\frac{2}{17}$ valent

$$6\,598,49 - 5\,822,20 = 776,29.$$

Réponse :

1° Il revient à la troisième personne
1540 fr., 50 + 776,29 = 2316 fr., 79;

2° Le bénéfice total est de 6598 fr., 49;

3° Le prix de l'immeuble est de 18650 fr., 18.

315. Proportionnalité des grandeurs. — *Deux grandeurs de même espèce ou d'espèces différentes sont dites directement proportionnelles lorsque leurs valeurs se correspondent, une à une, de telle sorte que deux valeurs de l'une et les deux valeurs correspondantes de l'autre, prises dans le même ordre, forment une proportion.*

Quand un mobile parcourt toujours le même espace dans le même temps, l'espace parcouru est proportionnel au temps; si dans toute l'étendue d'une pièce de drap une même longueur a le même prix, le prix est proportionnel à la longueur.

316. *Si, après avoir trouvé deux valeurs correspondantes de deux grandeurs directement proportionnelles, on multiplie ou on divise la valeur de l'une par un nombre, la valeur de l'autre est multipliée ou divisée par le même nombre.*

Soient a et b deux valeurs correspondantes de deux grandeurs directement proportionnelles; à une seconde valeur ak de la première correspond une valeur x de la seconde, telle que, d'après la définition, on a la proportion

$$\frac{a}{a.k} = \frac{b}{x};$$

donc

$$x = \frac{b.a.k}{a} = b.k.$$

Remarque. — Ainsi, quand la valeur de l'une des grandeurs devient deux fois, trois fois,..., plus grande ou plus petite, la valeur de l'autre grandeur devient aussi deux fois, trois fois, ..., plus grande ou plus petite.

317. *Réciproquement, deux grandeurs sont directement proportionnelles lorsque leurs valeurs se correspondent, une à une, de telle sorte que, si la valeur de l'une est multipliée ou divisée par un nombre, la valeur correspondante de l'autre est multipliée ou divisée par le même nombre.*

En effet, a et b étant deux valeurs correspondantes, à la valeur ak correspond, par hypothèse, la valeur bk ; or on a évidemment

$$\frac{a}{a.k} = \frac{b}{b.k}.$$

318. *Deux grandeurs sont dites inversement proportionnelles lorsque leurs valeurs se correspondent, une à une, de telle sorte que deux valeurs de la première et les deux valeurs correspondantes de la seconde, prises dans l'ordre inverse, forment une proportion.*

Si l'on fait faire plusieurs fois un même ouvrage par des ouvriers qui font le même travail dans le même temps, le temps qu'ils mettent à faire cet ouvrage est inversement proportionnel à leur nombre.

319. *Si, après avoir trouvé deux valeurs correspondantes de deux grandeurs inversement proportionnelles, on multiplie la valeur de l'une par un nombre, la valeur de l'autre est divisée par le même nombre.*

Avec les notations du § 316, on a

$$\frac{a}{a.k} = \frac{x}{b},$$

d'où

$$x = \frac{b}{k}.$$

Remarque. — Quand la valeur de l'une des grandeurs devient deux fois, trois fois,..., plus grande, l'autre devient deux fois, trois fois,..., plus petite.

14.

La réciproque est vraie : a et b étant deux valeurs correspondantes, si à la valeur ak de la première correspond la valeur $\dfrac{b}{k}$ de la seconde, on a évidemment

$$\frac{a}{a.k} = \frac{\dfrac{b}{k}}{b}.$$

320. La valeur d'une première grandeur dépend souvent des valeurs de plusieurs autres, que l'on peut faire varier simultanément ou successivement. Ainsi la quantité d'ouvrage dépend du nombre d'ouvriers et du temps pendant lequel ces ouvriers ont travaillé.

On dit qu'une grandeur qui dépend de plusieurs autres est directement ou inversement proportionnelle à l'une de ces grandeurs, lorsque, en laissant aux autres grandeurs des valeurs constantes, ces deux grandeurs satisfont à la définition de la proportionnalité de deux grandeurs. Le temps que des ouvriers mettent à creuser un fossé peut être considéré comme étant directement proportionnel à la longueur du fossé, à sa largeur, à sa profondeur, et inversement proportionnel au nombre de ces ouvriers. La proportionnalité des grandeurs est supposée, comme dans cet exemple, ou bien elle résulte des propriétés de ces grandeurs, comme on le voit dans l'étude de la géométrie et de la mécanique.

321. Règle de trois. — *Une règle de trois est un problème dans lequel on connaît la valeur que prend une première grandeur lorsque d'autres, auxquelles elle est directement ou inversement proportionnelle, ont des valeurs connues, et où l'on demande de trouver la valeur que doit prendre cette première grandeur lorsque les autres grandeurs prennent de nouvelles valeurs aussi connues.*

La règle de trois est simple ou composée, suivant que la première grandeur dépend d'une seule grandeur ou de plusieurs. La règle de trois simple est dite *directe* ou *inverse*, suivant que les deux grandeurs sont directement ou inversement proportionnelles. En voici des exemples.

322. 8 ouvriers ont fait 34 mètres d'un certain ouvrage ; combien 12 ouvriers, travaillant de la même manière, feront-ils de mètres de cet ouvrage ?

Le nombre de mètres de travail est supposé proportionnel au nombre d'ouvriers ; en appelant x le nombre demandé, on a donc la proportion

$$\frac{8}{12} = \frac{34}{x} \, ;$$

d'où

$$x = \frac{34^{\mathrm{m}} \times 12}{8} = 51 \text{ mètres.}$$

323. *Méthode de réduction à l'unité.* Cette méthode consiste à chercher d'abord la valeur que prendrait la grandeur inconnue, si l'autre avait une valeur égale à **1**, et à déduire ensuite de cette valeur celle que la grandeur inconnue doit prendre lorsque l'autre a la valeur qui lui est attribuée par l'énoncé :

8 ouvriers ont fait 34 mètres ;

1 ouvrier ferait 8 fois moins, c'est-à-dire $\dfrac{34}{8}$ (§ 316) ;

12 ouvriers feront 12 fois plus, c'est-à-dire $\dfrac{34 \times 12}{8} = 51^{\mathrm{m}}$.

324. *Méthode directe.* La proposition énoncée dans le paragraphe **316**, conséquence de la définition de la proportionnalité, permet d'écrire immédiatement la valeur de l'inconnue sans passer par l'unité : remplacer 8 ouvriers par 12 ouvriers, c'est multiplier le premier nombre par $\dfrac{12}{8}$; le travail, 34 mètres, qui correspond à 8 ouvriers, doit donc être multiplié par le rapport $\frac{12}{8}$ (§ 316) ; le travail fait par 12 ouvriers est donc

$$34^{m} \times \frac{12}{8} = 51 \text{ mètres.}$$

325. 10 ouvriers ont mis 21 jours à faire un travail ; combien 7 ouvriers, travaillant de la même manière, mettraient-ils de jours pour faire ce travail?

Le temps est supposé inversement proportionnel au nombre d'ouvriers ; en appelant x le nombre demandé, on a donc la proportion

$$\frac{10}{7} = \frac{x}{21} ;$$

d'où

$$x = \frac{21^{j} \times 10}{7} = 30 \text{ jours.}$$

326. *Méthode de réduction à l'unité.* 10 ouvriers ont mis 21 jours pour faire un travail ;

1 ouvrier mettrait 10 fois plus, c'est-à-dire $21^{j} \times 10$ (§ 319) ;

7 ouvriers mettront 7 fois moins, c'est-à-dire

$$\frac{21^{j} \times 10}{7} = 30 \text{ jours.}$$

327. *Méthode directe.* Remplacer 10 ouvriers par 7 ouvriers, c'est multiplier le nombre 10 par $\frac{7}{10}$; le temps, 21 jours, qui correspond à 10 ouvriers, doit donc être divisé par $\frac{7}{10}$ (§ 319) : le temps mis par 7 ouvriers est donc égal à

$$21^{j} \times \frac{10}{7} = 30 \text{ jours.}$$

328. Règle de trois composée. — 6 ouvriers ont travaillé, pendant 8 jours, 9 heures par jour, pour faire 180 mètres d'un certain ouvrage; combien 4 ouvriers, travaillant 7 heures par jour, devront-ils mettre de jours pour faire 230 mètres du même ouvrage?

Pour avoir immédiatement sous les yeux toutes les données du calcul, on représente l'énoncé par le tableau suivant, en appelant x l'inconnue :

$$6^o \quad 8^j \quad 9^h \quad 180^m$$
$$4 \quad x \quad 7 \quad 230.$$

1° *Méthode par les proportions*. Cette méthode consiste à remplacer la règle de trois composée par une suite de règles de trois simples, en faisant varier successivement chacune des quantités dont dépend l'inconnue.

1. 6 ouvriers ont travaillé 8 jours pour faire un ouvrage; combien 4 ouvriers mettront-ils de jours pour faire le même ouvrage?

En appelant y ce nombre de jours, on a la proportion

$$\frac{4}{6} = \frac{8}{y}.$$

2. En travaillant 9 heures par jour, on a mis y jours pour faire un ouvrage; combien faudrait-il de jours, si les mêmes ouvriers travaillaient 7 heures par jour?

En appelant z ce nouveau nombre de jours, on a

$$\frac{7}{9} = \frac{y}{z}.$$

3. Pour faire 180 mètres d'un certain ouvrage, on a mis z jours; combien faudra-t-il de jours pour faire 230 mètres?

Soit x le nombre demandé; on a

$$\frac{180}{230} = \frac{z}{x}.$$

4. En multipliant les premiers membres de ces proportions d'une part, et les seconds membres de l'autre, on a évidemment une nouvelle égalité

$$\frac{4 \times 7 \times 180}{6 \times 9 \times 230} = \frac{8.y.z}{y.z.x} = \frac{8}{x};$$

d'où

$$x = \frac{8 \times 6 \times 9 \times 230}{4 \times 7 \times 180} = 19^{j}\frac{5}{7}.$$

Remarque. — On peut simplifier les calculs à faire pour trouver x, en supprimant les facteurs communs au dividende et au diviseur : 8 et 4 peuvent être divisés par 4 ; 6 et 180 par 6, *etc*.

2° *Méthode par la réduction à l'unité*. Comme dans la méthode précédente, on fait varier successivement chacune des quantités dont dépend l'inconnue, et l'on écrit immédiatement ce que devient le nombre qui correspond à l'inconnue, quand on passe de l'un des nombres de la série entièrement connue à l'unité, et de l'unité au nombre de la série où est l'inconnue, qui correspond à ce nombre. Ainsi, pour résoudre le problème précédent, on dira :

6 ouvriers ont mis 8 jours à faire un certain ouvrage ;

1 ouvrier mettra 6 fois plus ou $8^{j} \times 6$, et 4 ouvriers mettront 4 fois moins ou $\dfrac{8^{j} \times 6}{4}$.

Tel serait le nombre de jours, si les ouvriers travaillaient 9 heures par jour, et s'ils devaient faire 180 mètres d'ouvrage.

Pour passer de 9 heures à 7 heures, on dira de même :

En travaillant 9 heures par jour, on mettrait $\dfrac{8 \times 6}{4}$ jours pour faire un ouvrage ;

En travaillant 1 heure par jour, on mettrait 9 fois plus de jours ou $\dfrac{8 \times 6 \times 9}{4}$ jours, et en travaillant 7 heures par jour, on mettrait 7 fois moins ou $\dfrac{8 \times 6 \times 9}{4 \times 7}$ jours.

Enfin, pour le travail, on dira :

Pour faire 180 mètres, il faut

$$\frac{8 \times 6 \times 9}{4 \times 7} \text{ jours;}$$

Pour faire 1 mètre, il faudra 180 fois moins ou

$$\frac{8 \times 6 \times 9}{4 \times 7 \times 180} \text{ jours,}$$

et, pour faire 230 mètres, il faudra 230 fois plus ou

$$\frac{8 \times 6 \times 9 \times 230}{4 \times 7 \times 180} \text{ jours.}$$

Ainsi,

$$x = \frac{8 \times 6 \times 9 \times 230}{4 \times 7 \times 180} \text{ jours} = 19^{\text{j}}\frac{5}{7}.$$

3° *Méthode directe*. Comme pour les règles de trois simples, cette méthode est l'application immédiate des principes des paragraphes 316 et 319 : en passant de 6 ouvriers à 4 ouvriers, on multiplie 6 par $\dfrac{4}{6}$; le nombre de jours étant inversement proportionnel au nombre d'ouvriers, on aura le nouveau nombre de jours en divisant 8 jours par $\dfrac{4}{6}$; on trouve

$$8^{\text{j}} \times \frac{6}{4}.$$

Pour la même raison, en passant de 9 heures à 7 heures, on devra diviser ce dernier nombre par $\dfrac{7}{9}$ ou multiplier par $\dfrac{9}{7}$; on trouve ainsi

$$8^{\text{j}} \times \frac{6}{4} \times \frac{9}{7}.$$

Enfin, pour le travail, comme la proportionnelle est directe, on devra multiplier ce dernier nombre par $\dfrac{230}{180}$; on a donc

$$x = 8^{j} \times \frac{6}{4} \times \frac{9}{7} \times \frac{230}{180}.$$

329. Règle. *Dans toute règle de trois, la valeur de l'inconnue s'obtient en multipliant le nombre connu qui lui correspond, dans l'énoncé écrit d'une manière abrégée, par chacun des rapports des nombres connus qui se correspondent dans cet énoncé, en ayant soin de prendre le numérateur dans la série où est l'inconnue, quand il s'agit d'une grandeur à laquelle l'inconnue est directement proportionnelle, et dans l'autre série dans le cas contraire.*

Cette règle résulte immédiatement de la troisième méthode, c'est-à-dire des paragraphes 316 et 319.

EXERCICES SUR LES RAPPORTS, LES PROPORTIONS,
LES PARTAGES PROPORTIONNELS ET LES RÈGLES DE TROIS.

330. 1. Si
$$\frac{a}{b} = \frac{c}{d} = \frac{e}{f},$$

on a
$$\frac{a}{b} = \frac{c}{d} = \frac{e}{f} = \frac{\sqrt{ac}}{\sqrt{bd}} = \frac{\sqrt[3]{ace}}{\sqrt[3]{bdf}} = \frac{\sqrt{a^2 + c^2 + e^2}}{\sqrt{b^2 + d^2 + f^2}}.$$

2. Si
$$\frac{a}{a'} = \frac{b}{b'} = \frac{c}{c'},$$

on a $\sqrt{aa'} + \sqrt{bb'} + \sqrt{cc'} = \sqrt{(a+b+c)(a'+b'+c')}.$

3. Si
$$\frac{a}{a'} > \frac{b}{b'} > \frac{c}{c'},$$

on a
$$\frac{a}{a'} > \frac{a+b+c}{a'+b'+c'} > \frac{c}{c'}.$$

Remarque.—Soient $\dfrac{a}{a'} = q$ ou $a = a'q$; $b = b'q'$ et $c = c'q''$; on a

$$a + b + c = a'q + b'q' + c'q'' ;$$

et comme $q > q' > q''$, il en résulte que

$$a + b + c < (a' + b' + c') q ,....$$

4. Déterminer combien 4 824 fr. valent de roubles de Russie, connaissant le rapport $\dfrac{20}{372}$ du franc au ducat de Hambourg, le rapport $\dfrac{237}{25}$ du ducat de Hambourg au schelling d'Angleterre, le rapport $\dfrac{125}{103}$ du schelling au florin d'Allemagne, et le rapport $\dfrac{6,18}{24}$ du florin au rouble de Russie. — Réponse : 4 282 roubles.

Remarque. — En multipliant entre eux tous les rapports donnés, on trouve le rapport du franc au rouble. Les problèmes de cette espèce, où l'on a à calculer le rapport de deux grandeurs au moyen d'une suite de rapports donnés, sont appelés des *règles conjointes.*

5. 26 livres sterling valent 150 roubles; 75 roubles valent 30 ducats de Hambourg; 20 ducats de Hambourg valent 42 piastres d'Espagne, et 12 piastres d'Espagne valent 65 francs ; on demande combien 1 200 livres sterling valent de francs. — Réponse : 31 500 fr.

6. Une personne donne, par son testament, à un premier héritier la moitié de son bien; à un second, le tiers, et à un troisième le quart; mais il arrive que, quand les deux premiers héritiers ont pris leurs parts, il manque au troisième 6 500 fr. pour compléter la sienne. Les héritiers conviennent alors de partager l'héritage dans la proportion établie entre eux par le testateur. Faire le partage. — Réponse : Les trois parts sont de 36 000 fr., 24 000 fr. et 18 000 fr.

7. Deux vignerons achètent une vigne de 147 ares, 85, dont le revenu cadastral est de 62 fr., 50 l'hectare. Le premier acquéreur en prend 85 ares, 09, et le second prend le reste. Quel sera le revenu cadastral de chaque parcelle? Quel sera l'impôt pour

chaque parcelle, sachant que l'impôt est de 0 fr., 275 par franc de revenu cadastral ?— Réponse : 53 fr., 181 et 20 fr., 475 ;

14 fr., 62   et   5 fr., 63.

8. Un père laisse en mourant 12 500 fr. à chacun de ses enfants ; l'un d'eux meurt, et sa part est partagée également entre chacun des survivants, qui ont alors 15 000 fr. chacun ; trouver le bien du père et le nombre des enfants.—Réponse : 75 000 fr.; 5 enfants survivants.

9. Un homme en mourant laisse 6 000 fr. à partager de la manière suivante entre son père, ses trois frères et ses deux sœurs : le père doit avoir $\frac{1}{4}$ de l'héritage ; des $\frac{3}{4}$ qui restent, la moitié revient aux frères, et l'autre moitié doit être partagée également entre les frères et les sœurs : faire le partage. — Réponse : Part du père : 1 500 fr.;

Part de chaque fils : 1 200 fr.;

Part de chaque fille : 450 fr.

10. On sait que 314 ouvriers, travaillant 5 heures par jour pendant 10 jours, ont pavé une place rectangulaire de 215 mèt. de long et 150 mèt. de large. On demande combien d'ouvriers il faudra employer pour paver en 18 jours, et en travaillant 12 heures par jour, une autre place rectangulaire ayant 185 mèt. de long et 124 mèt. de large. — Réponse : 206 ouvriers plus un ouvrier qui devra faire les $\frac{2\,848}{3\,483}$ du travail d'un ouvrier.

(Toulouse, brevet simple.)

11. 25 ouvriers ont fait en 18 jours, en travaillant 11 heures par jour, 72 mèt. d'un ouvrage dont la difficulté est exprimée par 3 ; combien 42 ouvriers mettront-ils de temps, en travaillant 10 heures par jour, pour faire 120 mèt. d'un ouvrage dont la difficulté est représentée par 5 ? — Réponse : 32 jours 7 heures 22 minutes.

(Lille, brevet simple.)

12. Partager 9 246 fr. entre 4 personnes de manière que, quand la première prendra 2 fr., la deuxième en prendra 3 ; quand celle-ci en prendra 5, la troisième en prendra 6 ; et enfin, quand la quatrième aura 4 fr., la troisième en aura 3. — Réponse : 1 380 fr., 2 070 fr., 2 484 fr. et 3 312 fr.

13. Un cheval peut traîner, à l'aide d'une voiture, un poids de 1 200 kilogr. en faisant 4 375 mèt. à l'heure. Le temps nécessaire à la charge et à la décharge est de 12 minutes par voyage. Le prix de la journée du cheval et de son conducteur est de 5 fr., et le travail dure 10 heures par jour. On demande combien coûtera le transport de 1 500 mèt. cubes de terre à une distance de 2 700 mèt., en supposant que le mètre cube pèse 1 600 kilogr.— Réponse : 1 434 fr., 45.

14. On échange 45 kilogr. d'huile contre 102 kilogr. de sucre ; 220 kilogr. de sucre contre 72 kilogr. de café, et 40 kilogr. de café contre 34 kilogr. de chocolat. Le chocolat coûte 4 fr., 90 le kilogr.; combien payerait-on pour 22 kilogr. d'huile ? — Réponse : 67 fr., 97.

15. Un particulier donne 5 ares de pré et 40 fr. pour 30 ares de champ ; s'il avait donné 7 ares de pré sans argent, il aurait eu 38 ares de champ ; on demande la valeur de l'are de chaque terrain. — Réponse : le pré vaut 76 fr. et le champ 14 fr.

16. Un propriétaire voulant faire creuser un fossé s'adresse à 4 entrepreneurs. Les ouvriers du premier feraient l'ouvrage en 30 jours ; ceux du deuxième, en 45 jours ; ceux du troisième, en 15 jours, et ceux du quatrième en 20 jours. Le propriétaire emploie la moitié des ouvriers du premier entrepreneur, le quart de ceux du deuxième, tous ceux du troisième, et le tiers de ceux du quatrième ; quel temps mettront-ils à faire l'ouvrage ? — Réponse : 9 journées $\frac{1}{2}$.

17. On demande un contingent de 2 900 hommes à 4 départements, dont les populations respectives sont de 421 400 habitants, 375 200 habitants, 508 300 habitants et 704 900 habitants : faire la répartition. — Réponse : 608, 542, 733 et 1 017 soldats.

18. Plusieurs associés ont fait une entreprise : le premier fait les $\frac{2}{9}$ des fonds ; le deuxième met 2 000 fr. de moins que le premier ; le troisième, 2 000 fr. de moins que le deuxième, et ainsi de suite jusqu'au dernier. Si les mises avaient été toutes égales à la première, leur total aurait été plus fort de $\frac{1}{3}$, et alors le bénéfice aurait égalé les $\frac{3}{4}$ de la somme des mises. On de-

mande combien il y a d'associés, quelle a été la mise de chacun et quel a été leur bénéfice. — Réponse : 6 associés; mise du premier, 20 000 fr., *etc.*; chaque associé a un bénéfice égal à sa mise.

19. Un capitaliste a commencé une entreprise avec 126 000 fr.; trois mois après, il s'est associé une personne qui a versé 7 000 fr.; trois mois plus tard, une troisième personne s'est associée avec eux et a versé 15 000 fr. Un mois après le troisième versement, le premier capitaliste se retire, et au bout d'un an l'entreprise se liquide avec 7 500 fr. de perte; quelle part doit supporter chaque associé?

Réponse : Perte du premier : 6 394 fr., 31 ;
         Perte du deuxième :   456 fr., 52 ;
         Perte du troisième :   652 fr., 17.

(Clermont, brevet du 1ᵉʳ ordre.)

20. Une personne laisse 16 000 fr. à répartir entre trois bureaux de bienfaisance, avec la condition que les vieillards infirmes recevront trois fois plus que les autres pauvres. Le premier a 500 pauvres, dont $\frac{2}{5}$ d'infirmes ; le second a 630 pauvres, dont $\frac{2}{7}$ d'infirmes, et le troisième 600 pauvres dont $\frac{1}{4}$ d'infirmes. Combien chaque bureau doit-il recevoir? — Réponse : Le premier et le troisième recevront 5 161 fr., 29 chacun, et le deuxième, 5 677 fr., 42.

21. Une personne laisse par testament 98 745 fr. à ses trois enfants, à la condition que leurs parts soient inversement proportionnelles à leurs âges : 5 ans, 9 ans et 13 ans. Trouver la part de chaque héritier. — Réponse : 50 895 fr., 28 275 fr. et 19 575 fr.

22. Pour faire un fossé de fortification qui a 1 236 mèt. de longueur, on emploie 60 ouvriers; le travail doit être terminé en 21 jours. Au bout de 15 jours, le retranchement n'est achevé que sur une longueur de 824 mèt. Combien faudra-t-il joindre de soldats aux 60 premiers ouvriers pour que le travail soit terminé au bout des 21 jours? — Réponse : 15.

23. Un industriel emploie deux ouvriers, dont le premier reçoit pour sa journée un salaire double de celui que reçoit

l'autre. On donne au premier pour 12 journées de travail 40 fr. et 10 litres de vin ; on donne au second pour 9 journées de travail 16 fr., 40 et 2 litres de vin. Quel est le prix d'un litre de ce vin ? — Réponse : 0 fr., 80 le litre.

(Laon, brevet simple.)

24. Dans une usine, on emploie 50 hommes, 35 femmes et 20 enfants. Le montant des salaires d'une semaine de 6 jours de travail s'élève à 1 344 fr. On sait que 8 journées d'homme valent 15 journées de femme, et que 9 journées de femme valent 16 journées d'enfant. Trouver le salaire d'un homme, d'une femme et d'un enfant.—Réponse : 3 fr. ; 1 fr., 60 et 0 fr., 90.

(Rennes, brevet supérieur.)

25. Trois personnes se sont associées et ont réuni un capital, dont la première personne a fourni les $\frac{5}{12}$; la deuxième a fourni 3 000 fr. de moins que la première, et la troisième 3 000 fr. de moins que la deuxième. Le bénéfice brut réalisé s'élève au quart du total des mises ; les frais d'exploitation sont égaux à $\frac{1}{15}$ de ce même total. On demande : 1° le capital réuni ; 2° la mise de chaque associé ; 3° le bénéfice net ; 4° la part de bénéfice qui revient à chaque associé. — Réponse : 1° 36 000 fr. ; 2° 15 000, 12 000 et 9 000 fr. ; 3° 6 600 fr. ; 4° 2 750, 2 200 et 1 650 fr.

(Certificat d'études primaires, Jura.)

26. La distance entre Paris et Rouen, qui est de 136 kilom., est parcourue en 15 heures par un courrier. La vitesse moyenne d'un chemin de fer étant de 4 myriam. à l'heure, on demande : 1° le rapport des vitesses du courrier et du chemin de fer ; 2° la durée du trajet en chemin de fer pour aller de l'une à l'autre de ces villes. — Réponse : 1° $\frac{17}{75}$; 2° 3 heures 24 min.

(Nancy, brevet de capacité.)

27. Les mises de trois associés étaient de 800 fr., 1 500 fr., et 500 fr. ; ils ont perdu dans leur entreprise 400 fr. : quelle perte

chacun supportera-t-il? — Réponse : 114 fr., 28 à 0,01 près;
214 fr., 28 et 71 fr., 42.

(Nancy, brevet du 2ᵉ ordre.)

28. Un particulier commence avec 12 000 fr. une affaire commerciale; huit mois plus tard, il y intéresse un capitaliste qui
lui confie 20 000 fr.; dix mois après, un second capitaliste lui
remet d'abord 30 000 fr., et trois mois plus tard 6 000 fr.; au
bout de deux ans, l'entreprise a rapporté un bénéfice de 5 000 fr.
On demande quelle sera la part de chaque associé, sachant que
le particulier qui conduit l'affaire a une prime de 4 pour 100
sur le bénéfice.—Réponse : 452 fr., 82; 2 809 fr., 07; 1 738 fr., 11.

(Nancy, brevet de capacité.)

29. Quatre maçons ont travaillé à une construction de murs :
le premier pendant 40 jours, à raison de 8 heures par jour; le
deuxième pendant 18 jours, à raison de 4 heures par jour; le
troisième pendant 20 jours, à raison de 9 heures par jour; le
quatrième pendant 11 jours, à raison de 7 heures 1/2 par jour.
L'ouvrage a été payé 500 fr. On demande le gain de chacun par
jour et par heure. — Réponse : Prix de l'heure de travail :
0 fr., 76 à 0,01 près; le premier a gagné 6 fr., 08 par jour; le
deuxième, 3 fr., 04; le troisième, 6 fr., 84; le quatrième,
5 fr., 70.

(La Roche-sur-Yon, brevet de capacité.)

30. Une mère et sa fille travaillent à une tapisserie; ensemble
elles la termineraient en 15 jours; après y avoir travaillé toutes
les deux pendant 6 jours, la fille seule achève la tapisserie en
30 jours. Combien de temps chacune de ces personnes mettrait-
elle pour faire séparément cette tapisserie? — Réponse :
21 jours $\frac{3}{5}$ et 50 jours.

31. Partager 360 en parties inversement proportionnelles aux
nombres 2, 3 et 4. — Réponse : $166 + \frac{2}{13}$, $110 + \frac{10}{13}$, $83 + \frac{1}{13}$.

(Vesoul, brevet de capacité.)

Remarque. — Partager 360 en parties directement proportionnelles
aux nombres $\frac{1}{2}$, $\frac{1}{3}$ et $\frac{1}{4}$ (§ 299).

32. Trois héritiers se partagent une somme : le premier a $\frac{1}{3}$ de la totalité; le second a les $\frac{2}{3}$ de ce qu'a eu le premier, et le troisième $\frac{1}{4}$ de ce qu'ont eu les deux premiers; le reste sert à payer les frais. Sachant que les parts réunies des trois héritiers s'élèvent à 7 525 fr., on demande combien a eu chaque héritier. — Réponse : 3 612, 2 408 et 1 505 fr.

(Albi, brevet du 2ᵉ ordre.)

33. Un boulanger a retiré 95 pains, de 3 kilogr. chacun, de 19 doubles décalitres de farine de deuxième qualité. Combien retirera-t-il de pains, de 2 kilogr. $\frac{1}{2}$ chacun, de 20 kilolitres de farine de troisième qualité, sachant que le rendement de la deuxième qualité est à celui de la troisième comme 7 $\frac{1}{2}$ est à 6. — Réponse : 4 800 pains.

(Paris, brevet du 2ᵉ ordre.)

34. Une pièce d'étoffe de 48ᵐ,55 a coûté en tout la somme de 970 fr. Combien aurait-on de bénéfice par mètre si 48ᵐ,50 de cette étoffe étaient vendus 492 fr., 10 ? — Réponse : 6 fr., 63 à 0,04 près.

(Paris, brevet du 2ᵉ ordre.)

35. Un entrepreneur s'est engagé à faire un travail en 2 ans $\frac{1}{2}$. Pour remplir cet engagement, il lui faudrait employer 45 ouvriers travaillant 9 heures par jour; mais s'il peut livrer ce travail au bout de 22 mois, il lui sera accordé une indemnité de 35 000 fr., dont 20 000 fr. pour lui et 15 000 fr. pour les ouvriers. Il veut savoir à quel nombre il doit porter le chiffre de ses ouvriers, ou quel nombre d'heures de travail par jour il devra imposer aux 45 ouvriers qu'il a retenus, pour pouvoir remplir cette dernière condition. — Réponse : 1° 48 ouvriers à 1 ouvrier près par excès; 2° 12 heures $+ \frac{3}{11}$.

(Paris, brevet du 2ᵉ ordre.)

36. La distance de la terre au soleil équivaut à 24 000 fois la longueur du rayon de la terre. En admettant que la terre décrit une circonférence autour du soleil, combien parcourt-elle de kilom. par seconde, sachant qu'elle emploie 365ʲ,2422 à faire sa révolution autour du soleil? — Réponse : 30 kilomètres.

(Paris, brevet de capacité.)

Remarque. — Le rayon de la terre

$$= \frac{20\ 000^{km}}{\pi};$$

la circonférence décrite par la terre autour du soleil

$$= 2\pi.\frac{20\ 000^{km}}{\pi} \times 24\ 000 = 2 \times 20\ 000 \times 24\ 000 \text{ kilom.}$$

37. L'omnibus des tramways parcourt 8 hectom. en 5 minutes; l'omnibus ordinaire parcourt 5 kilom. en 55 minutes (en moyenne). Un voyageur part avec le tramway et parcourt 3 kilom. en tout, en prenant la correspondance de l'omnibus ordinaire au quart de la route. On demande combien de temps il mettra à faire sa route. — Réponse : $29 \text{ minutes} + \dfrac{7}{16}$.

(Paris, brevet de capacité.)

38. 7 hectares 9 ares de vigne valent 15 hectares 33 ares de prairie, et 28 hectares de prairie valent 62 hectares 65 ares de bois. Quel est le prix d'un hectare de bois, sachant que l'hectare de vigne vaut 5 300 fr.? —Réponse : 1 095 fr. à 1 fr. près.

(Paris, brevet du 2ᵉ ordre.)

39. Trois personnes ont mis chacune une certaine somme dans une spéculation. La mise de la deuxième est 0,75 de celle de la première; celle de la troisième est 0,50 de celle de la deuxième. Elles ont fait un bénéfice de 263 fr.,50, qui représente 20 pour 100 du capital engagé. Trouver ce qu'il revient de ce bénéfice à chacune, et le capital engagé. — Réponse : Parts du bénéfice : 124 fr.; 93 fr.; 46 fr.,50; capital engagé : 1 317 fr.,50.

(Paris, brevet du 2ᵉ ordre.)

40. Le prix des places en chemin de fer est ainsi réglé par personne et par kilomètre : 1re classe, 10 centimes ; 2e classe, 7 centimes 1/2 ; 3e classe, 5 centimes 1/2. Trois voyageurs partant de la même station prennent chacun une classe différente : celui de 2e classe paye 2 fr., 10 de moins que celui de 1re classe pour se rendre à la même destination, et 3 fr. de plus que celui de 3e classe. A quelle distance chacun des voyageurs se rend-il ? Combien a-t-il dû payer pour le trajet ? A quelle heure précise sera-t-il arrivé à sa destination si le convoi est parti à 11 heures 25 minutes et parcourt 40 kilom. à l'heure ? — Réponse : Les deux premiers se rendent à 84 kilom., et le troisième à 60 kilom.; prix des places : 8 fr.,40, 6 fr.,30 et 3 fr.,30; heures d'arrivée : pour les deux premiers, 1 h. 31 m. ; pour le troisième, 12 h. 55 m.

(Besançon, brevet de capacité.)

41. Une personne lègue son bien, montant à 256 000 fr., sous les conditions suivantes : son neveu aura deux fois plus que chacune de ses nièces ; ses nièces auront chacune deux fois plus que chacun de ses cousins ; ses cousins auront deux fois plus que chacune de ses cousines. Combien revient-il à chaque héritier, sachant qu'il y a 1 neveu, 2 nièces, 4 cousins et 8 cousines ? — Réponse : 64 000, 32 000, 16 000 et 8 000 fr.

(Paris, brevet de capacité.)

42. Le minerai d'une usine à plomb contient 23 pour 100 de métal et 0,0007 d'argent. La perte en plomb produite par le traitement est de 12 pour 100; la perte en argent est insignifiante. Le prix du plomb est de 55 fr. le quintal ; celui de l'argent pur est de 222 fr.,22 le kilogr. En supposant qu'on ait acheté 2 500 tonnes de ce minerai au prix de 9 fr. le quintal, on demande quel bénéfice on en a retiré et quel poids de chacun des deux métaux on a obtenu.

Réponse : Bénéfice : 442 485 fr.

Poids du plomb : 506 tonnes.

Poids de l'argent : 1 750 kilogr.

(Paris, brevet de capacité.)

43. La France compte environ 37 millions d'habitants. Quelle est la fraction du nombre de jeunes gens de 20 à 21 ans appelés sous les drapeaux dans une circonscription de 80 000 habitants ?

15.

La moyenne des individus de 20 à 21 ans est de 522,5 sur 32 581, et sur 33 individus de cet âge on compte 17 garçons. — Réponse : 660 soldats, c'est-à-dire les $\dfrac{33}{4\,000}$ de la population.

(Paris, brevet de capacité.)

44. Avec 28 kilogr.,5 de fil, on a fabriqué une pièce de toile ayant 120 mèt. de longueur sur 4 mèt.,25 de largeur. Quelle longueur de toile, semblable à la première, mais ayant seulement 0 mèt.,92 de largeur, pourra-t-on fabriquer avec 40 kilogr. de fil? — Réponse : 228 mèt.,83 à 0,01 près.

(Châlons-sur-Marne, brevet du 2ᵉ ordre.)

45. Une personne laisse en mourant sa fortune à 6 parents, dont 3 au quatrième degré, 2 au cinquième degré, 1 au sixième degré, à la condition que le partage se fera en raison inverse des degrés de parenté. La somme à partager est de 395 000 fr. On demande la part de chacun. — Réponse : 75 000, 60 000 et 50 000 fr.

(Montpellier, examens pour l'École des arts et métiers d'Aix.)

46. Un oncle a une fortune de 36 000 fr., qu'il veut distribuer à ses 5 neveux, de manière que leurs parts soient inversement proportionnelles à leurs âges. Le premier neveu a 30 ans; le deuxième, 20; le troisième, 18; le quatrième, 12, et le cinquième, 10. Quelle devra être la part de chacun?

Réponse : $3\,724\dfrac{4}{29}$;

$5\,586\dfrac{6}{29}$;

$6\,206\dfrac{26}{29}$;

$9\,310\dfrac{10}{29}$;

$11\,172\dfrac{12}{29}$.

(Tours, École des arts et métiers d'Angers.)

47. Partager la distance 817ᵐ,25 en trois parties proportionnelles à trois arcs donnés, dont le premier est de 12° 25';

le deuxième, de 15° 20′, et le troisième, de 19° 11′. — Réponse :
216^m,20 ; 267^m ; 334^m,05.

(Paris, diplôme d'études.)

———◆———

CHAPITRE II. — INTÉRÊT.

331. Règle d'intérêt. — Le propriétaire d'une maison
ou d'un champ en cède l'habitation ou l'exploitation
moyennant un *loyer* ou un *fermage;* de même le possesseur d'une somme en cède temporairement l'usage moyennant un *intérêt.* On convient ordinairement que l'intérêt
dû après un certain temps est proportionnel à ce temps et
au *capital* prêté. L'intérêt calculé d'après ces conventions
est dit *l'intérêt simple.* Une question d'intérêt n'est le plus
souvent qu'une règle de trois entre trois espèces de grandeurs : capital, temps et intérêt. Connaissant un système
de valeurs simultanées de ces grandeurs, on peut se proposer de trouver la valeur que doit prendre l'une d'elles
quand on fait varier les deux autres ou l'une de ces valeurs. Comme la règle de trois, la règle d'intérêt est donc
simple ou composée. Dans la plupart des questions d'intérêt, on fait figurer comme donnée ou comme inconnue
l'intérêt de 100 fr. pour un an : c'est ce que l'on appelle
le *taux* de l'intérêt; on dit qu'un capital est placé à
5 pour 100, si le taux est de 5 fr. ; à 5,5 pour 100, si le taux
est de 5,5. L'expression 5 pour 100 s'écrit ordinairement :
5 0/0; on écrit de même 5,5 0/0, *etc.*

D'après la loi, le taux le plus élevé est le 5 0/0 entre
particuliers et le 6 0/0 dans le commerce.

Voici les trois problèmes usuels les plus importants :

332. Premier problème. Calculer l'intérêt.
Exemple : Quel est l'intérêt de 4 568 fr.,40 placés à
5 0/0 pendant 3 ans 8 mois ?

Énoncé complet de la règle de trois à résoudre :

100 fr. placés pendant **12 mois** donnent **5 fr.** d'intérêt; combien **4 568 fr.,40** placés pendant **44 mois** donnent-ils d'intérêt?

En désignant par x l'intérêt inconnu, cet énoncé peut être remplacé en abrégé par le tableau suivant :

$$100^f \;\text{———}\; 12^m \;\text{———}\; 5^f$$
$$4\,568,40 \;\text{———}\; 44 \;\text{———}\; x.$$

En appliquant la règle du § 328, on trouvera :

$$x = 5^f \times \frac{4\,568,40}{100} \times \frac{44}{12} = 857,54.$$

Remarques. — 1. 5 étant la moitié du dixième de 100, on trouve l'intérêt annuel d'un capital placé à 5 0/0 en prenant la moitié du dixième de ce capital.

2. Le calcul du taux de l'intérêt se fait de la même manière que le calcul de l'intérêt d'une somme quelconque.

3. Quand le temps est exprimé en jours, on convient généralement dans le commerce, pour simplifier les calculs, de considérer l'année comme étant de 360 jours, et de ne compter qu'un seul jour pour le jour du placement et celui de l'échéance.

En toute rigueur, on doit, d'après la loi, donner aux mois et à l'année la longueur qui est attribuée à chacune de ces périodes par le calendrier grégorien.

333. Deuxième problème. Calculer le capital.

Exemple : Quel capital faut-il placer à 5 0/0 pendant 3 ans 8 mois pour avoir 837 fr.,54 d'intérêt?

Énoncé complet et abrégé, x désignant le capital inconnu :

$$100^f \;\text{———}\; 12^m \;\text{———}\; 5^f$$
$$x \;\text{———}\; 44 \;\text{———}\; 837,54.$$

On trouvera

$$x = 100 \times \frac{12}{44} \times \frac{837,54}{5} = 4\,568,40.$$

Remarque. — Comme $100 = 5 \times 2 \times 10$, on calcule le capital qui donne à 5 0/0 un certain intérêt annuel, en multipliant cet intérêt par 2 et par 10.

334. Troisième problème. Calculer le temps.

Exemple : Pendant combien de mois faut-il placer 4568 fr., 40 à 5 0/0, pour avoir 837 fr.,54 d'intérêt?

$$100^{\text{f}} \underline{\hspace{2cm}} 12^{\text{m}} \underline{\hspace{2cm}} 5^{\text{f}}$$
$$4\,568,40 \underline{\hspace{2cm}} x \underline{\hspace{2cm}} 837,54 \,;$$

$$x = 12^{\text{m}} \times \frac{100}{4\,568,40} \times \frac{837,54}{5} = 44 \text{ mois.}$$

335. *Formule pour résoudre les trois problèmes précédents*. **Problème**. Quel est l'intérêt d'un capital a placé à R 0/0 pendant n années?

$$100^{\text{f}} \underline{\hspace{1.5cm}} 1^{\text{an}} \underline{\hspace{1.5cm}} \text{R}$$
$$a \underline{\hspace{1.5cm}} n \underline{\hspace{1.5cm}} i \,;$$

$$i = \text{R} \times \frac{a}{100} \times \frac{n}{1} = a\,\frac{\text{R}}{100} \cdot n \,;$$

et si l'on désigne par r le nombre $\dfrac{\text{R}}{100}$, c'est-à-dire le centième du taux, on a $i = a\,r\,n$.

Remarques. — 1. Le nombre n est entier ou fractionnaire, l'année étant prise pour unité. Le capital étant placé pendant 3 ans, $n = 3$; pour 44 mois, $n = \dfrac{44}{12}$; et pour 87 jours, $n = \dfrac{87}{360}$.

2. Pour appliquer cette égalité à la résolution du second problème, on en tire

$$a = \frac{i}{r\,n} \,;$$

et pour la résolution du troisième,

$$n = \frac{i}{a\,r} \cdot$$

Pour le calcul du taux on a

$$r = \frac{i}{rn} \text{ et } R = \frac{100\,i}{an}.$$

336. Problème. On a placé 4 568 fr.,40 à 5 0/0 pendant 3 ans 8 mois; quelle est la somme que l'on doit retirer pour le capital et les intérêts?

L'intérêt de 1 fr. pour 44 mois est

$$1^r \times 0,05 \times \frac{44}{12} = \frac{2,2}{12} = \frac{11}{60}.$$

Si l'on avait placé 1 fr., on aurait à retirer

$$1^r + \frac{11}{60}.$$

La somme à retirer pour 4 568 fr.,40 est donc

$$\left(1 + \frac{11}{60}\right) \times 4\,568,40 = 5405,94.$$

337. *Solution générale du même problème.* — En adoptant les notations du § 335, et en appelant A la somme à retirer, on a évidemment

$$A = a + arn = a(1 + rn).$$

Problème inverse. Quelle somme faut-il placer pour pouvoir retirer une somme donnée après un certain temps, pour le capital et l'intérêt?

L'égalité précédente $A = a(1 + rn)$ donne

$$a = \frac{A}{1 + rn}.$$

Remarque. — Pour trouver directement cette formule, on remarquera que pour retirer $1 + rn$ il suffit de placer 1 fr.; d'où l'on conclura que pour retirer A on devra placer 1 fr. autant de fois que le nombre $1 + rn$ est contenu dans A.

Calcul de l'intérêt par la méthode des parties aliquotes.

*** 338. Problème.** Pendant quel temps faut-il placer un capital a à 6 0/0, pour que l'intérêt soit égal au centième du capital?

On doit avoir

$$\frac{a}{100} = a \times 0{,}06 \times n,$$

ou

$$1 = 6 \times n\,;$$

d'où $n = \dfrac{1}{6}$ d'année ou 60 jours.

Remarques. — 1. On pourra donc, par un calcul très simple, trouver l'intérêt d'un capital placé à 6 0/0 pendant 60 jours ou pendant un nombre de jours multiple ou diviseur de 60 :

L'intérêt de 7 480 fr. pendant 60ʲ à 6 0/0 est de 74 fr. 80,

$$\text{—} \qquad \text{—} \qquad 30 \qquad \text{—} \qquad \frac{74{,}80}{2} = 37{,}40.$$

2. Si le capital était placé à 5 0/0, on trouverait   72 jours.

—	—	4,5	—	80 —
—	—	4	—	90 —
—	—	3	—	120 —
—	—	2	—	180 —

*** 339. Règle.** *Pour calculer l'intérêt d'un capital placé à 6 0/0 pendant un certain nombre de jours, on décompose ce nombre en parties aussi grandes que possible, telles que chacune de ces parties soit un multiple ou un diviseur de 60 ; on cherche l'intérêt du capital placé, pour chacune de ces parties du temps total, et on les ajoute.*

Application. Calculer l'intérêt de 5 481 fr.,45 placé à 6 0/0 pendant 225 jours.

En décomposant 225 de la manière suivante :

$$225 = 60 \times 3 + 30 + 15,$$

voici le tableau du calcul de l'intérêt :

L'intérêt de 5 481 fr., 45

pour 60×3 jours est de $54,8145 \times 3$, soit 164,443

$$30 \quad - \quad \frac{54,8145}{2} \quad - \quad 27,407$$

$$15 \quad - \quad \frac{27,407}{2} \quad - \quad 13,703$$

$$\text{L'intérêt demandé est de} \quad \overline{205,553}$$

Remarque. — Il est quelquefois utile d'opérer par soustraction. Cela a lieu dans la question que l'on vient de résoudre.
En effet,

$$225 = 240 - 15 = 60 \times 4 - 15.$$

On n'aura donc qu'à calculer l'intérêt pour quatre fois 60 jours, puis pour le quart de 60 jours, et à retrancher le second résultat du premier.

***340. Problème**. Calculer l'intérêt de **5 481** fr.,**45** placés à **5 0/0** pendant **225** jours.

On peut faire ce calcul en décomposant **225** en parties qui soient des multiples ou des diviseurs de **72** et en opérant ensuite comme on l'a fait dans le paragraphe précédent ; ou bien calculer l'intérêt à **6 0/0** et le diminuer de sa sixième partie. Les comptables préfèrent généralement ce dernier procédé :

$$\text{Intérêt à 6 p. 100.} \quad . \quad 205,55$$

$$\frac{1}{6} \text{ de cet intérêt} \quad . \quad . \quad 34,26$$

$$\text{Intérêt à 5 p. 100.} \quad . \quad \overline{171,29}$$

Remarque. — On trouve de même : le 4,5 0/0 en diminuant le 6 0/0 de son quart ; le 4 0/0 en diminuant le 6 0/0 de son tiers ; le 3 0/0 en prenant la moitié du 6 0/0.

* 341. Méthode des diviseurs ou multiplicateurs.

— L'intérêt d'un capital a placé au taux R pendant j jours est exprimé par la formule

$$i = \mathrm{R} \times \frac{a}{100} \times \frac{j}{360}.$$

Si

$$\mathrm{R} = 6, \quad i = \frac{a.j}{6\,000};$$

si

$$\mathrm{R} = 5, \quad i = \frac{a.j}{7\,200};$$

si

$$\mathrm{R} = 4, \quad i = \frac{a.j}{9\,000}, \quad etc.$$

Le produit $a.j$ est appelé le *nombre*, et les diviseurs 6 000, 7 200, *etc.*, les *diviseurs fixes*.

RÈGLE. *Pour calculer l'intérêt d'un capital pour un certain nombre de jours, on multiplie le capital par le nombre de jours et l'on divise le produit par le nombre fixe que l'on trouve en divisant* 36 000 *par le taux.*

Remarques. — 1. Pour diviser un nombre par 6 000, on prend le sixième de ce nombre et l'on recule la virgule de trois rangs vers la gauche; pour diviser un nombre par 7 200, on prend le neuvième du huitième de ce nombre et l'on recule la virgule de deux rangs, *etc.*

Au lieu de diviser par 6 000, on pourrait multiplier par

$$\frac{1}{6\,000} = 0,00016667.$$

De même, pour le 5 0/0, le *multiplicateur fixe* est 0,00013889, *etc.*

2. Si le diviseur fixe n'était pas un nombre simple, comme cela a lieu pour le 5,5 0/0, on calculerait l'intérêt pour le taux

entier voisin, et l'on modifierait cet intérêt d'après la valeur de la fraction qui accompagne cet entier : ainsi on trouvera le 5,5 0/0 en calculant le 5 0/0 et l'augmentant ensuite de son dixième.

*** 342. Intérêts composés.** — Un capital est placé à intérêts composés lorsque, à la fin de chaque année ou de toute autre période déterminée, on ajoute l'intérêt au capital pour que le tout porte intérêt, comme le premier capital, pendant le temps suivant.

Il est évident que l'on pourra trouver ce que devient un capital ainsi placé, en résolvant une suite de problèmes d'intérêt simple; mais la remarque suivante permet de formuler une règle préférable : 1 fr. placé à 5 0/0, par exemple, pendant 1 an donne 1 fr.,05 pour le capital et l'intérêt; 2 fr., 3 fr...., donnent une somme 2 fois, 3 fois..., plus grande. Pour trouver ce que devient un capital après un an, quand on l'augmente de son intérêt, on n'a qu'à le multiplier par 1 fr. augmenté de son intérêt. On trouve d'ailleurs ce résultat en faisant $n = 1$ dans la formule $A = a(1+rn)$ (§ 337). Cette nouvelle somme $a(1+r)$ est le capital placé pendant la seconde année, et à la fin de cette seconde année elle devient $a(1+r)(1+r)$ ou $a(1+r)^2$; après 3 ans, on a de même $a(1+r)^3$, et après n années, $a(1+r)^n$. Si le temps était composé de n années et d'une fraction f d'année, on aurait encore à multiplier $a(1+r)^n$ par un nouveau facteur $(1+fr)$ exprimant ce que devient 1 fr. quand on l'augmente de son intérêt pendant cette fraction f d'années. En appelant A la somme à retirer après ce temps pour le capital et les intérêts, on a donc

$$A = a(1+r)^n (1+fr).$$

Remarque. — Les calculs indiqués dans cette formule sont longs, à moins que n ne soit un des premiers nombres.

***343.** Quel capital faut-il placer à intérêts composés pendant n années et une fraction f d'année, pour avoir après ce temps, pour le capital placé et ses intérêts composés, une somme A?

L'égalité précédente donne

$$a = \frac{A}{(1+r)^n \; (1+fr)}.$$

Remarque. — On trouve directement cette formule en remarquant que, pour retirer la somme $(1+r)^n \; (1+fr)$ il faut placer 1 fr., d'où l'on déduit que, pour retirer la somme A, on doit placer 1 fr. autant de fois que $(1+r)^n \; (1+fr)$ est contenu dans A.

***344.** En plaçant une somme a pendant 4 ans, par exemple, on aurait à retirer $a\,(1+r)^4$ pour ce capital et ses intérêts composés; quelle est la somme qu'il faudrait placer à la fin de chacune de ces années pour avoir à retirer la même somme $a\,(1+r)^4$ après ces 4 ans pour les quatre sommes égales ainsi placées et leurs intérêts composés?

Si ces sommes égales, qu'on appelle des *annuités*, étaient de 1 fr., la somme à retirer après 4 ans serait égale à

$$1\,(1+r)^3 + 1\,(1+r)^2 + 1\,(1+r) + 1 = b\,;$$

or, d'après la formule du paragraphe précédent, on aurait à retirer cette même somme b si l'on plaçait pendant 4 ans à intérêt composé la somme

$$\frac{b}{(1+r)^4} = c.$$

Donc, si la somme placée primitivement était c, l'annuité serait de 1 fr.; par suite, l'annuité demandée devra contenir 1 fr. autant de fois que a contient c.

Elle est donc égale à

$$a : \frac{b}{(1+r)^4} = \frac{a\,(1+r)^4}{b}.$$

Remarque. — Ce problème peut s'énoncer ainsi :

Une personne emprunte une somme a qu'elle doit rembourser en payant des annuités égales pendant quatre ans à la fin de chaque année; quelle doit être l'annuité en tenant compte des intérêts composés? C'est le problème des annuités pour l'extinction ou l'*amortissement d'une dette*.

EXERCICES SUR L'INTÉRÊT.

345. 1. Calculer l'intérêt de 1 200 fr. pour 60 jours : 1° à 6 0/0 ; 2° à 5 0/0 ; 3° à $4\frac{1}{2}$ 0/0 ; 4° à 4 0/0 ; 5° à $6\frac{1}{2}$ 0/0 ; 6° à 7 0/0. — Réponse : 12 fr., 10 fr., 9 fr., 8 fr., 13 fr., 14 fr.

2. Calculer l'intérêt de 1 500 fr. à 6 0/0 pour 290 jours. — Réponse : 217 fr., 50.

3. Calculer l'intérêt de 5 296 fr.,25 à $5\frac{1}{2}$ 0/0 pour 168 jours. — Réponse : 136 fr.,925.

4. On a placé 4 560 fr. à 5 0/0 pendant 2 ans 6 mois 15 jours ; calculer la somme à retirer. — Réponse : 5 139 fr.,50.

5. A quel taux faut-il placer 4 560 fr. pour retirer 5 139 fr.,50 au bout de 2 ans 6 mois 15 jours, pour le capital et les intérêts ? — Réponse : 5 0/0.

6. Pendant quel temps faut-il placer 4 560 fr. à 5 0/0 pour retirer 5 139 fr.,50 pour le capital et les intérêts ? — Réponse : 2 ans 6 mois 15 jours.

7. Calculer l'intérêt de 25 734 fr. à 4 0/0 pour un jour. Règle : J'ajoute les chiffres : la somme est 21 ; je pose 1 et je retiens 2 ; j'ajoute encore les chiffres à partir des dizaines, en tenant compte de la retenue : je trouve 19 ; je pose 9 à la gauche du chiffre précédent 2, et ainsi de suite ; je divise enfin le nombre trouvé 28 591 par 10 000. — Réponse : 2 fr.,8591.

Remarque. — L'intérêt demandé est égal à

$$\frac{25\,734}{9\,000} = \frac{25\,734}{10\,000} \times \frac{10}{9},$$

Or $\frac{10}{9} = 1,1111 \ldots$ *etc.*

8. Un capitaliste qui a mis des fonds dans une entreprise reçoit, au bout de 5 ans 2 mois, 182 000 fr., capital et bénéfice. Le bénéfice est les $\frac{2}{5}$ du capital ; quel est le taux du placement ? — Réponse : 7 fr., 75 0/0.

9. Un hectolitre de blé coûte 22 fr.,80 et produit 75 kilogr.,75 de pain. On accorde au boulanger sur le prix d'achat 25 0/0 pour fabrication et bénéfice ; combien doit-il vendre le pain de 5 kilogr. ? — Réponse : 1 fr.,88.

10. On a acheté un champ de 223 ares à raison de 3 060 fr. l'hectare. Le prix d'achat, augmenté de certaines dépenses accessoires, s'est élevé à 7 943 fr.,59. Le produit brut de la récolte a été de 1 187 fr.,38, et la dépense d'exploitation de 603 fr.,35. Calculer : 1° de combien le prix d'achat a été augmenté par les dépenses accessoires ; 2° combien pour 100 la somme ainsi placée rapporte par an. — Réponse : 1° 1 449 fr.,79 ; 2° 7 fr., 36 0/0.

11. Un père et ses deux fils achètent une propriété de 128 hectares : 42 hect., 60 à 15 fr., 60 l'are, et le reste à 24 fr.,50. Le père paye seul les $\frac{5}{7}$ de ce que payent les fils réunis, et la somme que verse le plus jeune n'est que les $\frac{4}{5}$ de celle que donne l'aîné. On demande ce qu'a donné chacun, et à quel prix il faut affermer la propriété pour que l'argent soit placé au taux de 3,2 p. 100. — Réponse : 1° 160 816 fr., 83 ; 2° 63 816 fr.,21 ; 3° 51 052 fr., 96. Prix du fermage : 8 821 fr.,95.

12. Un marchand de grains a acheté une certaine quantité de froment et en a vendu $\frac{1}{4}$ à 5 0/0 de bénéfice, un second quart à 15 0/0 de bénéfice, et le reste avec une perte de $4\frac{2}{3}$ 0/0. En fin de compte il a gagné 500 fr. Combien lui avait coûté son achat ? — Réponse : 18 750 fr.

13. Une personne place 10 000 fr., une partie à 5 0/0 et l'autre partie à 6 0/0. Après 3 ans, elle reçoit 1 620 fr. pour l'intérêt simple de son capital ; quelle est la somme placée à 6 0/0 ? — Réponse : 4 000 fr.

14. Une somme d'argent placée pendant 8 mois est devenue,

avec ses intérêts, 1 277 fr., 20 ; la même somme, placée pendant 15 mois au même taux, est devenue, avec les intérêts simples, 1 309 fr., 75 : quelle est la somme placée, et quel est le taux de l'intérêt ? — Réponse : 1 240 fr.; 4,5 0/0.

(Constantine, brevet du 2ᵉ ordre.)

15. Une institutrice, pendant la présente année, reçoit un traitement total de 650 fr.; on lui retient 5 0/0 sur son traitement mensuel ; elle dépense par trimestre, pour son entretien complet, 146 fr., 50, et elle fait à sa mère une rente de 75 fr. par an. Calculer le montant des économies qu'elle réalisera cette année. — Réponse : 76 fr., 50.

(Vesoul, brevet du 2ᵉ ordre.)

16. Une personne qui devait payer une dette le 10 novembre ne l'a payée que le 15 janvier, ce qui a augmenté la dette de 42 fr. L'intérêt étant de 5 0/0 par an, que devait cette personne ? — Réponse : 4 582 fr.

(Lille, brevet de capacité.)

17. Une personne, ayant fait deux parts d'un capital de 45 000 fr., a placé la première à $5\frac{1}{2}$ 0/0 et la deuxième à 4 0/0. Elle se fait ainsi un revenu annuel de 2 025 fr. Quelles sont ces deux parts ? — Réponse : 15 000 et 30 000 fr.

(Alby, brevet de capacité.)

18. Un propriétaire fait assurer sa maison, estimée 7 600 fr., à raison de 0 fr., 30 0/0 ; son mobilier, évalué 3 800 fr., à raison de 0 fr., 60 0/0. Que devra-t-il payer pour sa prime d'assurance, y compris 8 0/0 de la prime pour impôt ? — Réponse : 49 fr., 25.

(Paris, brevet du 2ᵉ ordre.)

19. Une personne emprunte une certaine somme, et au bout de 8 mois elle rembourse le capital avec les intérêts en donnant 2 587 fr., 50. Quel était le capital emprunté, sachant que les intérêts ont été calculés à raison de 5 fr., 25 0/0 par an ? — Réponse : 2 500 fr.

(Paris, brevet du 2ᵉ ordre.)

20. Une personne place les $\frac{4}{5}$ de ses fonds à 5 0/0 et le reste à 4 0/0. Au bout de l'année elle retire 15496 fr., capital et intérêts compris. Quel était le capital ainsi placé ? — Réponse : 14 500 fr.

(Paris, brevet du 2ᵉ ordre.)

21. Dans une prairie de 2 hectares 8 centiares, un cultivateur récolte 12 bottes $\frac{1}{2}$ de foin par are. Il vend son foin 45 fr. les 100 bottes et consent à n'être payé que dans 3 mois, mais à la condition qu'on lui donnera de l'or. Au bout de 3 mois, l'or faisant une prime de 15 fr. du mille, le cultivateur le porte chez un banquier et reçoit des billets en échange. Dites combien la prime qu'il touche représente d'intérêt pour 100 de son argent. — Réponse : 6 0/0.

(Paris, brevet du 2ᵉ ordre.)

22. Un cultivateur avait fait assurer ses bâtiments et son matériel d'exploitation, et le tout était estimé 52000 fr. Il a été victime d'un incendie 3 ans 9 mois après avoir contracté son engagement avec la compagnie. Les dégâts ont été évalués aux $\frac{9}{13}$ des valeurs assurées. La prime d'assurance, fixée à 1 fr.,50 pour 1 000, a été payée à la fin de chaque année. On demande quelle somme le cultivateur devra recevoir de la compagnie. — Réponse : 35 944 fr.,50.

(Paris, brevet du 2ᵉ ordre.)

23. Un négociant achète pour 9446 fr. de marchandises. Il veut gagner 15 0/0. Combien doit-il les revendre, et quel sera son bénéfice ?

On résoudra le problème en supposant que le bénéfice de 15 0/0 doit être réalisé ; 1° sur le prix d'achat ; 2° sur le prix de vente. — Réponse : 1° 10 517 fr.,90 ; 1 371 fr.,90 ; 2° 10 760 fr. et 1 614 fr.

(Paris, brevet du 2ᵉ ordre.)

24. Un marchand achète un tonneau d'huile d'olive de 240

litres à raison de 1 fr., 83 le kilogr., et il le revend à raison de 1 fr., 83 le litre. Trouver combien il a gagné en tout à ce marché, et combien il a gagné pour 100, sachant qu'un centimètre cube d'huile pèse 915 milligr. — Réponse : 37 fr., 33 ; 9,28 0/0.

(Châlons-sur-Marne, brevet simple.)

25. Une personne place les $\frac{2}{5}$ de son capital à 6 0/0, ce qui lui procure un revenu annuel de 939 fr., 60. Le reste de ce capital est placé à $4\frac{1}{2}$ 0/0. Trouver son revenu total et dire à quel taux unique elle devrait placer tout son capital pour obtenir le même revenu annuel. — Réponse : 1 996 fr., 65 ; 5,1 0/0.

(Châlons-sur-Marne, brevet du 2ᵉ ordre.)

26. Quelle somme faut-il placer en ce moment à 5 0/0 par an pour recevoir dans 3 mois et 18 jours 875 fr., capital et intérêts ? — Réponse : 862 fr., 06.

(Lille, brevet de capacité.)

27. Un champ de blé de 3 hectares 17 ares a été acheté à raison de 25 fr., 09 l'are ; il a produit en blé 37 hectolitres, qui valent 13 fr., 25 l'hectolitre ; les frais d'exploitation sont évalués 17 0/0 du produit total. On veut connaître le produit net de ce champ de blé et le taux auquel on a placé son argent en faisant cette acquisition. — Réponse : 406 fr., 91 ; 5,11 0/0.

(Châlons-sur-Marne, brevet de capacité.)

28. Une jeune fille, ayant mal placé ses économies, a perdu 25 0/0 de son capital, qui se trouve ainsi réduit à 2 784 fr., 75. Quel était ce capital ? — Réponse : 3 713 fr.

(Paris, brevet du 2ᵉ ordre.)

29. Jacques a acheté pour 2 927 fr., 35 de fer, et perdu $4\frac{1}{2}$ 0/0 en le revendant à Antoine à raison de 0 fr., 24 le kilogr.

Antoine revend à son tour pour 800 fr. les $\frac{2}{7}$ de ce qu'il a acheté, et il vend le reste à raison de 0 fr.,27 le kilogr. On demande : 1º combien Jacques a acheté de quintaux de fer ; 2° le gain total fait par Antoine ; 3° ce qu'il a gagné pour 100. — Réponse : 1° 416 quint., 48 ; 2° 250 fr.,78 ; 3° 8,97 0/0.

(Lille, brevet de capacité.)

30. Quelqu'un place pour 3 ans, à intérêt composé, un capital à 5 p. 100 ; au bout de ce temps, il reçoit 920 fr., tant pour le capital que pour les intérêts. On demande quel était ce capital. — Réponse : 794 fr.,81.

(Nancy, brevet du 2ᵉ ordre.)

31. J'ai acheté les $\frac{2}{3}$ d'un champ ; en vendant les $\frac{5}{8}$ de la portion que j'ai acquise, je fais un bénéfice de $3\frac{1}{2}$ 0/0 et je touche 330 fr.,75. Combien ai-je payé le terrain, et combien aurais-je dû débourser si j'avais acheté le tout ? — Réponse : 511 fr., 30 ; 766 fr.,95.

(Nancy, brevet du 2ᵉ ordre.)

32. Quelle somme faut-il placer, au commencement de chaque année, pendant 3 ans 72 jours, à 5 0/0, pour que la somme que l'on aura à recevoir pour les sommes placées et leurs intérêts composés soit égale à celle que l'on aurait à recevoir si l'on avait placé 9 500 fr. pendant le même temps, à 6 0/0 et à intérêt simple ? — Réponse : 2 601 fr. par défaut.

(Toulouse, brevet complet.)

33. Une personne fait valoir un capital de 5 500 fr. à 4 0/0, et, 4 ans $\frac{1}{2}$ plus tard, elle place un autre capital de 8 000 fr. à 5 0/0. Après quel temps ces deux capitaux auront-ils rapporté le même intérêt ? — Réponse : 5 ans $\frac{1}{2}$ après le placement du premier capital.

34. Une personne a placé le tiers de son capital à 4 0/0, le quart à 5 0/0, le cinquième à 6 0/0 et le reste à 7 0/0.

16.

Après 5 ans, cette personne reçoit pour les intérêts simples le quart de son capital plus 270 fr. Quel était ce capital? — Réponse : 18 000 fr.

35. Une personne place une partie de sa fortune à 5 0/0 et le reste à 3 0/0 ; de cette manière elle se fait un revenu de 2587 fr. Si la première partie avait été placée à 3 0/0 et l'autre à 5 0/0, le revenu serait diminué de 334 fr. Quelles sont les deux sommes ainsi placées? — Réponse : 38 600 fr. et 21 900 fr.

36. Deux capitaux rapportent ensemble 5 400 fr. d'intérêt par an. L'un est placé à 5 0/0 et l'autre à 3 0/0. On demande quels sont ces capitaux, sachant de plus que le premier rapporte 345 fr. de plus que le second. — Réponse 57 450 fr. et 84 250 fr.

37. Un premier capital, placé à 6 0/0 pendant un certain temps, a produit 9 000 fr. d'intérêt. Un second capital, supérieur de 20 000 fr. et placé à 4 0/0 pendant le même temps, a produit 10 000 fr. On demande : 1° quels sont ces deux capitaux ; 2° pendant quel temps ils sont restés placés. — Réponse : 1° 30 000 fr. et 50 000 fr ; 2° 5 ans.

38. On demande de partager une somme de 38 540 fr. entre 3 enfants, âgés : le premier de 12 ans ; le deuxième de 10 ans $\frac{1}{2}$ et le troisième de 7 ans, de manière que, en plaçant chaque part à intérêt simple et à 4 $\frac{1}{2}$ 0/0, ces trois enfants, arrivés à l'âge de 20 ans, aient le même capital. — Réponse : 13 711 fr., 60 ; 13 063 fr., 24 et 11 765 fr., 16.

39. Une personne a placé deux capitaux à intérêt simple, le premier à 4 0/0, et le second à 5 0/0. Au bout de 7 ans 9 mois, elle a retiré 23 800 fr. pour les capitaux et les intérêts. On demande quels sont ces capitaux, sachant de plus que le premier est les $\frac{5}{6}$ du second. — Réponse : 8 000 fr. et 9 600 fr.

40. Un marchand achète 60 mèt., 50 de drap à 15 fr. 75 le mètre, à la condition d'en payer le prix six mois après. Un mois après il donne un acompte de 300 fr., et 15 jours après ce premier payement il en fait un autre de 200 fr. Combien de temps pourra-t-il garder la somme qu'il doit encore pour le

dédommager des avances qu'il a faites ? — Réponse : 5 mois
9 jours après le délai convenu.

(Toulouse, brevet simple.)

41. Une personne emprunte, le 1er janvier 1862, une somme
inconnue. Elle paye les sommes suivantes pour les intérêts échus,
calculés au taux de 5 0/0, et comme acompte sur le capital :
1° 1 750 fr. le 1er juillet 1863 ; 2° 3 600 fr. le 1er novembre 1864 ;
3° 2 375 fr. le 1er février 1866 ; 4° 1 250 fr. le 1er mai 1867 ;
5° 3 125 fr. le 1er mars 1868. Sachant que ce dernier payement
libère complètement le débiteur, on demande la somme qu'il a
empruntée. — Réponse : 10 129,70, à 0,01 près par excès.

(Beauvais, brevet supérieur.)

42. Trouver la somme qui, augmentée de ses intérêts au taux
de 6 0/0 pendant 3 mois, produit 4 317 fr., 25. — Réponse :
4 253 fr., 44.

(Poitiers, diplôme de fin d'études.)

43. Une personne vient d'emprunter une certaine somme,
qu'elle acquittera en 3 payements égaux de 1 000 fr. chacun,
le premier dans 1 an, le second dans 2 ans, le troisième dans
3 ans. On demande quelle est la somme empruntée. L'intérêt
est de 4 0/0, et l'on a égard aux intérêts composés. — Réponse : 2 705,35, à 0,01 près par défaut.

(Paris, diplôme d'études.)

44. Une personne pouvant disposer d'une somme de 1 800 fr.
en place une partie à 4,5 0/0 et le reste à 5,75 0/0 ;
après 4 ans 3 mois elle retire 373 fr., 75 pour l'intérêt simple
de son capital. Quelle est la somme qui a été placée à 4,5 0/0 ?
— Réponse : 1 245 fr.

(Toulouse, brevet du 2e ordre.)

Chapitre III. — Rentes sur l'état.

346. L'État, les départements et les communes contractent des emprunts comme les compagnies financières et les particuliers; ils se créent ainsi des ressources promptes ou considérables en dehors des impôts ordinaires. Les intérêts annuels des sommes empruntées par l'État constituent ce qu'on appelle des *rentes sur l'État*. Ces rentes sont pour la plupart appelées aussi des *rentes perpétuelles*, parce que le gouvernement s'est réservé la faculté de différer indéfiniment le remboursement du capital qui correspond à ces rentes, ou d'effectuer ce remboursement à des conditions déterminées, à telle époque qu'il voudra.

347. Les premières rentes perpétuelles furent fondées par François Ier, en 1521, après ses revers dans le Milanais. En 1797 la dette publique de la France s'élevait à deux milliards huit cents millions de capital; elle fut réduite des $\frac{2}{3}$, et le tiers restant, qu'on nomma *le tiers consolidé*, devint plus tard le 5 0/0. Il y a aujourd'hui cinq espèces de rentes sur l'État, dont quatre espèces de rentes perpétuelles, et des rentes amortissables par annuités, savoir : 1° des rentes 5 0/0, qui se payent par quarts, le 1er janvier, le 1er avril, le 1er juillet et le 1er octobre; le chiffre total de ces rentes est de 563 millions de francs environ; 2° des rentes 4 0/0 payables par moitié le 22 mars et le 22 septembre : il ne reste en circulation que 446 000 francs environ de rentes de cette espèce; 3° 37 millions environ de rentes 4,5 0/0, payables le 22 mars et le 22 septembre; 4° 346 millions environ de rentes 5 0/0, payables par quarts, le 16 des mois de février, mai, août et novembre ; 5° le 3 0/0 *amortissable*, créé par la loi du 11 juin 1878 et par le décret du 16 juillet de la même année. Elles sont payables le 16 janvier, le 16 avril, le 16 juillet et le 16 octobre. Le payement des rentes est effectué par l'administration du *Trésor*.

348. Les rentes sont inscrites sur des registres spéciaux, dont l'ensemble est appelé le *grand-livre* de la dette publique. Chaque rentier a entre les mains un titre ou *inscription*, sur lequel est énoncé l'intérêt qui lui est dû, et, pour chaque titre, un compte est ouvert sur le *grand-livre*.

Un titre de rente est *nominatif* s'il porte le nom du possesseur de la rente; on le dit *au porteur*, dans le cas contraire.

Le montant d'une inscription de rente est toujours exprimé par un nombre entier de francs. La plus faible inscription est de 5 francs pour les rentes perpétuelles, et de 15 francs pour la rente amortissable. Le montant d'un titre est toujours un nombre entier. Ce nombre est quelconque au-dessus de 5 francs, pour les rentes perpétuelles; en ce qui concerne les rentes amortissables, il n'y a que des multiples de 15 francs pour les titres au porteur, et, pour les titres nominatifs, il n'y a que les chiffres de rente suivants : 15, 30, 60, 150, 300, 600, 1 500, 3 000 fr.

349. L'intérêt fixe, inscrit sur un titre, correspond à un capital, prix actuel d'achat ou de vente du titre, lequel varie avec diverses circonstances : la plus ordinaire est l'affluence ou la rareté des titres dont on propose chaque jour la vente. Les circonstances politiques peuvent avoir aussi une très grande influence sur la valeur de ce capital. En 1797, 5 francs de rente se vendaient 6 fr., 95; en 1844, la même rente s'est vendue 126 francs; en 1848, elle valait 50 francs; actuellement elle vaut environ 116 francs. La valeur des titres de rente est déterminée chaque jour par *le cours de la rente* : tel est le nom qu'on donne au capital dont l'intérêt est exprimé par le chiffre caractéristique de la rente. Ainsi le cours de la rente 3 0/0 est le prix de 3 francs de rente de cette espèce; le cours de la rente 5 0/0 est le prix actuel de 5 francs de rente 5 0/0, et ainsi des autres. Le cours est généralement exprimé par un nombre de francs et de centimes; le nombre de centimes est toujours un multiple de $2\frac{1}{2}$. Lorsque le cours est de 100 francs, on dit que la rente est *au pair*. Le gouvernement s'est réservé la faculté de rembourser au pair le capital de la rente, c'est-à-dire de racheter 5 francs de rente 5 0/0, ou bien 4 fr. 50 c. de rente 4,5 0/0, *etc.*, moyennant un capital de 100 francs.

350. Quand le gouvernement veut faire un emprunt, il propose l'achat de titres de rente correspondant en totalité au capital dont il a besoin, soit à un banquier, avec lequel il discute les conditions; soit à plusieurs banquiers ou compagnies financières, qui font connaître, sous plis cachetés, leurs conditions, dont la plus avantageuse est acceptée; soit enfin à tout le monde, à des conditions que le gouvernement fait connaître avant l'ouverture de la souscription.

* **351**. Pour diminuer la dette publique, le gouvernement pourrait rembourser au pair la valeur de tous les titres de rentes perpétuelles d'une même espèce. Il aurait un intérêt évident, pour faire une telle opération, à attendre que le cours fût au pair ou au-dessus, ce qui ne peut guère avoir lieu que pour le 4,5 et le 5. Il le fait ordinairement d'une manière détournée par *la conversion de la rente*. En 1852, le gouvernement a fait disparaître l'ancien 5 0/0 en remplaçant un titre de rente de 5 fr. par un titre de 4 fr., 50. La conversion se fait dans les meilleures conditions possible lorsque les deux cours sont au-dessus du pair. La dette publique, évaluée en rentes, est ainsi diminuée de la différence existant entre les titres anciens et les titres nouveaux qui les remplacent. D'une

manière analogue, le 4 0/0 a été, en 1862, converti presque complètement en 3 0/0. Le 5 0/0 nouveau (souscription nationale de 1871 et 1872) et le 4,5 sont actuellement dans les conditions financières voulues pour une nouvelle conversion. Mais le moyen le plus régulier employé jusqu'à présent par le gouvernement pour diminuer le montant des rentes perpétuelles consiste dans le fonctionnement de la *caisse d'amortissement*. On appelle ainsi une administration spéciale qui reçoit chaque année les fonds que le gouvernement destine à l'extinction d'une partie de la dette ; ces fonds constituent la *dotation* de la caisse. Elle les fait valoir et les emploie, quand elle y est autorisée par le gouvernement, à racheter au-dessous du pair des titres de rente, qui sont ainsi retirés de la circulation. Elle utilise de la même manière, les années suivantes, les rentes rachetées et les nouvelles dotations. — Le dernier emprunt, contracté en 1878, a été fait dans des conditions spéciales, dans le but d'opérer sûrement et régulièrement l'amortissement de cette partie de la dette publique. Les titres du 3 0/0 amortissable sont distribués en 175 séries remboursables en 75 ans d'après des tirages faits le 1er mars de chaque année. Cette distribution se fait d'après un tableau annexé à la loi et reproduit sur tous les titres. Le remboursement a lieu *au pair* : ainsi un titre de 15 francs de rente est remboursé à 500 francs.

352. L'achat d'un titre de rente au porteur peut être fait, sans frais, de la main à la main. Il n'en est pas de même d'un titre nominatif ou d'une partie d'un titre au porteur : une telle opération doit se faire par l'intermédiaire d'un officier ministériel appelé *agent de change*. La loi accorde à l'agent de change un droit de commission ou de *courtage* de $\frac{1}{8}$ 0/0, c'est-à-dire de $\frac{1}{800}$ du montant de l'achat ou de la vente. Ce droit est payé par l'acheteur et par le vendeur. L'agent de change reçoit ainsi $\frac{1}{400}$ du montant de

l'opération. A ces frais, qui sont proportionnels à l'importance du titre, il faut ajouter un droit fixe de 0 fr., 50 ou
de 1 fr., 50 suivant que la négociation porte sur un capital
inférieur ou au moins égal à 10 000 fr. : c'est le prix du
timbre apposé sur le bordereau fourni à chacun des deux
opérateurs.

353. Quand on n'a pas à tenir compte des frais de courtage et de timbre, les principaux problèmes sur la rente
se résolvent de la même manière que les problèmes les
plus simples relatifs à l'intérêt. Ils ont pour but de déterminer le prix d'achat ou de vente d'un titre de rente, ou
inversement de calculer la rente que l'on peut acheter avec
un certain capital.

Premier problème. *Quelle somme faut-il donner pour
un titre de 540 fr. de rente 4,5 0/0, au cours de 78 fr., 25 ?*

Le prix demandé

$$= \frac{78,25 \times 540}{4,5} = 9\ 390 \text{ fr.}$$

Second problème. *Quelle rente 3 0/0 aura-t-on pour
3 500 fr., le cours étant à 75 fr.?*

L'inconnue

$$= \frac{3 \times 3\ 500}{75} = 140 \text{ fr.}$$

354. La considération du droit fixe pour le timbre ne
peut pas amener une complication sérieuse dans ces problèmes, et celle qu'y introduit le droit de courtage dispa-
raît en remarquant que ce droit a pour effet, suivant qu'il
s'agit d'un achat ou d'une vente, d'augmenter ou de diminuer le cours de la rente de la 800ᵉ partie de ce cours :
on devra donc remplacer le cours nominal c par le cours
réel

$$c + \frac{c}{800},$$

ou

$$c - \frac{c}{800};$$

les problèmes se résoudront alors de la même manière que les deux problèmes du paragraphe précédent. En voici des exemples.

Premier problème. *Quelle somme faut-il donner pour un titre de 540 fr. de rente 4,5 0/0, au cours de 78,25, droits de courtage et de timbre compris?*

Cours réel :

$$78,25 + \frac{78,25}{800} = 78,3478 \text{ à } 0,0001 \text{ près.}$$

Montant de la rente, courtage compris :

$$\frac{78,3478 \times 540}{4,5} = 9401,74$$

Droit de timbre :   0,50

                                  Total   9402,24

Remarques. — 1. On pourrait calculer le montant de l'achat correspondant au cours nominal et l'augmenter ensuite de sa 800ᵉ partie.

2. Si l'on devait vendre le même titre, le cours réel serait égal à

$$78,25 - \frac{78,25}{800},$$

et le droit de timbre devrait être retranché.

Deuxième problème. *Quelle rente 3 0/0 aura-t-on pour 3 500 fr., au cours de 75 fr., en tenant compte du courtage et du timbre?*

Cours réel :

$$75 + \frac{75}{800} = 75,09375.$$

Rente demandée :

$$\frac{3 \times 3\,499,50}{75,09375} = 139 \text{ à 1 fr. près par défaut.}$$

Ces 139 fr. de rente valent 3 479 fr., 84, timbre compris ; il reste donc 20 fr.,16.

Troisième problème. *On a payé 3 479 fr.,84 pour 139 fr. de rente 3 0/0, timbre et courtage compris ; quel était le cours nominal ?*

Je calcule d'abord le cours réel, après avoir retranché les 0 fr., 50 du timbre de 3 479 fr., 84. Je trouve 75 fr.,09.

Ce nombre est les $\frac{801}{800}$ du cours nominal ; celui-ci est donc égal à

$$\frac{75,09 \times 800}{801} = 75 \text{ à 0,01 près par excès.}$$

355. En achetant de la rente, on place son argent à un certain taux qu'on appelle le *taux de la rente*. Le taux est d'autant plus bas que le cours est plus élevé.

1° Quel est le taux de la rente 3 0/0 au cours de 75,60 ?

Le cours réel est de

$$75,6 + \frac{75,60}{800} = 75,6945.$$

75,6945 donnent 3 fr. d'intérêt ; quel est l'intérêt de 100 fr. ?

$$\text{Le taux} = \frac{3 \times 100}{75,6945} = 3,97 \text{ à 0,01 près par excès.}$$

Remarque. — Le taux du 3 0/0 est généralement inférieur à celui du $4\frac{1}{2}$ et à celui du 5. En d'autres termes, les rentes $4\frac{1}{2}$ et 5 0/0 sont moins chères que le 3 0/0. Cela vient de ce que les rentes 4 et 5 0/0 peuvent, à un moment donné, subir une dépréciation par la conversion. Le 3 0/0 amortissable est plus cher que le 3 0/0 ancien, parce que, par l'amortissement annuel, un titre de la première espèce a l'avantage certain d'être remboursé au pair, c'est-à-dire à un prix bien supérieur au prix du 3 0/0 ancien.

2° Quel devrait être le cours du 4,5 0/0 pour que le taux de cette rente fût le 5 ?

Cours réel :

$$\frac{100 \times 4,5}{5} = 90.$$

Cours nominal :

$$\frac{90 \times 800}{801} = 89,887.$$

Le cours le plus rapproché est de 89,90 (§ 349).

356. Les achats et les ventes dont nous avons parlé jusqu'à présent sont des *opérations au comptant*. Un titre au porteur entièrement vendu est remis immédiatement à l'acheteur, et un titre nominatif est remis aussitôt après qu'a été effectué le changement de nom ou *transfert*, qui exige au plus cinq ou six jours. Les opérations au comptant se font généralement au *cours moyen*. On appelle ainsi la moyenne, c'est-à-dire la demi-somme du cours le plus élevé et du cours le plus bas du jour où se fait l'opération.

La plupart des acheteurs au comptant ont pour but de faire un placement solide de leur capital et de se constituer des rentes perçues régulièrement tous les trois mois ou tous les six mois. On peut laisser accumuler les rentes pendant cinq ans sans les toucher ; mais, après un temps plus long, on perd les *arrérages* autres que ceux des cinq dernières années. Le vendeur d'un titre conserve la possession des termes échus qu'il n'a pas touchés, et même le terme prochain lui appartient, si la vente se fait après la date du *détachement du coupon*. On appelle ainsi la déclaration faite à la Bourse, sur la cote des fonds publics, que l'acheteur, qui jusqu'à ce jour aurait joui du terme courant, n'entrera en jouissance qu'après le payement de ce terme, qui appartient encore au vendeur. Le coupon se détache quelques jours, une quinzaine ordinairement, avant l'échéance. Ainsi, dans l'intervalle du 1er janvier au 1er avril, la cote du 3 0/0 est accompagnée de l'indication : *j.* 1er *janvier*, jusqu'au jour du détachement du coupon, et, à partir de ce jour, la cote porte : *j.* 1er *avril; j.* est l'abréviation de *jouissance* (sous-entendu *pour l'acheteur*).

On remarquera enfin que l'importance du placement d'un capital en rentes sur l'État est encore augmentée par cette circonstance qu'un titre de rente est insaisissable, et que nul ne peut s'opposer à sa vente ni au recouvrement des arrérages.

357. On achète ou l'on vend quelqufois des rentes sur l'État, au comptant, avec l'intention de vendre ou d'acheter quelque temps après, avec bénéfice, si les circonstances sont favorables : c'est ce que l'on appelle *spéculer à la hausse* ou *à la baisse*. Mais la véritable spéculation sur les fonds publics, en vue d'un gain prochain qui peut être considérable, de même que la perte, se fait sur les marchés *à terme*.

** **358.** Il y a deux espèces de marchés à terme : les marchés à *terme ferme*, ou simplement à *terme*, et les marchés à *terme et à prime*.

L'achat ou la vente d'un titre de rente est fait à terme, lorsque la *livraison* du titre ne se fait pas actuellement, comme dans la vente au comptant, mais à une date convenue, ordinairement le 15 du mois courant, 15 c^t, ou à la fin du mois, fin c^t, ou même à la fin du mois prochain, fin p.

Si le marché est à *terme ferme*, la livraison du titre est

obligatoire, ainsi que le payement du prix convenu. L'acheteur a la faculté de se faire livrer le titre, en en payant le montant, à une époque quelconque avant l'échéance, à condition d'avertir le vendeur au moins cinq jours à l'avance : c'est ce qu'on appelle *escompter* son vendeur.

Le marché *à terme et à prime* est réglé, comme le marché ferme, à une époque ultérieure convenue; mais il en diffère en ce que le titre n'est livré à l'acheteur que si celui-ci l'exige; l'acheteur a la faculté de ne pas remplir les conditions du marché, mais en abandonnant au vendeur une somme appelée *prime* qu'il lui a avancée le jour du contrat. A l'échéance, l'acheteur fait connaître *s'il lève la prime* ou *s'il l'abandonne*, c'est-à-dire s'il maintient l'achat ou s'il s'en dégage : c'est ce qu'on appelle la *réponse des primes*.

La cote des fonds publics fait connaître la prime pour les diverses échéances. On y lit, par exemple, pour le cours du 3 0/0 à terme : 75,20 *dont* 50 c.; cela signifie que l'acheteur a déjà donné une prime de 0 fr.,50; par suite, si à l'échéance l'acheteur *lève la prime*, il lui reste à donner, pour 3 fr. de rente, le cours 75,20 diminué de la prime 0 fr.,50, soit 74,70; dans le cas contraire, le vendeur bénéficie de la prime et garde son titre. Le règlement, à l'échéance, des opérations à terme est appelé la *liquidation*.

** **359.** Pour éloigner les petits capitalistes, auxquels le jeu des marchés à terme serait funeste, ces opérations ne se font que sur des sommes considérables. Le plus petit capital que l'on puisse engager correspond à 1 500 fr. de rente 3 0/0, ou à 2 250 fr. de rente 4,5 0/0, ou à 2 500 fr. de rente 5 0/0 : ce capital évalué au pair est de 50 000 fr. Les sommes de rentes sur lesquelles on peut spéculer sont les précédentes et leurs multiples. Quel que soit le cours de la rente, l'agent de change perçoit un droit de courtage de 20 fr. pour les rentes ci-dessus qui valent au pair **50 000** fr., et un droit proportionnel pour des rentes supérieures.

Remarque. — Ce courtage revient à 4 centimes pour 3 fr. de rente 3 0/0 ; à 0,044 pour 4 fr.,50 de rentes $4\frac{1}{2}$ 0/0, *etc.*

360. Ordinairement le cours à terme est plus élevé que le comptant. Celui qui a des capitaux disponibles peut alors, sans les engager pour longtemps, les utiliser en achetant au comptant des rentes qu'il vend tout de suite à terme ; la différence entre les deux cours est appelée le *report*. Le report n'est pas tout bénéfice pour l'opérateur ; il faut en déduire les frais de courtage.

Il arrive quelquefois, au contraire, que le cours à terme est inférieur au comptant, selon l'offre et la demande actuelles et l'offre et la demande présumées à l'échéance. Alors c'est le possesseur d'un titre de rente qui peut spéculer en vendant au comptant et en achetant en même temps à terme : il gagne la différence, qui est alors appelée le *déport* ; ce gain doit être aussi diminué du courtage.

**** 361.** Un spéculateur vend quelquefois à terme des titres qu'il ne possède pas ; il peut de même acheter des rentes sans en avoir le montant : il vend ou il achète *à découvert*. Or, il peut se faire que la spéculation soit malheureuse : cela a lieu, par exemple, pour la vente, dans le cas où le cours au comptant, à l'échéance, est plus élevé que le cours auquel le titre a été acheté à terme. Alors, si le vendeur ne peut se procurer le titre qu'il doit fournir, il peut être *exécuté*. On achète ce titre, à la Bourse, pour le compte du spéculateur, et celui-ci doit payer la différence. Des circonstances analogues peuvent évidemment se présenter pour un acheteur. L'*exécution* d'un spéculateur peut ruiner son crédit : *le report d'une liquidation à l'autre*, de la liquidation actuelle à la prochaine, permet d'éviter ou d'éloigner l'exécution.

Je suppose qu'un spéculateur ne puisse payer le titre qu'il a acheté, le cours au comptant étant, à l'échéance, inférieur au cours d'achat. Il s'adresse à un capitaliste, qui lui avance le montant du titre au comptant; à cette somme il ajoute la différence, pour avoir le montant du titre au cours d'achat, et il le paye à son vendeur qui lui cède le titre. Le titre est alors la propriété du prêteur. Celui-ci le vend immédiatement à terme au spéculateur moyennant le *report*, qui est la différence entre le cours au comptant actuel et le nouveau cours à terme. Le spéculateur est ainsi *reporté* à la liquidation suivante, et il pourra se faire que le cours au comptant, à cette nouvelle époque, lui permette un règlement avantageux.

362. Actions et obligations. — Les entreprises considérables, telles que la construction d'un chemin de fer, d'un canal, l'exploitation d'une mine, *etc.*, exigent de grands capitaux, que l'on se procure par l'association. On divise le capital présumé nécessaire en parts égales appelées *actions*, et l'on représente ces actions par des titres nominatifs ou au porteur; la vente de ces titres permet de réaliser le capital. Les possesseurs des actions, les *actionnaires*, sont, en quelque sorte, les propriétaires de l'objet de l'entreprise. Chaque action a généralement droit, d'après les statuts de l'entreprise, à un intérêt fixe; de plus, si l'entreprise fait des bénéfices, chaque action en reçoit une part déterminée appelée *dividende*; en cas de perte, chaque actionnaire prend part à la perte proportionnellement à ses actions, mais au plus jusqu'à concurrence de leur valeur.

Les actions d'un grand nombre d'entreprises se négocient à la Bourse comme les titres de rente. Comme pour ces titres, leur valeur varie tous les jours, suivant l'offre et la demande. Le taux d'émission réel ou fictif est leur valeur *au pair*. La valeur réelle d'une action est plus ou moins différente de la valeur au pair. Le pair des actions de la Banque de France est de 1000 fr., et elles valent depuis longtemps plus de 3 000 fr.

363. Lorsque le capital-actions d'une entreprise devient insuffisant, la société des actionnaires a recours à un emprunt, dont elle réalise le montant en vendant des titres appelés *obligations*. Les obligations portent un intérêt annuel à un taux déterminé et sont garanties par le capital, les propriétés et le matériel de l'entreprise. Elles ont une valeur nominale, dite valeur *au pair*, et une valeur réelle qui varie plus ou moins chaque jour, comme celle des actions et des titres de rente.

L'amortissement d'une telle dette se fait régulièrement, pendant un nombre d'années déterminé, par des tirages annuels désignant les obligations qui doivent être remboursées *au pair*. Dans plusieurs emprunts, quelques-uns des premiers numéros sortis ont droit à des lots d'une valeur plus ou moins considérable.

Les obligations, comme les actions, se négocient à la Bourse par le ministère des agents de change. Le courtage et le timbre sont généralement les mêmes que pour les rentes. On trouve tous les jours, dans la cote des fonds publics, les valeurs, au comptant et à terme, des actions et obligations qui se négocient. Ces opérations donnent lieu à des problèmes analogues à ceux que nous avons résolus ou proposés pour les rentes sur l'État. En voici deux exemples.

364. A quel taux place-t-on son argent en achetant à 735 fr. une action qui a droit à un intérêt annuel de 3 0/0 sur sa valeur nominale de 500 fr., et qui a eu un dividende de 30 fr. ?

Valeur réelle de l'action :

$$735 + \frac{735}{800} + 0,50 = 736,419.$$

L'action a produit 15 fr. d'intérêts et le dividende de 30 fr., en tout 45 fr.

736 fr.,419 ayant eu un revenu de 45 fr., quel est le revenu de 100 fr.? Réponse : 6 fr.,12.

Remarque. — Pour calculer avec exactitude le taux de placement, dans ce genre de questions, il faudrait de plus tenir compte de l'impôt qui pèse sur les valeurs mobilières. Pour les titres nominatifs, l'impôt est égal à 3 0/0 du revenu, et pour les titres au porteur il se compose du 3 0/0 de revenu et des 0,0023 de la valeur moyenne du titre, en capital.

365. On achète 34 obligations Nord 3 0/0 au cours de 363 fr.,50 ; combien a-t-on à payer, frais compris, et à quel taux place-t-on son argent, l'intérêt annuel d'une obligation étant de 15 fr. ?

Les 34 obligations à 363 fr.,50 valent 12 359 fr. Le 800ᵉ de cette somme est 15 fr.,45 pour le courtage ; le prix total est donc de

$$12\,359^f + 15^f,45 + 1^f,50 = 12\,375 \text{ fr.},95.$$

12375 fr.,95 ayant un revenu de 15 fr. $\times$ 34 = 510 fr., quel est le revenu de 100 fr. ? Réponse : 4 fr., 12 0/0.

EXERCICES SUR LES RENTES.

366. 1. Quelle serait *au pair* la dette d'un État qui devrait : 1° 363 millions de rentes 3 0/0 ; 2° $\frac{1}{2}$ million de rentes 4 0/0 ; 3° 37 millions de rentes $4\frac{1}{2}$ 0/0 ; 4° 346 millions de rentes 5 0/0, et 5° un capital de 440 millions en rentes amortissables? — Réponse : 20 294 722 222 fr.

17.

2. Quel serait le bénéfice d'un État qui opérerait la conversion en $4\frac{1}{2}$ 0/0, de 346 millions de rentes 5 0/0 ? — Réponse : 34 600 000 fr. de rentes.

3. Quel serait, en capital, le bénéfice d'un État qui rembourserait au pair 346 millions de rentes 5 0/0 au cours de 110 fr. ? — Réponse : 692 000 000 fr.

4. Quel est le prix d'achat, au cours de 75 fr., 60, d'un titre de rente 3 0/0 de 500 fr. : 1° en ne tenant pas compte des frais de timbre et de courtage ; 2° en tenant compte de ces frais. — Réponse : 1° 12 600 fr.; 2° 12 617 fr., 25.

5. Quelle rente 5 0/0 peut-on acheter, au cours de 112 fr., 50, avec 20 000 fr. : 1° en ne tenant pas compte des frais de courtage et de timbre ; 2° en tenant compte de ces frais ? — Réponse : 1° Un titre de 888 fr. et il reste 20 fr.; 2° un titre de 887 fr., et il reste 16 fr. à 1 fr. près.

6. Quelle somme retirera-t-on en vendant un titre de rente $4\frac{1}{2}$ 0/0 de 120 fr., au cours de 105 fr., 75, en tenant compte du courtage et du timbre ? — Réponse : 2 816 fr.

7. On a vendu 2 816 fr., en tenant compte des frais de courtage et de timbre, un titre de rente $4\frac{1}{2}$ 0/0 de 120 fr. ; quel était le cours nominal de la rente ? — Réponse : 105 fr., 75

8. Le 9 novembre 1878, le 3 0/0 perpétuel était au cours de 75 fr., 80 ; le 3 0/0 amortissable 78 fr., 50 ; le 4 0/0 106 fr.; le 5 0/0 112 fr., 15. Calculer le taux de chacune de ces rentes. — Réponse : 3 fr., 95 ; 3 fr., 82 ; 3 fr., 77 ; 4 fr., 45.

9. Quelle somme de rentes $4\frac{1}{2}$ 0/0 doit-on vendre, au cours de 105 fr., 75, pour en retirer 2 816 fr., droits payés? — Réponse : 120 fr.

10. Quel est le cours du 5 0/0 qui correspond au taux de 4 fr., 45? — Réponse : 112 fr., 15.

11. Un spéculateur à la hausse a acheté, le 9 novembre 1878, 20 000 fr. de rentes 3 0/0, au cours de 75 fr., 70 ; il les a revendues, le 16 novembre, au cours de 76 fr., 625 ; quel bénéfice a-t-il réalisé? On tiendra compte des frais de timbre et de courtage. — Réponse : 4 894 à 1 fr. près.

12. Un spéculateur à la baisse a vendu un titre de rente $4\frac{1}{2}$ 0/0 de 1 260 fr. au cours de 105 fr.,75, et, quelques jours après, il l'a racheté au cours de 105 fr., 10: quel est le bénéfice, frais déduits? — Réponse : 105 fr.,20.

13. Le 7 octobre on achète au comptant 3 000 fr. de rente 3 0/0, à 74 fr.,50, et l'on revend le même jour à 75 fr.,20 fin courant. Que gagne-t-on, frais déduits, et à quel taux place-t-on son argent? — Réponse : 563 fr., 87 ; 11 0/0.

14. On vend 4 500 fr. de rente 3 0/0 à 75 fr., 30 fin courant; avant l'échéance, on achète la même rente à 74 fr., 75 fin courant ; quel est le bénéfice, frais déduits? — Réponse : 702 fr.

15. Un spéculateur à la baisse vend 4 500 fr. de rente 3 0/0 à 75 fr.,30 fin courant; ses prévisions sont trompées, et quelques jours avant l'échéance, il rachète à 75 fr.,60 les rentes qu'il a vendues ; quelle est la perte, en tenant compte des frais? — Réponse : 567 fr.

16. Un spéculateur a acheté 4 500 fr. de rente $4\frac{1}{2}$ 0/0 à 104 fr.,20 fin courant; avant l'échéance, la hausse survient, et le comptant monte à 105 fr.,10. L'acheteur escompte son vendeur et vend au comptant ; quel est son bénéfice, frais déduits ? — Réponse : 721 fr., 62.

17. On a vendu fin courant, à découvert, 6 000 fr. de rente 3 0/0 à 74 fr.,30 ; quelle perte subira-t-on, si dans l'intervalle on est escompté à 75 fr., 10 ? — Réponse : 1 864 fr..75.

18. Je vends à prime et à découvert 4 500 fr. de rente 3 0/0 à 76 fr., 20, dont 1 fr. ; en liquidation le 3 0/0 vaut 75 fr.,50 au comptant ; quel est mon bénéfice, frais déduits? — Réponse : 845 fr., 44.

19. Je vends à prime et à découvert 4 500 fr. de rente 3 0/0 à 76 fr.,20, dont 1 fr.; en liquidation la rente vaut 76 fr.,10 au comptant; quelle est ma perte, frais compris? — Réponse : 49 fr.,69.

20. Un spéculateur achète 3 000 fr. de rente 3 0/0 fin courant, à 76 fr.,20, dont 1 fr.; prévoyant une baisse, il revend ferme fin courant à 75 fr.,40. A la liquidation la rente au comptant est à 74 fr.,10 ; le spéculateur achète de nouveau sa

rente à ce cours; quel est le bénéfice, frais compris, et à combien lui reviennent 3 fr. de rente ? — Réponse : 164 fr.,38 ; 76 fr.,03.

21. On achète 2 250 fr. de rente $4\frac{1}{2}$ 0/0 fin courant, à 104 fr., 70, dont 1 fr., et l'on revend à 104 fr., dont 0 fr.,75 ; quel est le résultat : 1° si l'on abandonne les primes; 2° si on les lève? — Réponse : 1° on perd 172 fr.; 2° 397 fr.

22. Un spéculateur à la hausse achète fin courant 4 500 fr. de rente 3 0/0 à 75 fr., 25 ; la hausse attendue ne se produit pas, et au moment de la liquidation, le comptant est à 75 fr. Espérant une hausse à la fin du mois suivant, il se fait reporter ; le report est de 0 fr., 40 (c'est-à-dire que le cours fin courant est de 75 fr., 40) ; à fin payement, il vend ses 4 500 fr. de rente à 75 fr.,80 au comptant. Faire connaître le résultat de ces opérations en tenant compte des frais.— Réponse : 22 fr.,87 de gain.

Remarque. — Calculer la perte à la première liquidation et le gain à la seconde.

23. Un spéculateur à la baisse vend à découvert 6 750 fr. de rente $4\frac{1}{2}$ 0/0 à 103 fr.,75 fin courant. La baisse attendue n'a pas lieu, et à la liquidation le comptant est à 104 fr.,20. Espérant une hausse, il revend fin payement avec un départ de 0 fr.,30 (c'est-à-dire au cours de 103 fr.,90) ; à la nouvelle liquidation le comptant est à 103 fr.,50, et le spéculateur rachète ses 6 750 fr. de rente à ce cours. Faire connaître le résultat de ces opérations. — Réponse : 401 fr. de perte.

24. Une personne laisse après sa mort 25 hectares 3 ares de terre, 1 200 fr. de rentes 3 0/0 et une somme de 4 500 fr. placée à 4 0/0 chez un banquier depuis 7 mois. Les terres sont vendues à raison de 1 500 fr. les 42 ares,9145 ; la rente est vendue au cours de 68 fr.,50, et la somme retirée des mains du banquier est jointe au produit de ces deux ventes. Deux personnes doivent se partager l'héritage, de telle sorte que la part de la seconde surpasse celle de la première des $\frac{2}{3}$ de celle-ci ;

que revient-il à chaque personne? — Réponse : 43658 et 72764 fr., à 1 fr. près.

25. La rente française est franche de toute retenue, mais la loi du 20 juin 1872 frappe d'un impôt le revenu des actions et des obligations. Cet impôt se compose : 1° d'une retenue de 3 0/0 sur le revenu du titre ; 2° d'un droit proportionnel au cours moyen pendant le trimestre précédent, et il est de 0,04 pour chaque somme de 20 fr. ou fraction de 20 fr. que renferme ce cours. D'après cela on demande : 1° l'impôt annuel d'une obligation sur le chemin de fer de P. L. M. rapportant 15 fr. par an, et dont le cours moyen a été de 316 fr.,25; 2° le nombre d'obligations que l'on pourrait acheter pour 54495 fr.; 3° le taux auquel on placerait son argent ; 4° s'il aurait été plus avantageux d'acheter de la rente 3 0/0 au cours de 67 fr.50.— Réponse : 1° 1 fr., 09 ; 2° 172 obligations ; 3° 4 fr., 39 ; 4° en rente on aurait le 4 fr., 44 0/0.

(Question proposée en 1876 aux aspirants à l'école de Cluny.)

26. Une personne possède un titre de rente de 800 fr. 3 0/0, qu'elle veut échanger pour un titre de même somme 5 0/0. Gagnera-t-elle ou perdra-t-elle sur cette opération? Quelle somme gagnera-t-elle ou perdra-t-elle, sachant que le 3 0/0 est au cours de 62 fr.,50 et le 5 0/0 au cours de 93 fr., 25? — Réponse : Gain de 1746 fr.,66.

(Paris, brevet du 2ᵉ ordre.)

27. Quel capital représente un titre de rente de 520 fr. en 5 0/0 acheté au cours de 95 fr.,85? Quel bénéfice réalisera l'acheteur s'il revend son titre au cours de 99 fr.,40? — Réponse : 9968 fr., 40 ; 369 fr.,20.

(Paris, brevet du 2ᵉ ordre.)

28. Une personne achète une propriété, et, pour la payer, elle vend deux rentes sur l'État, l'une de 840 fr. en $4\frac{1}{2}$ au cours de 95 fr.10 ; l'autre de 570 fr. en 3 0/0 au cours de 68 fr.25. La somme ainsi obtenue représente le prix de la propriété, plus

ses $\frac{2}{7}$. Quel était ce prix, et combien restera-t-il à l'acquéreur après l'avoir soldé? — Réponse : 23 892 fr., 95; 6 856 fr., 55.

(La Roche-sur-Yon, brevet de capacité.)

29. Il y a 16 mois que deux personnes se sont partagé un héritage. La première a eu $\frac{2}{7}$ de plus que la seconde et a placé aussitôt son argent à 4 $\frac{1}{2}$ 0/0. Elle a reçu aujourd'hui en capital et en intérêts une somme avec laquelle elle a pu acheter un coupon de 3 816 fr. de rente 4 $\frac{1}{2}$ 0/0 au cours de 95 fr., 55. Quelle est la valeur de l'héritage? — Réponse : 118 906 fr., à 1 fr. près.

(Besançon, brevet de capacité.)

30. Un terrain de la contenance de 16 hectares 80 centiares a été vendu à raison de 1 fr., 75 le mètre carré, et le prix en a été placé en rentes 5 0/0 au cours de 98 fr., 50. Sachant que ce terrain était loué 11 000 fr., trouver le taux de l'augmentation de revenu que le propriétaire s'est procuré par son opération. — Réponse : 1 fr., 11 0/0.

(Paris, brevet du 2ᵉ ordre.)

31. Le même jour, les actions du chemin de fer du Midi, qui rapportent 40 fr. par an, sont à 646 fr., et les actions du chemin de fer d'Orléans, qui rapportent 60 fr., sont à 840 fr. Quelle valeur doit préférer l'acheteur, et quel revenu se fera-t-il avec un capital de 16 800 fr.? Quel sera son revenu mensuel, en supposant que cette valeur soit frappée d'un impôt de 7 0/0? — Réponse : Les actions du chemin de fer d'Orléans; 93 fr. par mois.

(Paris, brevet du 2ᵉ ordre.)

32. 20 actions du chemin de fer du Nord, achetées 1 050 fr. l'une, donnent un revenu brut de 1 200 fr. par an. Les actions au porteur sont frappées d'un impôt de 7 0/0; les actions nominatives ne subissent qu'une retenue de 3 0/0; quel est

le revenu annuel : 1° si les actions sont au porteur ; 2° si les actions sont nominatives ? A quel taux place-t-on son argent : 1° si les actions sont au porteur ; 2° si les actions sont nominatives ? — Réponse : Revenu annuel, 1° 1 116 fr. ; 2° 1 164 fr. Taux de placement, 1° 5 fr., 31 ; 2° 5 fr., 54.

(Paris, brevet du 2° ordre.)

CHAPITRE IV. — RÈGLE D'ESCOMPTE. — ÉCHÉANCE COMMUNE. ÉCHÉANCE MOYENNE. — DES BANQUES.

367. Les affaires commerciales se règlent au comptant, ou par des écrits appelés *effets de commerce*, dont les principaux sont le *billet à ordre* et la *lettre de change*.

368. Un *billet à ordre* est une reconnaissance par laquelle le souscripteur s'engage à payer, à une date appelée *échéance*, une certaine somme à une personne désignée, ou à toute autre personne à laquelle le billet aura été cédé par *endossement*.

On appelle *endossement* un ordre écrit ordinairement au dos d'un billet, pour transférer à une personne, autre que celle pour laquelle le billet a été souscrit, le pouvoir d'en toucher le montant.

Le billet à ordre est souscrit ordinairement par un acheteur au profit du vendeur.

Formule du billet à ordre :

Au ... (date)..., je payerai à Monsieur ..... ou à son ordre, la somme de ... (en toutes lettres), valeur en compte (ou en marchandises, ou reçue comptant).
... (Date en toutes lettres)...,   ... (Signature du souscripteur et son adresse.)

369. Une *lettre de change*, appelée aussi *traite* ou *mandat*, est un écrit par lequel une personne donne ordre à une autre, habitant un lieu différent, de payer à celui qui est désigné dans la lettre ou à tout autre qui en a reçu l'autorisation par endossement, une somme dont elle reconnaît avoir reçu la valeur.

Contrairement à ce qui a lieu pour le billet à ordre, la traite est *tirée* par le vendeur sur l'acheteur.

Formule de la lettre de change :

Au ... (date) ..., veuillez payer à Monsieur ..... ou à son ordre, la somme de ......, valeur en compte (ou en marchandises, ou au comptant).

370. La *valeur nominale* d'un effet de commerce est la somme qui est inscrite sur le billet, et qui doit être payée à l'échéance. Un billet, représentant une somme, dont on ne pourra disposer qu'à l'échéance, a, avant cette époque, une valeur variable inférieure à la valeur nominale ; cette valeur, à une époque déterminée, est la *valeur actuelle* du billet ou sa valeur *au comptant*.

371. *Escompter* un billet est une opération de banque qui consiste à faire l'avance de la valeur du billet, avant le jour de l'échéance, à la condition d'une retenue en faveur du banquier. Cette retenue, le salaire dû pour l'opération ou le *droit de commission* mis à part, devrait représenter l'intérêt de la somme que le banquier avance, et qu'il place ainsi jusqu'à l'échéance; la valeur actuelle remplirait alors cette condition que, si on la plaçait jusqu'à l'échéance, elle deviendrait égale à la valeur nominale en l'augmentant de son intérêt : l'escompte calculé d'après cette définition est appelé l'*escompte rationnel* ou *en dedans*. Une telle question rentre dans le problème d'intérêt résolu au § 337. En France, les banquiers calculent l'escompte d'une manière plus simple et plus avantageuse, mais moins équitable : ils retiennent, non l'intérêt de la valeur actuelle, mais l'intérêt de la valeur nominale; c'est ce qu'on appelle l'*escompte commercial* ou *en dehors*. La valeur nominale étant composée de la valeur actuelle et de l'intérêt de la valeur actuelle, il est évident que l'escompte en dehors contient l'escompte en dedans et l'intérêt de l'escompte en dedans. La différence entre les deux escomptes est d'ailleurs peu considérable dans la pratique, les banquiers n'escomptant guère que des billets ayant au plus 120 jours et même 90 jours d'échéance.

372. Le droit de commission, qui s'ajoute à l'escompte proprement dit, se règle à *tant pour cent*, $\frac{1}{2}$ 0/0 par exemple, sur le montant du billet, quelle que soit l'échéance. On calcule de la même manière le droit appelé *change de place*, quand le règlement définitif du billet doit se faire d'une ville de commerce à une autre, d'une *place* à une autre.

373. 1ᵉʳ Problème. Calculer : 1° l'escompte en dehors, 2° l'escompte en dedans, à 5,40 0/0, d'un billet de 7 680 fr., payable dans 70 jours.

1° L'escompte en dehors de ce billet est l'intérêt, à 5,40 0/0 et pour 70 jours, de 7 680 fr. Il est donc égal à

$$\frac{5,40 \times 7680 \times 70}{100 \times 360} = 80,64.$$

2° Je calcule l'escompte en dedans d'un billet dont la valeur actuelle serait de 1 fr. : cet escompte est l'intérêt de 1 fr. à 5,40 0/0 et pour 70 jours; il est égal à

$$\frac{5,40 \times 70}{100 \times 360} = 0,0105,$$

La valeur nominale de ce billet fictif est donc de 1 fr.0105. La comparaison du billet réel au billet fictif permet de calculer, par une règle de trois, soit la valeur actuelle, soit l'escompte demandé :

Valeur actuelle :

$$\frac{7\,680}{1,0105} = 7\,600,20\;;$$

Escompte en dedans :

$$\frac{0,0105 \times 7\,680}{1,0105} = 79,80.$$

1re vérification : 7 600,20 + 79,80 = 7 680.

2e vérification : l'intérêt de 79 fr. 80 est de 0 fr.84, différence entre les deux escomptes.

374. 2e **Problème**. Quelle est la somme donnée par un banquier pour un billet de 3600 fr. payable dans 85 jours et escompté en dehors à 5 0/0, le droit de commission étant de $\frac{1}{2}$ 0/0 et le change de place de $\frac{1}{4}$ 0/0?

BORDEREAU.

Valeur à l'échéance. 3 600,00
Escompte pour 85 jours à 5 p. 100   42,50 ⎫
Commission $\frac{1}{2}$ p. 100. . . . .   18,00 ⎬ 69,50
Change de place $\frac{1}{4}$ p. 100 . . .   9,00 ⎭
                                         ‒‒‒‒‒
                                        69,50
Net à payer. 3 530,50

*375. L'escompte en dehors E d'un billet de a fr. payable dans n années, au taux 100r, est

$$E = a\,n\,r.$$

On voit que cet escompte est proportionnel à la valeur nominale du billet, au temps et au taux.

L'escompte en dedans e du même billet est

$$e = \frac{anr}{1+nr}.$$

On voit que cet escompte est, comme l'escompte en dehors, proportionnel à la valeur nominale du billet, mais qu'il n'est proportionnel ni au temps, ni au taux : ainsi si n devenait 2 fois plus grand, le numérateur anr deviendrait aussi 2 fois plus grand, mais le dénominateur augmenterait, et par suite e ne deviendrait pas 2 fois plus grand. Il en est de même pour r ou $100\,r$.

Remarques.—1. Les formules

$$E = anr, \qquad e = \frac{anr}{1+nr}$$

permettent de résoudre simplement les problèmes où l'inconnue au lieu d'être l'escompte, serait l'une des autres quantités de la question.

2. $$E - e = anr - \frac{anr}{1+nr} = \frac{anr}{1+nr}\,nr = enr.$$

La différence des deux escomptes est égale, comme nous l'avons déjà dit, à l'intérêt de l'escompte en dedans.

***376.** On peut se proposer de remplacer un billet par un autre, ou plusieurs billets par un seul, dans diverses circonstances : la valeur actuelle du nouveau billet doit, dans tous les cas, être égale à la somme des valeurs actuelles des anciens billets, afin de remplacer une quantité par une autre qui soit actuellement équivalente.

En voici deux exemples.

***377. Problème de l'échéance commune.**— Un premier billet de 12 600 fr. est payable dans 60 jours; un deuxième de 1 765 fr. dans 120 jours, et un troisième de 3000 fr. dans 50 jours; on demande de les remplacer par un seul billet payable dans 95 jours, en tenant compte de l'escompte en dehors à 6 0/0.

Valeur actuelle du premier billet.   .   .   .   12 474,00
—   deuxième — 1 729,70
—   troisième — 2 975,00

Valeur actuelle du nouveau billet.   .   .   17 178,70

Il reste à résoudre cette question : la valeur actuelle d'un billet payable dans 95 jours, l'escompte étant pris en dehors à 6 0/0, est de 17 178 fr.,70; quelle est sa valeur nominale?

Si la valeur nominale était de 1 fr., la valeur actuelle serait de 1 fr. diminué de son intérêt 0 fr.,016, ou de 0 fr.,984 : la valeur nominale demandée est donc égale à $\frac{17\ 178,70}{0,984} = 17\ 458$ fr. à 1 fr. près par défaut.

378. Problème de l'échéance moyenne. — Le problème de l'échéance moyenne est un cas particulier, le plus usuel, du problème suivant: On a, par exemple, trois billets de a fr., a' fr., a'' fr., payables respectivement dans n, n', n'' années, et l'on voudrait les remplacer par un seul billet de A fr.; quelle doit être l'échéance de ce nouveau billet, en tenant compte de l'escompte en dehors, r étant l'intérêt de 1 fr. pour 1 an?

En appelant x l'échéance du nouveau billet exprimée aussi en années, on doit avoir l'égalité :

$$a - arn + a' - a'rn' + a'' - a''rn'' = Arx ;$$

Cette égalité détermine x.

Cas particulier. — Si

$$A = a + a' + a''.$$

c'est-à-dire si la valeur nominale du nouveau billet doit être égale à la somme des valeurs nominales des billets qu'il remplace, cette égalité se réduit à celle-ci :

$$arn + a'rn' + a''rn'' = \mathrm{A}rx,$$

qui signifie que l'escompte du nouveau billet doit égaler la somme des escomptes des billets remplacés, condition évidente, *a priori*, dans ce cas particulier.

On en tire

$$x = \frac{an + a'n' + a''n''}{a + a' + a''}.$$

Si $n > n' > n''$, on voit (§ 330, 3) que x est compris entre n et n'' : la nouvelle échéance est comprise entre les échéances extrêmes, et on l'appelle, pour cette raison, l'*échéance moyenne*. Cette échéance ne dépend pas du taux.

*379. *Application et résolution directe.* Un premier billet de 12 600 fr. est payable dans 60 jours ; un deuxième de 1765 fr. est payable dans 120 jours, et un troisième de 3 000 fr. dans 50 jours. On veut les remplacer par un seul de 12 600 fr. $+ 1$ 765 fr. $+ 3$ 000 fr. $= 17$ 365 fr. ; quelle doit être l'échéance de ce billet ?

$$x = \frac{12\ 600 \times \frac{60}{360} + 1\ 765 \times \frac{120}{360} + 3\ 000 \times \frac{50}{360}}{17\ 365} = 64$$

jours, à 1 jour près par défaut.

Pour résoudre directement la question, on remarquera que, pour que la valeur actuelle du nouveau billet soit égale à la somme des valeurs actuelles des anciens billets, il suffit, puisque l'égalité analogue existe entre leurs valeurs nominales, qu'elle existe aussi entre leurs escomptes ; sachant d'ailleurs que l'escompte en dehors est proportionnel à la valeur nominale et au temps, on pourra dire :

L'escompte de 12 600 fr. pour 60 jours est le même que l'escompte d'une somme 60 fois plus grande pour 1 jour.

Le deuxième billet et le troisième peuvent de même être remplacés par des billets fictifs de $1\,765 \times 120$ et de $3\,000 \times 50$ payables après 1 jour. La somme de ces trois billets fictifs est de 1 117 800 fr. ; on peut donc remplacer les trois billets par un seul de 1 117 800 payable après 1 jour. Ce billet peut à son tour être remplacé par un billet de 1 fr. payable après 1 117 800 jours, et enfin celui-ci peut être remplacé par un billet de 17 365 fr. payable après 17 365 fois moins de jours. En divisant 1 117 800 par 17 365, on trouve 64 jours.

Remarque.—On comprendra directement pourquoi l'échéance moyenne est indépendante du taux en remarquant que si le taux primitif devenait double, par exemple, l'escompte total des 3 billets deviendrait double, ainsi que l'escompte du nouveau billet, et que, par suite, il y aurait encore égalité entre l'escompte du nouveau billet et la somme des escomptes des billets remplacés, l'échéance du nouveau billet restant la même.

380. Dans les questions d'intérêt et d'escompte, on a souvent besoin de connaître le nombre de jours compris entre deux dates. On se sert quelquefois d'un tableau permettant de trouver simplement un tel nombre ; mais il nous paraît plus simple encore de faire l'addition des jours compris dans le premier mois, dans les mois intermédiaires et dans le dernier, entre les deux dates données. Ex. : Combien y a-t-il de jours du 29 mars au 11 juillet ? — Réponse : $2 + 30 + 31 + 30 + 11 = 104$ jours.

Remarque. — Le premier jour et le dernier ne comptent que pour un ; on peut ne pas compter le premier et compter le dernier.

*** 381. Des banques en général.** — On appelle *banques* des établissements où l'on fait un certain nombre des opérations suivantes :

1° Escompter des billets ;

2° Vendre des lettres de change, des billets à ordre, des actions, des obligations, *etc.* ;

3° Recevoir en dépôt des valeurs de toute espèce ;

4° Ouvrir des crédits, faire des avances sur dépôt ou à découvert, et faire pour le compte d'autrui des payements et des recettes ;

5° Émettre des billets payables au porteur.

L'utilité de ces opérations est évidente : elles permettent à l'industriel et au commerçant, qui offrent des garanties suffisantes, de faire face à des difficultés momentanées en leur procurant les espèces ou les valeurs qui leur sont nécessaires ; elles suppléent à l'insuffisance et à l'incommodité de la monnaie métallique, et elles en évitent le transport d'une place à une autre.

Les questions de calcul que présente le règlement de ces opérations sont généralement analogues aux questions sur les intérêts et les escomptes. Nous donnerons quelques détails sur la question importante des *comptes courants,* après avoir fait connaître la *Banque de France.*

382. Banque de France. — La Banque de France, créée en 1803, est l'établissement le plus important de cette espèce, en France. Ses opérations ont pris un tel développement, que son capital, qui était primitivement de 45 millions, a dû être élevé successivement jusqu'à 182 500 000 fr. Ce capital est partagé en 182 500 actions, dont la valeur, au pair, est de 1 000 fr., mais dont le cours réel est supérieur à 3 000 fr. La Banque de France est administrée par un gouverneur et deux sous-gouverneurs, nommés par le chef de l'État, et un conseil de quinze régents et de trois censeurs, nommés par les actionnaires.

Cet établissement fait la plupart des opérations de banque. Il escompte les *effets de commerce* à trois mois au plus d'échéance, revêtus de trois signatures présentant des garanties suffisantes. Il se charge du recouvrement des effets qui lui sont remis ; il prête sur les valeurs qui lui sont confiées. Il prend $\frac{1}{4}$ 0/0 pour certains dépôts tels que lingots et titres, et il n'accorde aucun intérêt pour les fonds que l'on juge à propos de lui confier. La Banque émet, par privilège unique et exclusif, des billets de banque au porteur de 50 fr., 100 fr., 500 fr. et 1 000 fr. D'après ses statuts primitifs, elle ne pouvait émettre des billets que pour une valeur triple de son capital. Elle a été autorisée plus tard à faire des émissions beaucoup plus considérables.

** **383. Des comptes courants.** — On dit que deux banquiers ou négociants sont en *compte courant*, lorsqu'ils se font mutuellement des remises soit de fonds, soit de valeurs négociables, soit de marchandises. Ces comptes se soldent ordinairement tous les six mois, quelquefois tous les ans seulement.

Comme, dans cet intervalle, le nombre des opérations a pu être considérable, il faut que le règlement se fasse d'une manière simple, et qu'il soit représenté par un tableau dont les détails puissent se retrouver facilement et être embrassés d'un coup d'œil.

On emploie différentes méthodes ; la plus simple, que nous allons expliquer sur un exemple, est appelée la *méthode indirecte* ou *rétrograde*, ou simplement la *méthode nouvelle*.

384. Les opérations suivantes ont été faites entre Moïse, banquier à Lyon, et David, négociant à Rouen :

Moïse a payé, le 11 janvier 1878, une somme de 3 000 fr. pour le compte de David ;

Le 19 février, Moïse a fait à David une avance de 2 500 fr. ;

Le 28 du même mois, David a remis à Moïse divers effets payables à son ordre le 31 mars, et dont le bordereau s'élève à 6 140 fr. ;

Le 11 mars, David a remis un autre effet de 1 700 fr., payable à l'ordre de Moïse le 15 avril;

Le 8 avril, Moïse a payé une traite de 3 850 fr., tirée sur lui par David;

Le 19 mai, Moïse a tiré sur David pour la somme de 5 000 fr.;

Le 4 juin, Moïse a fait à David une avance de 8 600 fr.;

Le 17 juillet, il a payé pour le compte de David 1 000 fr.;

Le 6 août, David a remis un effet de 3 500 fr., payable à l'ordre de Moïse le 1er octobre;

Le 29 août, David a remis à Moïse un billet de 1 500 fr., payable le 29 novembre;

Le 10 septembre, Moïse a remis à David une traite de 2 000 fr., payable à l'ordre de ce dernier le 31 décembre;

Le 25 septembre, David a remis à Moïse, deux billets à l'ordre de ce dernier, montant ensemble à 1 980 fr. et payables le 12 janvier 1879.

Faire le compte de David pour le 31 octobre 1878; les intérêts sont réciproques à 6 0/0, et la commission est de $\frac{1}{3}$ 0/0.

L'idée principale de cette manière de régler le compte de David consiste dans la compensation suivante : David a reçu, par exemple, 2 500 fr. le 19 février; il devra donc, le 31 octobre, l'intérêt de 2 500 fr. pour les 254 jours qui séparent le 19 février du 31 octobre. Eh bien! on convient de lui faire payer cet intérêt à partir du 11 janvier, date de la première opération, c'est-à-dire l'intérêt pour 293 jours; et, pour compenser l'erreur, on lui donne l'intérêt de la même somme pour les 39 jours qui ont précédé le 19 février. Le jour où l'on inscrit la somme 2 500 fr., on calcule le *nombre* (§ 341) 97 500 qui correspond à cet intérêt, et on l'inscrit dans la colonne des *nombres* à la gauche du tableau : ainsi les nombres 97 500, 334 950, *etc.*, inscrits dans cette colonne, sont relatifs à des intérêts dus à David. Pour la même raison, les nombres inscrits dans

18.

DOIT M. David son compte courant chez M. Moïse, banquier. *AVOIR*

Arrêté au 31 octobre 1878. — Intérêt 6 0/0, commission $\frac{1}{3}$ 0/0.

DOIT

DATES.		SOMMES.		ÉCHÉANCES		JOURS.	NOMBRES
Janvier	11	3000,00	Espèces.	Janvier	11	0	0
Février	19	2500,00	id.	Février	19	39	97500
Avril	8	5850,00	id.	Avril	8	87	334950
Juin	4	8600,00	id.	Juin	4	144	1238400
Juillet	17	1000,00	id.	Juillet	17	187	187000
Septem	10	2000,00	Traite.	Décem	31	354	708000
		196,38 55,18	Balance des nombres et intérêts.				1178280
		49,40	Commission de $\frac{1}{3}$ p. 100.				
		21250,96	Débiteur à nouveau Valeur 31 octobre 1878. 1430,96.				3744130

AVOIR

DATES.		SOMMES.		ÉCHÉANCES		JOURS.	NOMBRES
Février	28	6140,00	Bordereau.	Mars	31	79	485060
Mars	11	1700,00	id.	Avril	15	94	159800
Mai	19	5000,00	id.	Mai	19	128	640000
Août	6	3500,00	id.	Octobre	1er	263	920500
Août	29	1500,00	id.	Novem	29	322	485000
Septem	25	1980,00	id.	Janvier	12	366	724680
			Balance des capitaux. . 1130 00.	Octobre	31	293	331090
		1430,96	Solde.				
		21250,96					3744130

la colonne *nombres* à la droite du tableau, savoir : 485 060, 159 800, *etc.*, sont relatifs à des intérêts dus par David. La différence de ces intérêts est en faveur de Moïse, et on l'obtient en divisant par 6 000 (§ 340) la différence 1 178 280 entre les deux sommes des *nombres*. On trouve 196 fr., 38, que l'on inscrit au *doit* de David. Cela fait, on a à calculer la différence des intérêts pour le temps total, 293 jours, des sommes reçues et des sommes données, c'est-à-dire l'intérêt de la différence, 1 130 fr., de ces sommes, différence qui est en faveur de Moïse ; cet intérêt est représenté par le nombre 331 090, qui lui correspond, et qui est inscrit à droite. En divisant ce nombre par 6 000, on trouve 55,18. On a calculé enfin, à $\frac{1}{3}$ 0/0, le droit de commission en faveur de Moïse, pour toutes les sommes, s'élevant à 14 820 fr., qu'il a eu à encaisser. On n'a plus alors qu'à faire la différence entre la totalité des sommes dues par David et la totalité des sommes qui lui sont dues : on trouve 1 234,38 en faveur de Moïse.

EXERCICES SUR L'ESCOMPTE.

385. 1. Calculer : 1° l'escompte en dehors ; 2° l'escompte en dedans, à 6 0/0, d'un billet de 4 500 fr., payable dans 85 jours. — Réponse : 1° 63 fr., 75 ; 2° 62 fr., 86.

2. Le 5 décembre on présente à l'escompte un billet de 4 800 fr., payable le 12 février. Le banquier escompte le billet à 5,5 0/0, et prend un droit de commission de $\frac{1}{3}$ 0/0. Faire le bordereau. — Réponse : Le banquier donne 4 775 fr., 03.

3. On fait escompter, le 7 janvier 1879, un billet de 2 700 fr., payable le 15 mars ; le banquier prend 6 0/0 pour l'es-

compte, $\frac{1}{2}$ 0/0 pour la commission, et $\frac{1}{5}$ 0/0 pour le change de place. Faire le bordereau. A quel taux est faite la retenue totale ?— Réponse : Somme donnée par le banquier, 2 650 fr., 95. Taux réel de l'escompte, 9,76 0/0.

4. La différence entre l'escompte en dehors et l'escompte en dedans, à 5,40 0/0, d'un billet payable dans 70 jours est de 84 centimes : quelle est la valeur nominale de ce billet ? — Réponse : 7 680 fr.

5. La valeur actuelle d'un billet escompté en dehors à 6 0/0, pour 75 jours, est de 3 199 fr., 50 : quelle est la valeur nominale de ce billet ? — Réponse : 3 240 fr.

6. Quand un banquier escompte un billet à 5 0/0 en dehors, à quel taux place-t-il son argent, si l'échéance est : 1° à 1 an ; 2° à 4 mois ? — Réponse : 1° 5,26 ; 2° 5,09, à 0,01 près.

7. Quel serait : 1° l'escompte en dehors ; 2° l'escompte en dedans, à 5 0/0, d'un billet de 100 fr. payable dans 20 ans ?— Réponse : 1° 100 fr. ; 2° 50 fr.

8. On veut remplacer un billet de 12 600 fr., payable dans 60 jours, par un autre billet payable dans 95 jours ; quel doit être le montant de ce billet : 1° si l'on veut que les valeurs actuelles soient égales aujourd'hui, en tenant compte de l'escompte en dehors à 5 0/0 ; 2° si l'on veut que les valeurs actuelles soient égales à l'échéance du premier billet, en tenant compte de l'escompte en dedans, au même taux ?—Réponse : 12 662 fr., 14 ; 2° 12 661 fr., 25.

9. On veut remplacer un billet de 12 661 fr., 25, payable dans 95 jours, par un billet payable dans 60 jours ; quel doit en être le montant : 1° si l'on veut que les valeurs actuelles soient les mêmes, en prenant l'escompte en dehors à 5 0/0 ; 2° en diminuant le premier billet de son escompte en dehors pour les 35 jours qui séparent les deux échéances ; 3° en le diminuant de l'escompte en dedans pour ces 35 jours ?—Réponse : 1° 12 594 fr., 95 ; 2° 12 599 fr., 70 ; 3° 12 600 fr.

10. On veut remplacer un billet de 12 600 fr., payable dans 60 jours, par un billet de 12 661 fr., 25 ; quelle doit en être l'échéance, si l'on veut que les valeurs actuelles soient les mêmes en prenant l'escompte en dehors à 5 0/0 ? — Réponse : 95 jours.

11. Pierre remet à Paul, le 15 mars, les effets suivants :

$$
\begin{array}{rll}
1° & 1\ 088\ \text{fr.} & \text{payable le } 10 \text{ avril ;} \\
2° & 800\ \text{fr.} & — \quad 25 \text{ avril ;} \\
3° & 1\ 000\ \text{fr.} & — \quad 5 \text{ mai ;} \\
4° & 400\ \text{fr.} & — \quad 15 \text{ mai ;} \\
5° & 1\ 200\ \text{fr.} & — \quad 31 \text{ mai ;}
\end{array}
$$

et lui demande de les remplacer par un effet unique à échéance moyenne : déterminer cette échéance. — Réponse : Le 5 mai.

12. On a deux payements à faire : l'un de 12 600 fr. dans 1 an et 6 mois ; l'autre de 27 400 fr. dans 8 mois. On voudrait s'acquitter en une seule fois en faisant un payement de 40 000 fr. : déterminer l'époque à laquelle devra se faire ce payement, en tenant compte de l'escompte en dedans à 5 0/0. — Réponse : Dans 11 mois 1 jour.

13. La différence entre l'escompte en dehors et l'escompte en dedans, à 5 0/0, d'un billet payable dans 3 mois, est de 75 centimes. Quelle est la valeur nominale de ce billet ? — Réponse : 4 860 fr.

14. J'ai acheté pour 218 568 fr. de marchandises à 15 mois de crédit ; mais si je paye avant l'échéance, on m'accorde un escompte de 5 0/0. A quelle époque dois-je payer pour ne débourser que 208 460 fr. : 1° en prenant l'escompte en dehors ; 2° l'escompte en dedans ? — Réponse : 1° dans 3 mois 17 jours ; 2° dans 3 mois.

15. Une commune a vendu une propriété de 180 ares, à 100 fr. l'are, aux conditions suivantes : $\frac{1}{6}$ du prix doit être payé comptant, et le reste en 5 payements semestriels égaux, avec les intérêts à 5 0/0. Quel est le montant de ces payements égaux ? — Réponse : 3 221 fr., 51.

16. On doit une somme de 10 000 fr., et l'on voudrait la payer au moyen de trois billets égaux, échéant le premier dans 3 mois, le second dans 6 mois, et le troisième dans 9 mois. Quel doit être le montant de chaque billet en tenant compte de l'intérêt à 6 0/0 ? — Réponse : 3 434 fr., 06.

17. On a fait escompter en dehors, au même taux, un billet de 3 600 fr., payable dans 4 mois, et un billet de 2 400 fr. payable dans 8 mois ; on a reçu en tout 5 874 fr. Quel a été le taux de l'escompte ? — Réponse : $4\frac{1}{2}$ 0/0.

18. Un billet de 951 fr. à échéance inconnue a été échangé contre un autre billet de 701 fr. payable dans 3 mois 10 jours. L'escompte se faisant en dehors à 4 0/0, il a fallu, pour rendre égales les valeurs actuelles des deux billets, augmenter celle du second de 234 fr., 21. On demande l'échéance du premier billet. — Réponse : A 223 jours.

19. Un particulier a acheté pour 3 000 fr. de marchandises, et on lui a accordé 1 an de crédit, avec la condition que si l'acheteur donne des acomptes avant cette échéance, on reculera le payement du reste de la dette de manière qu'il y ait compensation. Le vendeur reçoit 1 200 fr. 8 mois avant l'échéance, et 600 fr. deux mois après le payement de ce premier acompte. Dans combien de temps devra-t-on payer le reste ? — Réponse : Dans 23 mois.

20. On a emprunté une somme de 6 000 fr., à intérêts composés à 4 0/0, pendant 2 ans 7 mois 10 jours. Au bout de ce temps, l'emprunteur veut acquitter sa dette et donne en payement : 1° 4 500 fr. argent comptant ; 2° un billet de 800 fr. payable dans 8 mois 10 jours ; 3° un autre billet payable dans 9 mois 20 jours. Le taux de l'escompte étant de 6 0/0, quel doit être le montant du second billet ? — Réponse : 1 446 fr. 90.

21. Un marchand a acheté 11 922^{ks},8 d'huile de colza, au prix de 62 fr. l'hectolitre. Il paye comptant, et on lui fait un escompte de 7 0/0. Il revend les $\frac{5}{6}$ de l'huile au prix de 73 fr. les 100 kilogr., et le reste en bloc 1 890 fr. Calculer son bénéfice. Un litre d'huile pèse 913 grammes. — Réponse : 1 613 fr., 29.

(Saint-Brieuc, brevet du 2° ordre.)

22. Un commissionnaire reçoit une caisse de marchandise pesant 234 kilogr., qu'il paye 250 fr. le quintal. Il ouvre la caisse et s'aperçoit que cette marchandise a perdu en moyenne, par suite d'avaries, les $\frac{2}{39}$ de sa valeur. Il la revend 572 fr., 17, et reçoit en payement un billet à 6 mois, qu'il fait escompter immédiatement au taux de 6 0/0 l'an. On demande ce qu'il a gagné ou perdu. — Réponse : Il n'a perdu ni gagné.

(Paris, brevet du 2° ordre.)

23. On a deux payements à faire, l'un de 12 600 fr., dans 3 ans 6 mois ; l'autre de 27 400 fr., dans 5 ans 8 mois. On voudrait s'acquitter en une seule fois à l'aide d'un payement de 40 000 fr. A quelle époque devra s'effectuer ce payement, en ayant égard aux intérêts à $4\frac{1}{2}$ 0/0 par an. — Réponse : Dans 4 ans 3 mois 6 jours.

(Paris, brevet du 2ᵉ ordre.)

Remarque. — Le taux étant donné, on résoudra la question d'une manière rationnelle en tenant compte de l'escompte en dedans pour égaler les valeurs actuelles des payements.

24. Sachant que le capital d'une banque est de 182 500 000 fr., que ce capital a produit dans une année un bénéfice total de 37 230 000 fr., que sur ce bénéfice on prélève au profit des actionnaires un intérêt de 6 0/0 par action de 1 000 fr., et les deux tiers du reste du bénéfice, qu'en outre le dernier tiers de ce reste constitue la réserve, on demande quel a été, cette année, pour chaque action le dividende total, et de combien a été accru le fonds de réserve. — Réponse : Chaque action a eu 60 fr. d'intérêt et un dividende de 96 fr. Le fonds de réserve s'est accru de 8 760 000 fr.

(Paris, brevet du 2ᵉ ordre.)

25. On a deux payements à effectuer, l'un de 10 000 fr. au bout de 4 ans 6 mois, l'autre de 30 000 fr. au bout de 5 ans 8 mois ; on voudrait s'acquitter en une fois au moyen d'un payement de 40 000 fr. On demande à quelle époque il devra s'effectuer. — Réponse : Dans 5 ans 4 mois 15 jours.

(Paris, diplôme d'études.)

Remarque. — Le taux n'étant pas donné, on doit tenir compte de l'escompte en dehors pour égaler les valeurs actuelles des payements. Le temps demandé est alors indépendant du taux.

26. Un marchand a souscrit à l'ordre d'un autre deux billets, l'un de 4 560 fr., payable dans 8 mois à 6 0/0, l'autre de 3 620 fr., dans 10 mois à 5 0/0 Il se libère en donnant à son créancier un titre de 380 fr. de rentes 5 0/0. On demande le cours de la rente. — Réponse : 103 fr., 25 à 0,01 près.

(Angers, diplôme d'études.)

27. Un propriétaire vend un tonneau à raison de 40 cent. le litre à un négociant, qui le paye avec un billet à échoir dans 5 mois. Combien le tonneau contenait-il de litres, sachant que le billet, escompté à 6 0/0, a perdu 34 fr. 75. Examiner le cas de l'escompte en dehors et de l'escompte en dedans. — Réponse : 3 475 lit. et 3 562 lit.

(Vesoul, admission à l'école des arts et métiers de Châlons-sur-Marne.)

28. On a fait escompter le même jour deux billets, dont l'un était payable au bout de 30 jours et l'autre au bout de 45 jours. L'escompte a été pris en dehors à 6 0/0, et il a été prélevé en outre une commission de $\frac{1}{2}$ 0/0. Quelles étaient les sommes énoncées dans les deux billets, sachant qu'elles valent ensemble 3 600 fr., et qu'on a touché 3 557 fr., 25 ? — Réponse : 900 fr. et 2 700 fr.

(Douai, diplôme d'études.)

29. On présente à un banquier deux effets de commerce, payables l'un dans 50 jours, l'autre dans 70 jours ; l'escompte fait par le banquier a été de 20 fr., 50 à raison de 7 0/0. Si l'escompte avait été fait 10 jours plus tard, il aurait été moindre de 3 fr., 55 ; quelle était la valeur de chacun de ces effets ? — Réponse : 1 118 fr., 57 et 707 fr., 14.

(Clermont, concours académique.)

Remarque. — Rendre égales les deux échéances d'un même billet.

30. Un négociant souscrit 3 billets, le premier de 3 500 fr., payable à 95 jours, le deuxième de 2 740 fr., payable à 3 mois 10 jours, le troisième de 4 850 fr., payable à 8 mois 15 jours ; il désire se libérer 4 mois après avoir souscrit les billets ; quel est le montant de ce payement en tenant compte de l'intérêt à 6 0/0, soit pour les avances, soit pour les retards de remboursement ? — Réponse : 10 905 fr., 70.

(Angers, diplôme d'études.)

31. Un négociant demande à son créancier de remplacer un effet de 8 600 fr., payable le 20 mai, par deux effets formant la même somme, payables l'un le 15 mars, l'autre le 10 juillet. Trouver la valeur nominale de chaque billet, en tenant compte de l'intérêt à 6 0/0. — Réponse : 3 748 fr., 70 et 4 851 fr., 30.

Remarque. — Il faut que le 20 mai la somme des valeurs actuelles des deux nouveaux billets soit égale à 8 600 fr. Si l'on prend l'escompte en dehors, on n'a qu'à partager 8 600 fr. en parties inversement proportionnelles aux nombres de jours 66 et 51, qui séparent les échéances ; le résultat est indépendant du taux. Il n'en est pas de même si l'on prend l'escompte en dedans.

1° $$a + arn + b - brn' = a + b ;$$
d'où
$$\frac{a}{b} = \frac{n'}{n} ;$$

2° $$a + arn + b - \frac{brn'}{1 + rn} = a + b ;$$
d'où
$$\frac{a}{b} = \frac{n'}{n(1 + rn')}.$$

32. Une personne a donné 35 353 fr., 50 pour l'achat d'un terrain, à raison de 240 fr., 50 l'are. Le géomètre qui a mesuré le terrain ayant employé une chaîne dont la longueur était de $9^m,85$ au lieu de 10 mètres, la somme donnée est inexacte. On demande : 1° quelle est l'erreur ; 2° à quelle époque devrait être payable un billet de 35 353 fr., 50 pour que la valeur actuelle de ce billet fût égale à la valeur exacte du terrain, en tenant compte de l'escompte en dedans à 5 0/0. — Réponse : 1° 1 060 fr., 66 ; 2° dans 222 jours.

(Toulouse, brevet complet.)

Chapitre V. — Mélanges. — Alliages.

* **386. Règle de mélange.** — Il y a deux espèces principales de problèmes de mélange.

Les problèmes de la première espèce ont pour but, connaissant la quantité et le prix de chacune des marchandises mélangées, de calculer le prix moyen, c'est-à-dire le prix d'une unité du mélange.

Les problèmes de la seconde espèce ont pour but, connaissant les prix de diverses marchandises que l'on veut mélanger, de trouver combien on doit mettre de chaque marchandise pour obtenir une quantité quelconque ou une quantité déterminée de mélange, à un prix moyen donné.

* **387. Exemples de la première espèce.** — 1° On a mélangé 248 litres de vin à 0 fr., 30 avec 100 litres à 0 fr., 40 et 54 litres à 0 fr., 75 ; quel est le prix d'un litre du mélange ?

$$
\begin{array}{lll}
\text{Prix de 248 litres à 0,30.} & \ldots\ldots\ldots & 74,40 \\
\quad\text{—} \quad 100 \quad \text{—} \quad 0,40. & \ldots\ldots\ldots & 40,00 \\
\quad\text{—} \quad\ 54 \quad \text{—} \quad 0,75. & \ldots\ldots\ldots & 40,50 \\
\end{array}
$$

$$\text{Prix total.} \ldots \mathbf{154,90}$$

Nombre de litres du mélange : 402 litres.
Prix d'un litre du mélange :

$$\frac{154,90}{402} = 0,39, \text{ à } \frac{1}{2} \text{ centime par excès.}$$

Remarque. — Soient a, b, c, les nombres de litres et α, β, γ, les prix respectifs. Si

$$\alpha < \beta < \gamma,$$

on a

$$\frac{a\alpha}{a} < \frac{b\beta}{b} < \frac{c\gamma}{c},$$

et par suite (§ 330, Ex. 3) :

$$\alpha < \frac{a\alpha + b\beta + c\gamma}{a + b + c} < \gamma;$$

le prix du mélange est compris entre les prix extrêmes.

Pour cette raison, le nombre $\dfrac{a\alpha + b\beta + c\gamma}{a + b + c}$ est appelé la moyenne des nombres α, β, γ.

La moyenne de plusieurs nombres, multipliés respectivement par d'autres nombres, est le quotient que l'on trouve en divisant la somme des produits ainsi obtenus par la somme des multiplicateurs.

Dans le cas où les multiplicateurs sont tous égaux à 1, la moyenne est dite la *moyenne arithmétique*.

2° On a mélangé 248 litres de vin à 0 fr., 30 le litre, avec 15 litres d'eau ; quel est le prix d'un litre du mélange ?

Les 263 litres de mélange ont le même prix que les 248 litres de vin. Ce prix est de 74 fr., 40 ; le prix d'un litre du mélange est donc de

$$\frac{74,40}{263} = 0,28 \text{ à } 0,01 \text{ près par défaut.}$$

* 388. Exemples de la seconde espèce. — 1° On a du vin à 0 fr., 30 et du vin à 0 fr., 75 ; dans quel rapport faut-il les mélanger pour avoir du vin à 0 fr., 50 ?

D'après la définition du mot *rapport*, le nombre demandé exprime combien on doit mettre du premier vin dans le mélange, quand on met un litre du second. Or en mettant 1 litre du second, on perd 0 fr., 25 ; il s'agit donc de trouver combien il faut mettre du premier pour gagner 0 fr., 25. Si l'on met 1 litre du premier, on gagne 0 fr., 20 ; je dis donc : pour gagner 0 fr., 20, on doit mettre 1 litre ; pour gagner 0 fr., 01, on doit mettre un $\dfrac{1}{20}$ de litre et pour gagner 0 fr., 25, $\frac{25}{20}$ ou $\frac{5}{4}$. Le rapport de la quantité du premier à celle du second est donc $\frac{5}{4}$.

2° Combien faut-il prendre de litres de chaque qualité des deux vins du problème précédent pour faire un mélange de 360 litres à 0 fr., 50 ?

On partagera 360 en parties proportionnelles aux nombres 5 et 4. On mettra du premier vin

$$\frac{5 \times 360}{5+4} = 200 \text{ lit.,}$$

et du deuxième

$$\frac{4 \times 360}{9} = 160 \text{ lit.}$$

3° On a 200 litres de vin, à 0 fr., 30 ; combien faudrait-il y ajouter de vin à 0 fr., 75 pour avoir un mélange à 0 fr., 50 ?

Le rapport des deux quantités étant $\frac{5}{4}$, quand on met 5 litres du premier vin, on doit en mettre 4 du second ; pour 1 litre du premier, on doit donc mettre $\frac{4}{5}$ du second, et enfin, pour 200 litres du premier, on devra mettre $\frac{4 \times 200}{5} = 160$ litres du second.

Remarque. — En appelant x le nombre cherché, on doit avoir la proportion

$$\frac{5}{4} = \frac{200}{x};$$

d'où

$$x = \frac{4 \times 200}{5} = 160.$$

4° On a trois qualités de vin : la première à 0 fr.,30 ;

la seconde à 0 fr., 75 et la troisième à 1 fr. Combien faut-il mélanger de la première qualité et de la deuxième avec 40 litres de la troisième, pour avoir 400 litres de mélange à 0 fr., 55 ?

Les 400 litres de mélange à 0 fr., 55 valent

$$0 \text{ fr.}, 55 \times 400 = 220 \text{ fr.};$$

les 40 litres à 1 fr. valent 40 fr.; les 360 litres des deux autres qualités valent donc 220 fr. moins 40 fr. ou 180 fr., et 1 litre de leur mélange vaut $\dfrac{180}{360}$ ou 0 fr., 50.

La question est ainsi ramenée à celle-ci : on a du vin à 0 fr., 30 et du vin à 0 fr., 75 ; combien faut-il prendre de l'un et de l'autre pour faire un mélange de 360 litres à 0 fr., 50 ? Problème déjà résolu.

5° On a trois qualités de vin : la première à 0 fr., 30 le litre ; la deuxième à 0 fr., 75, et la troisième à 1 fr. Combien faut-il prendre de chaque qualité pour composer un mélange de 400 litres à 0 fr., 55 le litre ?

Ce problème a une infinité de solutions : il est *indéterminé*. On aurait une première solution en mettant 0 litre de la troisième qualité, par exemple, et composant le mélange avec les deux premières qualités. On aurait ensuite d'autres solutions, en prenant 1 litre ou 2 litres, *etc.*, de la troisième et résolvant alors chaque problème comme le problème 4. On peut prendre de la troisième qualité une quantité quelconque, entière ou fractionnaire, pourvu que le prix du mélange correspondant des deux autres soit compris entre 0 fr., 30 et 0 fr., 75.

*** 389. Règle d'alliage.** — Le titre d'un lingot, par rapport à l'un des métaux qui le composent, est le nombre par lequel il faut multiplier le poids total du lingot pour trouver le poids de la quantité de ce métal qui entre dans le lingot. Si le poids du lingot est 1, le titre représente le poids de ce métal. En désignant ces trois nombres par P, p et θ, on a $p = P\theta$. Connaissant deux de ces nombres, on trouvera donc facilement le troisième :

$$P = \frac{p}{\theta},$$

et
$$\theta = \frac{p}{P}.$$

Comme pour les mélanges, il y a deux espèces principales de problèmes d'alliage.

* 390. **Problèmes de la première espèce.** — 1° On a un premier lingot en argent au titre de 0,750 et pesant 345 grammes, et un second lingot au titre de 0,900 et pesant 1 340 grammes ; on les fond ensemble et l'on demande de calculer le titre du troisième lingot ainsi obtenu.

Poids de l'argent entrant dans le premier lingot :
$$345^{gr} \times 0{,}750 = 258^{gr}{,}75$$
Poids de l'argent entrant dans le deuxième lingot :
$$1\ 340^{gr} \times 0{,}900 = \underline{1\ 206}$$
Poids de l'argent entrant dans le troisième lingot $1\ 464^{gr}{,}75$

Poids du troisième lingot :
$$345^{gr} + 1\ 340^{gr} = 1\ 685 ;$$

Titre du troisième lingot :
$$\frac{1\ 464{,}75}{1\ 685} = 0{,}869 \text{ à } 0{,}001 \text{ près.}$$

2° On fond ensemble un lingot en argent au titre de 0,900 et pesant 450 grammes, avec 150 grammes de cuivre : quel est le titre du nouveau lingot ?

Poids de l'argent entrant dans le premier lingot et dans le nouveau :
$$450^{gr} \times 0{,}900 = 387^{gr} ;$$

poids du nouveau lingot :

$$430 + 150 = 580^{gr};$$

titre du nouveau lingot :

$$\frac{387}{580} = 0,667.$$

* **391. Problèmes de la deuxième espèce.** — 1° Dans quel rapport faut-il allier deux lingots d'argent aux titres de 0,750 et de 0,900, pour former un troisième lingot au titre de 0,860 ?

Si l'on prend 1 gramme du second lingot, on a un excès d'argent égal à

$$0^{gr},900 - 0^{gr},860 = 0^{gr},040;$$

on aura donc le rapport demandé en cherchant combien on doit prendre du premier lingot pour avoir un déficit en argent de $0^{gr},040$. Or, si l'on prend 1 gramme du premier lingot, le déficit est de

$$0,860 - 0,750 = 0,110.$$

On dira donc : pour avoir un déficit de $0^{gr},110$, il faut prendre 1 gramme du premier lingot ; pour un déficit de $0^{gr},001$, on devra prendre un $\frac{1}{110}$ de gramme, et pour un déficit de 0,040 on devra prendre $\frac{40}{110}$ ou $\frac{4}{11}$ de gramme du premier lingot ; le rapport demandé est donc $\frac{4}{11}$.

2° Combien faut-il prendre des deux lingots précédents pour que le troisième lingot pèse 480 grammes ?

On n'a qu'à partager 480 dans le rapport de 4 à 11. On trouvera que l'on doit prendre 128 gr. du premier lingot et 352 gr. du second.

3° On a 128 gr. d'un premier lingot au titre de 0,750 ; combien faut-il ajouter à ce lingot de grammes d'un deuxième lingot au titre de 0,900, pour avoir un lingot au troisième titre de 0,860 ?

Chercher d'abord dans quel rapport on doit allier les deux premiers lingots pour obtenir le troisième titre : on trouvera $\frac{4}{11}$. On n'a plus qu'à résoudre une règle de Trois ou la proportion

$$\frac{4}{11} = \frac{128}{x},$$

qui donne pour le nombre cherché :

$$x = \frac{128 \times 11}{4} = 352.$$

4. Dans quel rapport faut-il allier un lingot d'argent au titre de 0,900 avec du cuivre, pour former un nouveau lingot au titre de 0,835 ?

En prenant 1 gr. de cuivre, on a un déficit de $0^{gr},835$ d'argent ; combien faut-il prendre du premier lingot pour avoir un excès de $0^{gr},835$ d'argent?

Si l'on en prend 1 gr., l'excès est de 0,065. Il reste donc à résoudre cette *règle de trois* : Pour avoir un excès de 0,065 on doit prendre 1 gr. du premier lingot ; combien faut-il en prendre pour avoir un excès de 0,835 ? Réponse :

$$\frac{1 \times 835}{65} = \frac{167}{13};$$

le rapport demandé est donc :

$$\frac{167}{13}.$$

5. Combien faut-il ajouter de grammes de cuivre à un lingot en argent au titre de 0,900 et pesant 1375 gr., pour former un nouveau lingot au titre de 0,835 ?

L'inconnue x est donnée par la proportion :

$$\frac{167}{13} = \frac{1\,375}{x}\;;\quad x = \frac{1\,375 \times 13}{167} = 107 \text{ par défaut.}$$

* **392**. Beaucoup de problèmes analogues aux problèmes de mélange ou d'alliage peuvent se résoudre de la même manière. En voici un exemple.

Une personne a placé 10 000 fr. en partie à 4,75 0/0 et en partie à 6 0/0 ; quelles sont ces deux parties, sachant que cette personne retire en somme le même intérêt que si elle avait placé les 10 000 fr. à 5 0/0 ?

Je cherche d'abord dans quel rapport doivent être deux sommes placées à 6 0/0 et à 4,75 0/0 pour avoir en somme le 5 0/0. En plaçant 1 fr. à 6 0/0 on a 0,01 de plus d'intérêt qu'à 5 0/0; quelle somme faut-il placer à 4,75 0/0 pour avoir 0,01 de moins qu'à 5 0/0 ?

1 fr. à 4,75 donne 0,0475 ; la différence entre 0,0475 et 0,05 est égale à 0,0025. Règle de Trois à résoudre.

Pour avoir un déficit de 0,0025 on doit placer 1 fr.; quelle somme doit-on placer pour que le déficit soit de 0,0100 ? Réponse : $\dfrac{100}{25} = 4$. Les deux parties doivent donc être dans le rapport de 4 à 1. En partageant 10 000 fr. dans ce rapport, on trouve 8 000 fr. à 4,75 0/0 et 2 000 fr. à 6 0/0.

EXERCICES SUR LES MÉLANGES ET LES ALLIAGES.

393. Un marchand de vin a mêlé ensemble des vins de différentes qualités, savoir : 250 litres à 0 fr., 60 le litre, 180 litres à 0 fr., 75 et 200 litres à 0 fr., 80. On demande le prix d'un litre du mélange. — Réponse : 0 fr., 704.

19.

2. On a fondu ensemble 23 kilogr. d'argent à 825 millièmes de fin (c'est-à-dire au titre 0,825), 14 kilogr. à 910 millièmes, et 19 kilogr. à 845 millièmes. Quel est le titre du lingot ainsi obtenu ? — Réponse : 0,853.

3. On a employé 500 ouvriers, dont 160 à 2 fr. par jour, 200 à 1 fr.,75, et 140 à 1 fr.,50. On demande à combien, l'un dans l'autre, chaque ouvrier revient par jour. — Réponse : 1 fr.,76.

Remarque. — Ce résultat est dit *la moyenne des salaires*. Si chaque ouvrier recevait 1 fr., 76 par jour, la dépense totale des 500 ouvriers serait égale à la dépense réelle, les salaires étant différents pour les trois catégories d'ouvriers.

4. La longueur du pendule à seconde est :

de 0^m,99 385 d'après Borda ;

de 0^m,99 387   —   Biot ;

de 0^m,99 390   —   Bessel.

Quelle est la moyenne de ces longueurs? — Réponse : 0^m,99 387 333...

5. En représentant l'équivalent de l'oxygène par 100, M. Dumas a trouvé, pour l'équivalent de l'hydrogène, les nombres suivants, par une série de 19 expériences. Tous ces nombres ont 12 pour partie entière, et leurs décimales sont : 472, 480, 480, 489, 490, 490, 490, 491, 496, 508, 522, 533, 546, 547, 550, 550, 551, 551, 562. Calculer la moyenne de ces nombres. — Réponse : 12,515.

6. Un négociant a acheté, à raison de 25 fr. l'hectolitre, 30 barriques de vin d'une contenance moyenne de 218 litres; il a dépensé en plus 250 fr. pour frais de transport et droits d'octroi. Le vin a été mouillé, c'est-à-dire mélangé d'eau, à raison de 18 pour 100. On demande combien le négociant devra vendre l'hectolitre du liquide ainsi préparé pour gagner 20 0/0 sur le chiffre de ses dépenses. — Réponse : 29 fr.,31.

(Paris, brevet de capacité.)

Remarque. — Ajouter de l'eau dans une certaine proportion aux vins purs encore en fûts, c'est ce qu'on appelle le *mouillage* des vins. Plus généralement on donne ce nom à l'opération qui consiste à faire un mélange d'un spiritueux faible avec un plus fort.

7. Un marchand achète 7 barriques de vin au prix de 400 fr. la barrique ; à tout ce vin il ajoute 444 litres d'eau et vend le mélange à raison de 1 fr., 40 les 75 centilitres. Il fait ainsi un bénéfice de 447 fr., 20. Quelle est la contenance de chaque barrique ? — Réponse : 300 litres.

(Lille, brevet du 2ᵉ ordre.)

8. Dans quelle proportion doit-on mêler du café à 3 fr. le kilogr. et du café à 2 fr., 20 le kilogr., pour obtenir une qualité moyenne à 2 fr., 50 le kilogr. ? — Réponse : de 3 à 5.

(Paris, brevet du 2ᵉ ordre.)

9. On a acheté 420 hectolitres de vin à 60 fr. l'hectolitre. On demande combien il faudra y ajouter de vin à 44 fr. pour faire un mélange à 50 fr. l'hectolitre. — Réponse : 200 hectolitres.

(Albi, brevet de capacité.)

10. Un marchand a trois sortes de vin : le premier coûte 423 fr.,50 la barrique de 228 litres ; le deuxième coûte 70 fr.,75 la barrique de 210 litres. Il mélange 12 barriques $\frac{3}{7}$ du premier avec 15 barriques $\frac{7}{8}$ du second, et il ajoute au mélange 48 hectolitres 43 litres du troisième vin, de sorte que le mélange lui revient à 86 fr., 70 la barrique de 228 litres. Combien vaut l'hectolitre du troisième vin ? — Réponse : 21 fr.

(Lille, brevet du 2ᵉ ordre.)

11. On mélange 665 litres d'un vin à 1 fr., 50 le litre, et 875 litres d'un autre vin à 1 fr., 75 le litre. Combien faudra-t-il mettre d'un vin inférieur à 0 fr., 25 le litre, pour que le litre ne revienne qu'à 1 fr., 20 ? — Réponse : 746 lit., 5.

(La Roche-sur-Yon, brevet de capacité.)

12. On a 350 kilogr. d'eau salée contenant 4 0/0 de sel ; combien d'eau douce faut-il y ajouter pour que le nouveau mélange ne contienne que 2 0/0 de sel ? — Réponse : 350 kilogrammes.

13. A du vin coûtant 48 fr. l'hectolitre, on veut ajouter de l'eau et de l'esprit de vin, de telle sorte que le mélange revienne

à 40 fr. l'hectolitre et contienne la même quantité d'alcool que le vin primitif, c'est-à-dire 11,5 0/0. L'esprit de vin employé contient 80,5 0/0 d'alcool et coûte tel qu'il est 70 fr. l'hectolitre. On demande la quantité d'eau et d'esprit qu'il faudra ajouter à 36 hectolitres de vin. — Réponse : 1 hectol., 37 d'esprit, et 8 hectol., 23 d'eau.

14. Un tonneau contient 156 litres de vin acheté à 43 fr., 50 l'hectolitre. On enlève une première fois 23 litres, que l'on remplace par 17 litres de vin à 0 fr., 60 le litre, et par 6 litres d'eau ; une deuxième fois on enlève 14 litres, que l'on remplace par 10 litres de vin à 0 fr., 45, et 4 litres d'eau. Combien doit-on vendre le mélange pour gagner 15 0/0 ? — Réponse : 0 fr., 49 le litre.

15. On a acheté 2 hectolitres 6 litres d'eau-de-vie contenant 45 0/0 d'alcool pur, à 0 fr., 90 le litre, et 1 hectolitre 12 litres contenant 52 0/0 d'alcool pur, à 1 fr., 20 le litre. A quel prix a-t-on payé chaque fois le litre d'alcool ? Si l'on mélange les deux liquides, à combien reviendra le litre d'alcool du mélange ? — Réponse : 2 fr.; 2 fr., 30; 2 fr., 11.

(Nancy, brevet complet.)

16. On a du blé à 19 fr., 50 l'hectolitre et une autre qualité à 23 fr., 75. Combien faut-il prendre de chaque qualité pour faire un mélange de 29 hectolitres 3 doubles décalitres $\frac{1}{5}$ à 20 fr. l'hectolitre ? — Réponse : 26 hectol., 15 lit., 3 de la première qualité et 3 hectol., 48 lit., 7 de la seconde.

17. Un marchand a acheté du blé à 3 fr., 55 le double décalitre, et de l'orge à 1 fr., 80 le double décalitre ; il mélange 85 hectolitres de blé et 42 hectolitres d'orge. Combien devra-t-il vendre le double décalitre du mélange s'il veut gagner 18 0/0, 1° du prix d'achat, 2° du prix de vente ? — Réponse : 1° 3 fr., 50 ; 2° 3 fr., 62.

18. On a trois qualités de vin : la première à 0 fr., 30 le litre ; la deuxième à 0 fr., 50 et la troisième à 0 fr. 75. Combien faut-il mélanger de litres de la première qualité et de la seconde, avec 10 litres de la troisième, pour avoir 100 litres à 0 fr., 42 le litre ? — Réponse : 52 lit., 5 et 37 lit., 5, à 0 lit., 1 près.

19. Combien faut-il allier d'or au titre de 0,78 à 3 kilogr., 2

d'or au titre de 0,64, pour que le métal obtenu soit au titre de 0,72? — Réponse : 4 kilogr., 267.

20. On a un lingot d'argent au titre de 0,825; on y ajoute 2 kilogr. d'argent pur et on obtient ainsi un lingot au titre de 0,850. Quel était le poids du premier lingot? — Réponse : 12 kilogr.

(Douai, brevet complet.)

21. Une pièce de vaisselle d'argent pesant 511 grammes a été achetée à raison de 0 fr., 21 le gramme de métal fin et payée sur ce pied 99 fr. Quel est le titre de l'alliage? — Réponse : 0,92.

22. On a trois lingots d'argent à des titres différents, savoir : 0,9, 0,8 et 0,72. Les deux premiers fondus ensemble formeraient un lingot au titre de 0,84 ; et le premier et le troisième en formeraient un au titre de 0,78. On demande quels sont les poids de ces trois lingots, sachant de plus que leur poids total est de 45 kilogr. — Réponse : 10 kilogr., 15 kilogr., et 20 kilogr.

23. On a fait un alliage avec deux lingots : le premier pèse 845 gr. et est au titre de 0,8 ; le deuxième pèse 2349 gr., et son titre est inconnu ; on demande de déterminer ce titre, sachant que le troisième lingot est au titre de 0,9. — Réponse : 0,93.

24. Un lingot composé d'or et de cuivre pèse 1574 gr. et est au titre de 0,9 par rapport à l'or. On demande combien il faudrait ajouter de cuivre à ce lingot pour en abaisser le titre à 0,858. — Réponse : 77 gr., 04.

25. On fond ensemble deux lingots d'argent : le premier pèse 480 gr. et est au titre de 0,940 ; le second pèse 560 gr. et est au titre de 0,960. Quel est le titre du lingot ainsi obtenu ?

On demande aussi quelle est, au change des monnaies, la valeur de la nouvelle monnaie en argent au titre de 0,835. — Réponse : Première question : 0,950;

—   Deuxième question : 184 fr., 17 le kilogr.

(Paris, brevet simple.)

26. Un lingot formé d'argent et de cuivre et pesant 30 kilogr. est au titre de 0,850. On y ajoute 4 kilogr. de cuivre ; quel est le titre du nouvel alliage? Combien faudrait-il ajouter de

cuivre pour abaisser le titre à 0,600? — Réponse : 1° 0,750;
2° 12 kilogr., 5.

27. On avait une certaine somme en pièces de 0 fr.,50, au titre de 0,900, et l'on a abaissé ce titre à 0,835 en y ajoutant du cuivre; on a eu alors une somme de 180 fr. Combien avait-on de pièces avant cette opération? — Réponse : 334.

Remarque. — Le poids de l'argent est resté le même.

28. On veut fabriquer des pièces de 5 fr. avec un lingot d'argent pur, dont le volume est de 4 décim. c., 225. On le fait fondre, pour cela, avec un poids convenable de cuivre. On demande le nombre de pièces fabriquées. On sait que les $\frac{5}{6}$ d'un décimètre cube d'argent pèsent 8 kilogr., 73. — Réponse : 1947.

(Constantine, brevet de capacité.)

29. On fond ensemble trois lingots d'argent : le premier, au titre de 0,900, pèse 800 gr.; le deuxième, au titre de 0,750, pèse 750 gr.; le troisième, au titre de 0,700, pèse 900 gr. Calculer avec 5 décimales le titre du lingot résultant. Quel poids de cuivre faut-il ajouter à ce quatrième lingot pour l'amener au titre de 0,600? — Réponse : 0,78061; 737 gr.,5.

(Paris, brevet du 2ᵉ ordre.)

30. On met dans un creuset 12 pièces de monnaie de 0 fr.,10, 4 pièces d'argent de 5 fr., 8 pièces d'or de 100 fr. Le tout est fondu. On demande : 1° la composition de l'alliage ainsi obtenu en le rapportant à 1 000 parties; 2° jusqu'à quelle hauteur s'élèverait, dans un vase ayant la forme d'un décimètre cube, l'eau qui aurait le même poids que cet alliage; 3° la somme d'argent en monnaie de billon qu'on pourrait faire en transformant en alliage monétaire tout le cuivre contenu dans l'alliage ci-dessus. — Réponse : 1° 485,8 or;

188,2 argent;
313,3 cuivre;
10,2 étain;
2,5 zinc;

2° 0 mèt.,0478;
3° 1 fr.,57.

(Lille, brevet de capacité.)

31. On a une somme de 1180 fr. composée de pièces de 10 fr. en or et de pièces de 5 fr. en argent, le nombre des pièces de 10 fr. étant à celui des pièces de 5 fr. dans le rapport de 31 à 56. On fond toutes ces pièces en un seul lingot, après y avoir ajouté 163 gr.,4 de cuivre pur. On demande combien 1 000 parties de l'alliage contiennent de parties d'or, d'argent et de cuivre. — Réponse : 56,9 d'or, 796,6 d'argent et 146,5 de cuivre.

(Lille, brevet de capacité.)

32. Un orfèvre possède deux lingots d'or : le premier est au titre de 0,920, et le second au titre de 0,750; il veut en faire un lingot du poids de 8 kilogr. $\frac{1}{2}$, au titre de 0,840. Combien doit-il prendre de kilogr. de chaque lingot? — Réponse : 4 kilogr.,5 et 4 kilogr.

(Nancy, brevet de capacité.)

33. Le centim. cube d'or pèse 19 gr.,3; le centim. cube d'argent pèse 10 gr.,5. On propose d'allier 250 gr. d'or à un poids d'argent tel que le centim. cube de l'alliage pèse 13 gr.,6. On suppose que l'alliage se fait sans changement de volume. — Réponse : 250 gr.

34. On a deux lingots composés d'or et de cuivre. Le premier lingot est au titre de 0,850 de fin; le second au titre de 0,745. On demande quel poids on doit prendre de chacun de ces lingots pour obtenir 225 gr. d'un alliage au titre de 0,805. — Réponse : 128 gr.,57 et 96 gr.,43 à 0,01 près.

(Paris, diplôme d'études.)

35. Une somme en argent monnayé, au titre de 0,900, a été amenée au titre de 0,835 par l'addition d'une certaine quantité de cuivre. La somme fabriquée avec l'alliage a été ainsi

augmentée de 5 000 fr. Quelle était la somme primitive? —
Réponse : 64 267 fr.

(Toulouse, brevet complet.)

36. On veut faire un alliage d'argent au titre de 0,835 en fondant ensemble 3 kilog., 458 d'un premier lingot au titre de 0,920 avec trois autres lingots dont les titres sont respectivement de de 0,665, de 0,712 et de 0,748. Combien doit-on prendre de ces trois derniers, leurs poids devant être proportionnels aux nombres 2, 3 et 5? — Réponse : $0^{kg},5138$;
$$0^{kg},7707;$$
$$1^{kg},2845.$$

Chapitre VI. — Change. — Change intérieur. — Change extérieur.

394. On appelle *monnaie de compte* une monnaie réelle ou fictive à laquelle, dans chaque pays, on rapporte toutes les autres, et qui est seule exprimée dans les actes officiels et dans les transactions particulières. Le franc, le marc, la piastre d'Espagne, *etc.*, sont des monnaies de compte réelles ; la livre sterling, la piastre turque, *etc.*, sont des monnaies de compte fictives.

395. Combien 46 livres sterling, 15 schellings et 9 pence valent-ils de francs, en prenant la livre sterling au pair, c'est-à-dire à 25,21 ?

On sait que la livre sterling vaut 20 schellings, et le schelling 12 pence. La somme donnée est donc égale à

$$46 \text{ liv. st.} + \frac{15}{20} \text{ de liv. st.} + \frac{9}{240} \text{ de liv. st.}$$ En multipliant ce nombre fractionnaire par 25,21, on aura le nombre demandé. On trouve 1 179 fr.,51.

396. Une facture s'élève à la somme de 46 livres sterling, 15 schellings et 9 pence ; elle doit subir un escompte de $1\frac{1}{2}$ 0/0 : on demande d'exprimer le montant de cette facture, après escompte, en dollars des États-Unis. Un dollar vaut 5 fr. 18.

En exprimant d'abord le montant de la facture en francs, on trouvera 1 179 fr., 51 (§ 395). L'escompte de cette somme à $1\frac{1}{2}$ 0/0 est

$$\frac{1,5 \times 1179,51}{100} = 17,70 \text{ à } 0,01 \text{ près par excès.}$$

Le montant de la facture, après escompte, est de

$$1179,51 - 17,70 = 1161,81.$$

En divisant cette dernière somme par 5,18 on trouve qu'elle vaut 224 dollars 28 centièmes : c'est le nombre demandé.

397. Pour résoudre les problèmes de cette espèce, il faut connaître le taux du change entre les places, c'est-à-dire les sommes exprimées en monnaies de compte de ces places qui s'équivalent. On affiche, à la Bourse de Paris, la valeur en francs et centimes d'une somme constante pour chaque place, exprimée en monnaie de compte de cette place : ainsi, on y trouve la valeur variable de 100 florins d'Amsterdam, de 100 rixdales de Berlin, d'une livre sterling de Londres, *etc.*; ces nombres constants, 100 florins, 100 rixdales, 1 livre sterling, *etc.*, sont ce que l'on nomme le *certain*, et leurs valeurs en francs et centimes, l'*incertain* : on dit que Paris donne l'*incertain* pour le *certain*. Pour les places qui ont la même monnaie que nous, le change s'exprime par tant 0/0 de perte ou de gain. On dit, par exemple, que le change de

Bâle est de 1 0/0 de perte ; cela signifie qu'une lettre de change de 100 fr. sur Bâle se paye 99 fr. à Paris. Il en est de même pour les places de l'intérieur.

398. Le but des opérations de change est d'effectuer les payements à distance sans transport de numéraire.

Le change est *intérieur* ou *extérieur*, suivant que les deux places sont ou ne sont pas du même pays.

399. Le change suppose des dettes réciproques entre les deux places. Jean, de Bordeaux, doit 1 200 fr. de drap à Jacques, de Sedan ; Pierre, de Sedan, doit 1 200 fr. de vin à Joseph, de Bordeaux. Si ces opérations étaient connues des intéressés, Jean donnerait 1 200 fr. à Joseph, et Pierre 1 200 fr. à Jacques ; mais il est très rare qu'un règlement d'affaire puisse s'effectuer aussi simplement ; l'intervention des banquiers est généralement nécessaire. Voici alors ce qui peut se passer : Jacques tire une traite de 1 200 fr. sur Jean, de Bordeaux, et il vend son billet à un banquier de Sedan. Pierre achète à son tour cette traite au banquier et l'envoie à Joseph, qui la présente à Jean et reçoit de lui les 1 200 fr. qui lui sont dus.

400. Dans l'achat ou la vente d'une lettre de change on tient compte du cours du change entre les deux places. Si le change est intérieur, on a à augmenter ou à diminuer le montant de la traite de tant 0/0 sur le cours du change. Si le change est extérieur, le calcul est en général un peu plus compliqué, mais analogue. Exemple : Quel serait le prix, à Londres, d'une lettre de change de 1 200 fr., le cours du change étant de 25,23 ? En divisant 1 200 par 25,23, le quotient entier 47 sera le nombre de livres sterling ; en divisant ensuite par le même diviseur le reste multiplié par 20, on trouvera 11 schellings, et enfin en divisant par le même diviseur le nouveau reste multiplié par 12, on aura 3 pence par excès. Ainsi la traite dont il s'agit vaudrait à Londres, 47 liv. st. 11 sch. et 3 pence.

***

EXERCICES SUR LE CHANGE.

401. 1. Une facture s'élève à la somme de 568 marcs banco (Hambourg), 7 schellings et 8 pfennigs ; quelle est en francs la valeur de cette facture, sachant que le marc banco vaut 1 fr., 88, que cette monnaie fictive se divise en 16 schellings, et le schelling en 12 pfennigs ? — Réponse : 1070 fr.,97.

2. Combien 36 livres sterling 14 schellings 9 pence valent-ils de marcs banco ? — Réponse : 492 marcs banco, 10 schellings et 1 pfennig.

3. Le cours du change étant de 85 3/4 (100 lires valent 85 fr.,75) ; que coûterait une lettre de change de 2 500 lires 15 soldi et 4 denari ? La lire vaut 20 sous, et le sou 12 deniers. — Réponse : 2 144 fr.,39.

4. Un négociant de Marseille, qui doit 500 ducats à Naples, veut s'acquitter au moyen d'un effet à 90 jours. Combien doit-il débourser, sachant qu'un ducat vaut 4 fr., 335, et que l'intérêt pour les 90 jours est pris à 4 0/0. — Réponse : 2 189 fr.,17.

5. Un négociant de Lisbonne, qui doit 400 livres sterling à Londres, veut s'acquitter au moyen d'un effet à 60 jours. Combien de reis doit-il donner ? On suppose qu'une livre sterling vaut 25 fr., 23, et que 1 000 reis valent 6 fr., 12 ; l'intérêt doit être calculé à $4\frac{1}{2}$ 0/0. — Réponse : 1 723 225 reis.

** Chapitre complémentaire sur la résolution arithmétique des problèmes.

402. Nous avons donné, dans les chapitres qui précèdent et particulièrement dans le livre VIII, les principes et les règles que l'on a à appliquer pour résoudre les problèmes les plus importants sur les nombres. Mais beaucoup de questions sortent du cadre des problèmes usuels que nous avons étudiés, et l'arithmétique laisse à l'algèbre l'étude des règles générales qui permettent de les résoudre. Il est ordinairement possible pourtant, sans sortir des procédés de l'arithmétique, d'analyser une question de manière à déduire des conditions de l'énoncé la suite des calculs à faire sur les nombres donnés pour trouver les nombres demandés. Quelquefois une simple remarque donne la solution immédiate d'un problème qui paraissait d'abord difficile. On peut très souvent aussi appliquer les règles connues sous le nom de *fausse position simple* ou *double*. Ce dernier chapitre est consacré à l'examen de quelques questions qui nous permettront de compléter l'étude de la *résolution arithmétique* des problèmes.

403. Problème de la couronne. — *Hiéron, roi de Syracuse, avait remis à un orfèvre 10 livres d'or pour faire une couronne, qu'il voulait offrir à Jupiter. Le travail achevé, la couronne se trouva du poids de 10 livres; mais le roi, soupçonnant que l'ouvrier avait allié de l'argent à l'or, consulta Archimède. Celui-ci, sachant que l'or et l'argent perdent dans l'eau, le premier les 52 millièmes de son poids et le second les 99 millièmes, pesa la couronne plongée dans l'eau et trouva qu'elle perdait les 63 millièmes de son poids : la fraude fut ainsi découverte. On demande*

combien il y avait de livres de chaque métal dans la cou-
ronne.

Analyse. — La perte de poids qu'éprouve la couronne plongée dans l'eau est égale à $10^l \times 0,063 = 0^l,63$. Si la couronne avait été entièrement en or, la perte aurait été de $10^l \times 0,052 = 0^l,52$. Il y a donc une différence en plus de $0^l,11$ provenant de l'argent allié à l'or. Pour trouver le poids de l'argent qui entre dans la couronne, on remarquera que la substitution d'une livre d'argent à une livre d'or augmenterait la perte de poids de la différence qui existe entre $0^l,099$ et $0^l,052$, c'est-à-dire de $0^l,047$. Le problème est ramené ainsi à la règle de Trois suivante : Pour que la perte de poids augmente de $0^l,047$, il faut remplacer une livre d'or par une livre d'argent; quelle doit être la substitution pour que la perte soit de $0^l,110$? — Réponse : $\dfrac{1^l \times 110}{47} = 2^l,34$, à $0,01$ près.

La couronne contient donc $2^l,34$ d'argent et $7^l,66$ d'or, à $0,01$ de livre près.

404. Problème des fontaines. — Les problèmes auxquels ce titre peut convenir ressemblent plus ou moins au suivant et se résolvent d'une manière analogue.

Trois fontaines coulent dans un même bassin : la pre-mière et la deuxième le rempliraient en 12 heures en cou-lant ensemble; la première et la troisième le rempliraient en 16 heures, et la deuxième et la troisième le rempliraient en 24 heures; quel serait le temps nécessaire à chaque fon-taine, en coulant seule, pour remplir le bassin?

Analyse. — La première fontaine et la deuxième peu-vent, en coulant ensemble, remplir $\dfrac{1}{12}$ du bassin en une heure, tandis que la première et la troisième n'en rempliraient que $\frac{1}{16}$ dans le même temps. Il résulte de là que la troisième fontaine donne moins d'eau que la deuxième, et que la différence $\frac{1}{48}$ entre $\frac{1}{12}$ et $\frac{1}{16}$ exprime la fraction du bassin que la deuxième peut remplir de plus que la troisième en une heure. La deuxième et la troisième remplissent le $\frac{1}{24}$ du bassin en une heure ; et puisque la deuxième remplit, pendant ce temps, la fraction du bassin qui est remplie par la troisième plus $\frac{1}{48}$ du bassin, en retranchant $\frac{1}{48}$ de $\frac{1}{24}$, le reste $\frac{1}{24}$ contiendra deux fois la fraction du bassin remplie par la troisième en une heure : on voit ainsi que la troisième fontaine remplit en une heure $\frac{1}{96}$ du bassin, et que, pour le remplir entièrement, elle mettrait 96 heures. On trouvera facilement maintenant que la première mettrait 19 h. 12 m., et que la deuxième mettrait 32 heures.

405. *Deux employés gagnent 4 400 fr. à eux deux ; le premier économise $\frac{1}{5}$ de son salaire ; le second $\frac{1}{4}$ du sien, et leur économie totale est de 1 300 fr. ; quels sont leurs traitements ?*

Analyse. — La fraction $\frac{1}{5}$ étant égale à $\frac{1}{4} + \frac{1}{12}$, l'économie totale contient le quart de chaque traitement plus $\frac{1}{12}$ du premier. Le quart de la somme des traitements est de 1 100 fr. ; il reste donc 200 fr. pour le douzième du premier ; celui-ci est donc de 2 400 fr., et par suite l'autre est de 2 000 fr.

406. La marche que nous venons de suivre pour résoudre le dernier problème est applicable aux problèmes de mélange et d'alliage de deuxième espèce. Exemple : *On a deux lingots d'or aux titres de 0,946 et de 0,884. Combien faut-il prendre de chacun pour faire 2 kilogr., 035 d'alliage monétaire?*

On a $0,946 = 0,884 + 0,062$; le lingot demandé contiendra donc une quantité d'or égale aux **0,884** de son poids, plus les **0,062** du poids que l'on aura pris au premier lingot. Or le poids total de l'or du troisième lingot est égal à $2^{kg},035 \times 0,900$; par suite la différence entre les **0,900** de $2^{kg},035$ et les **0,884** de ce poids, c'est-à-dire, les **0,016** de $2^{kg},035$, égalent les **0,062** du poids pris dans le premier lingot; on a donc pris de ce lingot

$$\frac{2^{kg},035 \times 160}{62} = 0^{kg},525\,;$$

et du second, $2^{kg},035 - 0^{kg},525 = 1^{kg},510.$

407. **Problèmes des courriers**. On peut se proposer sur les positions relatives de certains mobiles, à certaines époques, une foule de questions, dont un grand nombre peuvent être résolues en cherchant de combien les mobiles se rapprochent ou s'éloignent dans un temps déterminé, et en comparant ensuite ce changement de position à celui qui doit avoir lieu pour que les mobiles arrivent dans la situation désignée par l'énoncé. En voici des exemples.

1. *Un lévrier poursuit un renard qui a 95 sauts d'avance sur lui ; le lévrier fait 6 sauts pendant que le renard en fait 8, et 4 sauts du lévrier en valent 7 du renard; combien le lévrier doit-il faire de sauts pour atteindre le renard?*

Je cherche de combien le lévrier se rapproche du renard soit pendant le temps que le lévrier met à faire un saut, soit pendant un saut du renard, ou plus simplement pendant que le lévrier fait 6 sauts. Pendant ce temps, le renard fait 8 sauts ; or 6 sauts du lévrier valent $6 \times \frac{7}{4} = \frac{21}{2}$ sauts du renard ; la distance qui les sépare diminue donc de $\frac{21}{2} - 8 = \frac{5}{2}$ sauts du renard, toutes les fois que le lévrier fait 6 sauts. Le problème est ainsi ramené à une règle de Trois. Pour que la distance diminue de $\frac{5}{2}$ sauts du renard, le lévrier doit faire 6 sauts ; combien doit-il en faire pour qu'elle diminue de 95 sauts du renard ? On trouvera $\frac{6 \times 2 \times 95}{5} = 22$.

2. *Déterminer l'instant où les deux aiguilles d'une montre se rencontrent entre 1 heure et 2 heures.*

A l'instant de la rencontre, la grande aiguille a fait 60 divisions du cadran de plus que la petite aiguille. L'énoncé du problème peut donc être remplacé par le suivant, qui est plus précis : Quel est le temps nécessaire pour que l'aiguille des minutes d'une montre parcoure 60 divisions de plus que celle des heures ? Pour trouver la réponse à cette question, on remarquera qu'en une heure les deux aiguilles parcourent l'une 60 divisions et l'autre 5, et l'on résoudra la règle de Trois suivante : Pour que l'aiguille des minutes fasse 55 divisions de plus que l'autre, il faut 1 heure ; quel temps faut-il pour que la première parcoure 60 divisions de plus que la seconde ? On trouvera $\frac{60}{55}$ d'heure ou $1^\mathrm{h} 5^\mathrm{m} \frac{5}{11}$ de minute.

3. *Trouver l'instant, entre 4 et 5 heures, où les deux aiguilles d'une montre forment un angle droit.*

Les deux aiguilles sont à angle droit, c'est-à-dire comprennent entre elles 15 divisions du cadran, 1° à l'instant où la grande aiguille a fait, à partir de 4 heures, 5 divisions du cadran de plus que la petite aiguille, et 2° à l'instant où la première a fait 35 divisions de plus que la seconde. On n'aura donc qu'à résoudre deux règles de Trois analogues à celle du paragraphe précédent.

4. Trois aiguilles se meuvent uniformément sur le cadran d'une horloge : la première, qui indique les heures, fait le tour du cadran en 12 heures; la deuxième indique les minutes et fait le tour du cadran en une heure; enfin la troisième aiguille, qui est celle des secondes, fait le même tour à chaque minute. Les aiguilles marquent 3 heures; on demande de déterminer l'instant où, après trois heures, l'aiguille des heures sera la bissectrice de l'angle des deux autres.

Appelons H l'aiguille des heures, M celle des minutes, et S celle des secondes. Je cherche d'abord l'instant où S coïncide avec H : S fait 60 divisions en 1 m., et H fait $\dfrac{1}{12}$ de division dans le même temps. Règle de Trois : Pour que S fasse $\left(60 - \dfrac{1}{12}\right)$ divisions de plus que H, il faut 60 s.; quel temps faut-il pour qu'elle en fasse 15 de plus? On trouvera

$$\frac{60 \times 15^{\mathrm{s}}}{60 - \dfrac{1}{12}} = 15^{\mathrm{s}} + \frac{15}{719} \text{ de seconde.}$$

En ce moment l'angle MS, fait par M et S, comprend

$$\left(\frac{60 \times 15 \times 12}{719} - \frac{15 \times 12}{719}\right) \text{div.} = \frac{59 \times 15 \times 12}{719} \text{div.,}$$

et l'angle HS est nul; leur différence contient donc $\dfrac{59 \times 15 \times 12}{719}$ divisions.

Je cherche maintenant de combien cette différence diminue en une seconde : elle diminue de la diminution de
20.

l'angle MH, plus de l'augmentation de HS, c'est-à-dire de

$$\left(\frac{1}{60} - \frac{1}{60 \times 12}\right) + \left(1 - \frac{1}{60 \times 12}\right) = \frac{730}{60 \times 12} = \frac{73}{72} \text{ div.}$$

La différence entre les deux angles deviendra donc nulle après un nombre de secondes égal au nombre de fois que $\frac{73}{72}$ est contenu dans $\frac{59 \times 15 \times 12}{719}$;

on trouve $14^s + \frac{29\,822}{719 \times 73}$ de seconde; le temps total, à partir de 3 h., est donc égal à

$$15 + \frac{15}{719} + 14 + \frac{29822}{719 \times 3} \text{ secondes} = 29^s + \frac{43}{73} \text{ de sec.}$$

408. Il est quelquefois utile de commencer l'analyse d'un problème par les dernières conditions de l'énoncé et de remonter progressivement jusqu'aux premières conditions, pour trouver le nombre demandé.

Une paysanne, chargée de vendre des œufs au marché, vend à une première personne la moitié de ses œufs plus la moitié d'un œuf; à une seconde personne, la moitié des œufs qui lui restent, plus la moitié d'un œuf, et à une troisième personne, la moitié des œufs qui lui restent plus la moitié d'un œuf; elle a alors vendu tous ses œufs; combien en avait-elle en arrivant au marché?

Chaque vente se compose en quelque sorte de deux opérations, dont la seconde consiste à donner un demi-œuf, et la première à donner la moitié des œufs que la paysanne a à l'instant de la vente. Il résulte des conditions de la dernière vente que le demi-œuf qui a été donné à la fin était la moitié de ce qui restait à la paysanne au commencement de cette vente; elle avait donc un œuf après la seconde vente. Si l'on restitue à la paysanne le demi-œuf de la deuxième vente, on a 1 œuf $\frac{1}{2}$ pour la moitié des œufs qu'elle avait au commencement de cette deuxième vente, et l'on conclut de là que, après la première vente, il lui restait 3 œufs. On voit donc que, pour remonter d'une vente à la précédente, il suffit d'ajouter un demi-œuf aux œufs qui restent et de doubler le nombre ainsi obtenu. Il sera donc facile, quel que soit le nombre de ventes successives, de remonter à la première et de trouver le nombre demandé. S'il n'y a que trois ventes, le nombre demandé est 7.

Remarque. — On résoudra d'une manière analogue le problème suivant : Trois joueurs conviennent qu'à chaque partie le perdant doublera l'argent des autres. Après 3 parties perdues successivement par chacun d'eux, ils se retirent : le premier, avec 40 fr. ; le deuxième, avec 100 fr., et le troisième, avec 130 fr. Quelles étaient les mises des joueurs ? — Réponse : 140 fr., 80 fr. et 50 fr.

409. On remplace quelquefois très heureusement l'analyse détaillée d'un problème par une remarque qui donne rapidement la solution de la question. En voici des exemples.

1. *Un enfant a 5 ans ; son père en a 45 ; dans combien d'années l'âge du père sera-t-il le triple de l'âge du fils ?*

On remarquera que la différence des deux âges est constante et égale à 40 ans. Or, il est évident qu'à l'époque où l'âge du père sera le triple de celui du fils, cette différence contiendra deux fois l'âge du fils ; celui-ci aura donc 20 ans à cette époque : l'âge du père sera le triple de l'âge du fils dans 15 ans.

2. *Quel est l'instant de la rencontre des deux aiguilles d'une montre entre 1 h. et 2 h. ?*

On remarquera que les intervalles qui séparent les rencontres successives des aiguilles sont égaux d'après la nature du mouvement des aiguilles, et que, dans l'intervalle de 12 heures, les aiguilles se rencontrent onze fois ; on en conclura que le temps qui sépare deux rencontres successives est le $\dfrac{1}{11}$ de 12 h., c'est-à-dire de 1 h. 5 m.

$\dfrac{5}{11}$ de m.

5. *Deux points A et B sont distants de 225 kilomètres. Le quintal de charbon coûte 27 fr. 50 en A et 12 fr. 50 en B; on paye 0 fr., 08 de transport par quintal et par kilomètre; quel est le point C de la route AB où le charbon revient au même prix qu'il vienne de A ou de B?*

On remarquera que, si l'on transporte un quintal de charbon de A en C et un autre de B en C, ces deux quintaux coûteront $27,50 + 12,50 + 0,08 \times 225 = 58$ fr. Un quintal transporté en C de l'un ou de l'autre des points A et B coûtera donc la moitié de 58 fr. ou 29 fr.; par suite le prix du transport de A en C est de 1 fr., 50, et la distance AC est de

$$\left(\frac{1,50}{0,08}\right)^{\text{km}} = 18^{\text{km}},75.$$

410. Règle de fausse position. — On donne à l'inconnue une valeur arbitraire et l'on vérifie si cette valeur satisfait aux conditions de l'énoncé : généralement, on trouve que la supposition est fausse. Deux cas peuvent alors se présenter :

1° Si le nombre trouvé en faisant la vérification varie dans le même rapport que le nombre supposé ou dans le rapport inverse, on trouvera la solution du problème par une règle de Trois simple;

2° Dans le cas contraire, on notera l'erreur, c'est-à-dire la différence qui existe entre le résultat de la vérification et le nombre que l'on aurait dû trouver d'après l'énoncé; on fera une seconde supposition, et l'on notera la deuxième erreur. On *supposera* alors que la variation de l'erreur est proportionnelle à la variation de la supposition, et, par une proportion, on trouvera la variation que l'on doit faire subir à l'une des suppositions pour faire disparaître l'erreur correspondante. Il restera, en général, à vérifier si le nombre trouvé satisfait aux conditions de l'énoncé, car on a trouvé ce nombre, en supposant une proportionnalité qui n'existe pas toujours, et qu'il serait souvent trop long de vérifier *a priori*. En voici des exemples :

411. Fausse position simple. — Problème 1. *Quel est le capital qui, placé à 5 0/0 pendant 2 ans 3 mois, a donné 285 fr., 75 d'intérêt ?*

Je suppose que ce soit 100 fr. Je calcule l'intérêt de 100 fr. pour 2 ans 3 mois à 5 0/0. Je trouve 11 fr. 25. L'intérêt étant proportionnel au capital pour le même temps, je résous la règle de Trois suivante : Pour avoir 11 fr. 25 d'intérêt, il faut placer 100 fr.; combien faut-il placer pour avoir 285 fr., 75 ? Réponse :

$$\frac{100 \text{ fr.} \times 285,75}{11,25} = 2\,540 \text{ fr.}$$

Problème 2. *On a fait escompter en dehors, au même taux, un billet de 4 560 fr. payable dans 3 mois, et un billet de 1 264 fr. payable dans 45 jours ; on a reçu 5 746 fr., 12 pour les deux billets ; à quel taux a-t-on pris l'escompte ?*

Je suppose que ce soit à 1 0/0 et je calcule les deux escomptes. Je trouve 11 fr., 40 pour le premier, et 1 fr., 50 pour le second : en tout 12 fr., 98. L'escompte réel est de 77 fr., 88 pour les deux billets : le taux n'est donc pas de 1 0/0 ; mais comme l'escompte en dehors est proportionnel au taux, il n'y a plus qu'à résoudre une règle de Trois qui conduit à diviser 77,88 par 12,98 pour trouver le taux véritable, 6 0/0.

412. Fausse position double. — Problème 1. *Une personne a un capital de 5 950 fr. ; elle en place une partie à 5 0/0, le reste à 6 0/0, et elle reçoit ainsi un intérêt total de 332 fr., 60 ; quelles sont ces deux parties ?*

Première supposition : Première partie, 5 960 francs ; deuxième partie, 0 fr. ; intérêts, 298 fr. *Première erreur :* 34 fr. 60.

Deuxième supposition : Première partie, 5 960 fr. — 100 fr. ; deuxième partie, 100 fr. ; intérêts, 299 francs. *Deuxième erreur :* 33 fr. 60.

La diminution de l'erreur est ici évidemment proportionnelle à l'augmentation de la somme placée à 6 0/0 ; on résoudra donc la règle de Trois suivante : Pour diminuer la première erreur de 1 fr., il faut augmenter la deuxième somme de 100 fr. ; de combien faut-il augmenter cette somme pour que la première erreur diminue de 34,60 ? On trouvera 3 460 fr. Les deux parties sont donc de 5 960 fr. — 3 460 = 2 500 fr., et de 3 460 fr.

Problème 2. — *L'âge d'un père égale 6 fois celui de son fils, et, il y a 2 ans $\frac{1}{2}$, l'âge du père égalait 8 fois $\frac{1}{2}$ celui du fils. Quels sont les deux âges ?*

Première supposition : Age actuel du fils, 10 ans ; âge du père, 60 ans. Age du fils, il y a 2 ans $\frac{1}{2}$: 7 ans $\frac{1}{2}$; âge du père : 57 ans $\frac{1}{2}$. *Première erreur :* 7 ans, 5 $\times$ 8,5 — 57 ans, 5 = 6 ans, 25.

Seconde supposition : Age actuel du fils, 8 ans......... *Deuxième erreur :* 1 an, 25.

Différence des deux erreurs : 6 ans,25 — 1 an,25 = 5 ans.

Règle de Trois. Pour diminuer la première erreur de 5 ans, il faut diminuer la première supposition de 2 ; de combien faut-il diminuer cette supposition, pour que la première erreur diminue de 6 ans, 25? On trouvera 2 ans, 5. Le fils a donc 7 ans $\frac{1}{2}$ et le père 45 ans.

Vérification. Age du fils il y a 2 ans $\frac{1}{2}$: 5 ans ; âge du père : 42 ans $\frac{1}{2}$.

$$5 \times 8\frac{1}{2} = 42\frac{1}{2}.$$

Problème 3. — La règle de fausse position est applicable aux problèmes de mélange et d'alliage de deuxième espèce.

On a deux lingots d'or, l'un au titre de 0,85 et l'autre au titre de 0,6 ; combien faut-il prendre de grammes de chaque lingot pour en composer un alliage de 100 grammes au titre de 0,7 ?

Première supposition : 100 gr. du premier et 0 gr. du second.

Première erreur : $100 \times 0,85 - 100\,\text{gr.} \times 0,7 = 15$ gr.

Seconde supposition. 90 gr. du premier et 10 gr. du second.

Deuxième erreur :

$90\,\text{gr.} \times 0,85 + 10\,\text{gr.} \times 0,6 - 100\,\text{gr.} \times 0,7 = 12,5.$

Différence des erreurs : $15\,\text{gr.} - 12\,\text{gr.,}5 = 2\,\text{gr.,}5.$

Règle de Trois. Pour diminuer la première erreur de 2 gr., 5, il faut diminuer la première supposition de 10 gr. De combien faut-il diminuer cette supposition, pour que la première erreur diminue de 15 gr.? On trouvera : 60 gr. On devra donc prendre 40 gr. du premier lingot et 60 gr. du second.

Vérification. $40 \times 0,85 + 60 \times 0,6 = 100 \times 0,7.$

Problème 4. — *J'ai le double de l'âge que vous aviez quand j'avais votre âge actuel, et, quand vous aurez l'âge que j'ai maintenant, nos deux âges réunis feront 69 ans. Quels sont nos âges ?*

Première supposition : Si la première personne a 20 ans, par exemple, la seconde a un âge qui, diminué de la différence des deux âges, devient égal à 10 ans ; elle a donc 15 ans. Quand la seconde personne aura 20 ans, la première en aura 25, et ensemble elles auront 45 ans, au lieu de 69 ; il y a donc une erreur de 24 ans.

Seconde supposition : Si la première personne a 24 ans, la deuxième en a 18 ; la somme de leurs âges quand la deuxième aura 24 ans sera de 54 ans au lieu de 69 ; il y a donc encore une erreur, mais celle-ci n'est que de 15 ans. En augmentant de 4 ans la première supposition, l'erreur correspondante diminue donc de 9 ans.

Règle de Trois. Pour diminuer la première erreur de 9 unités, il faut augmenter la première supposition de 4. De combien faut-il augmenter cette supposition, pour que l'erreur diminue de 24? On trouvera $10 + \dfrac{2}{3}$; si la proportionnalité est exacte, la première personne a 20 ans $+$ 10 ans $+ \dfrac{2}{3} = 30$ ans $\dfrac{2}{3}$, et par suite la seconde personne a 23 ans.

Vérification. La deuxième personne aura

$$30 \text{ ans } \frac{2}{3} \text{ dans } 7 \text{ ans } \frac{2}{3} ;$$

la première aura alors

$$30 \text{ ans } \frac{2}{3} + 7 \text{ ans } \frac{2}{3} = 38 \text{ ans } \frac{1}{3} ;$$

la somme des deux âges sera donc

$$38 \text{ ans } \frac{1}{3} + 30 \text{ ans } \frac{2}{3} = 69 \text{ ans.}$$

Remarque. — On pourrait vérifier *a priori* l'exactitude de la proportionnalité supposée, en cherchant si à des accroissements successifs égaux donnés à la première supposition correspondent des accroissements égaux ou des diminutions égales dans l'erreur. Dans l'exemple qui précède, en supposant que la première personne ait 28 ans, on trouverait 6 pour troisième erreur.

Problème 5. — *Un père et son fils ont ensemble 50 ans, et le produit de leurs âges est 225. Quels sont ces deux âges?*

Première supposition : Age du fils : 12 ans; âge du père : 38 ans; $12 \times 38 = 456$. *Première erreur* : $456 - 225 = 231$.

Seconde supposition : Age du fils : 10 ans; âge du père : 40 ans; $10 \times 40 = 400$. *Deuxième erreur* : $400 - 225 = 175$.

Différence des deux erreurs : $231 - 175 = 56$.

Règle de Trois. Pour que la première erreur diminue de 56, il faut diminuer la première supposition de 2. De combien faut-il diminuer cette supposition, pour que la première erreur diminue de 231? On trouvera $8 + \dfrac{1}{4}$. Si la proportionnalité était exacte, l'âge du fils serait de 3 ans $\dfrac{3}{4}$ et par suite celui du père serait de 46 ans $\dfrac{1}{4}$.

Vérification. $\left(3 + \dfrac{3}{4}\right) \times \left(46 + \dfrac{1}{4}\right) = 173 + \dfrac{7}{16}$ et non 225.

La proportionnalité supposée n'existe donc pas.

Remarque. — $(a + b)^2 - 4ab = (a - b)^2$. Si du carré de la somme des âges on retranche 4 fois leur produit, on trouve pour reste le carré de leur différence; extrayant la racine carrée, on a la différence des âges, et le problème est ramené à celui-ci : Calculer deux nombres, connaissant leur somme et leur différence. On trouvera 5 ans et 45 ans pour les deux âges.

———◦———

EXERCICES.

413. 1. On emploie 3 ouvriers pour faire un ouvrage. Le premier le ferait seul en 12 jours, travaillant 10 heures par jour;

le second en 15 jours, travaillant 6 heures par jour; le troisième en 9 jours, travaillant 8 heures par jour. On demande : 1° dans combien de temps ces 3 ouvriers, travaillant ensemble, feront cet ouvrage; 2° ce que chacun en fera; 3° ce qu'il gagnera, l'ouvrage total étant payé 108 fr. — Réponse : 1° 30 heures; 2° $\frac{1}{4}$, $\frac{1}{3}$ et $\frac{5}{12}$; 3° 27 fr., 36 fr. et 45 fr.

2. Diophante d'Alexandrie passa $\frac{1}{6}$ de son existence dans l'enfance, $\frac{1}{12}$ dans la jeunesse; il se maria et passa $\frac{1}{7}$ de sa vie, plus 5 ans, avec sa femme, avant d'avoir un fils, auquel il survécut de 4 ans, et qui en mourant avait la moitié de l'âge auquel son père parvint. Combien d'années Diophante a-t-il vécu? — Réponse : 84 ans.

3. Un train omnibus va du point A au point C en passant par un point B, où il s'arrête 5 minutes; 14 minutes après avoir quitté B, il rencontre un train express, qui marche en sens contraire, et dont la vitesse est double de la sienne. L'express est parti du point C au moment où le train omnibus était à 25 kilom. du point A. On sait en outre que le train express met 2 heures pour franchir la distance, et que, si une fois arrivé en A il repartait immédiatement en rebroussant chemin, il arriverait en C $\frac{3}{4}$ d'heure après le train omnibus. On demande combien chaque train parcourt de kilom. à l'heure, et quelles distances séparent les points A, B et C.

Réponse : Les vitesses sont de 30 kilom. et de 60 kilom.; AB $=$ 72 kilom. et BC $=$ 120 kilom.

Remarque. — Il résulte de l'énoncé : 1° que si les trains étaient partis au même instant des points A et C, ils seraient arrivés en même temps en C s'ils ne s'étaient pas arrêtés dans l'intervalle; 2° que si le train omnibus ne s'était pas arrêté en B, le retard du train express aurait été de $\frac{3}{4}$ d'heure plus 5 minutes, ou de 50 minutes; 3° que ce retard de 50 minutes est le temps que le train omnibus a mis pour parcourir 25 kilom., *etc.*

4. Quel est l'instant, entre 4 heures et 5 heures, où les deux aiguilles d'une montre sont directement opposées? — Réponse :

C'est l'instant où la grande aiguille a fait 50 divisions du cadran de plus que la petite aiguille. Il est en ce moment 4 h. 54 m. $\frac{6}{11}$ de m.

5. Un capitaliste a prêté de l'argent à trois personnes. Il reçoit 404 fr.,45 pour l'intérêt annuel, à 5 0/0, des sommes prêtées à la première et à la deuxième personne ; pour les sommes prêtées à la première et à la troisième, il reçoit 456 fr.,70, et pour celles qu'il a prêtées à la deuxième personne et à la troisième, il reçoit 512 fr.,25. On demande quelles sont ces trois sommes. — Réponse : 3 456 fr., 4 567 fr. et 5 678 fr.

6. Quel est le capital qui, placé à 5 0/0 pendant 3 ans et à intérêts composés, devient égal à 6 945 fr.,75, en l'augmentant des intérêts ? — Réponse : 6 000 fr.

7. Un enfant interrogé sur son âge répond : Dans 16 ans mon âge sera le triple de ce qu'il était il y a 2 ans. On demande l'âge actuel de l'enfant. — Réponse : 11 ans.

8. Une personne veut donner de l'argent à des pauvres. Il lui manque 2 fr.,50 pour pouvoir donner 0 fr.,50 à chaque pauvre ; mais il lui reste 2 fr.,50 en donnant 0 fr.,30 à chacun. Quel est le nombre des pauvres, et quelle est la somme qu'on veut leur distribuer ? — Réponse : 25 pauvres et 10 fr.

9. On a fait escompter le même jour deux billets, dont l'un était payable au bout de trente jours, et l'autre après 45 jours. L'escompte a été pris en dehors à 6 0/0, et il a été prélevé en outre une commission de $\frac{1}{2}$ 0/0. Les sommes énoncées dans les billets valent ensemble 3 600 fr., et le banquier a donné 3 557 fr.,25 pour les deux billets. Quel était le montant de chaque billet ? — Réponse : 900 fr. et 2 700 fr.

10. La différence de deux nombres est 3, et la somme de leurs carrés est 4 329. Quels sont ces nombres ? — Réponse : 45 et 48.

Remarque. — On constatera que la règle de double fausse position n'est pas applicable. On pourra déterminer la somme des deux nombres demandés en appliquant des propositions connues sur les carrés.

QUESTIONS ET PROBLÈMES

DONNÉS DANS LES EXAMENS DES BREVETS DE CAPACITÉ.

1° Ce que l'on appelle plus petit commun multiple de plusieurs nombres. Comment on trouve ce plus petit commun multiple. Son application à la réduction des fractions au même dénominateur.

2° On demande de payer 800 fr. avec des pièces de 20 fr. et de 5 fr. en or, de manière qu'il y ait 67 pièces en tout. Combien y aura-t-il de pièces de chaque sorte ?

(Orléans, 1878, Institutrices, second ordre.)

Un lingot d'argent au titre de 0,850 a été fondu avec 145 grammes d'alliage au titre de 0,900. Le titre du lingot obtenu est de 0,865. On demande :

1° Le poids du lingot primitif ;

2° La valeur légale au change des monnaies.

(Orléans, 1878, Institutrices, premier ordre.)

1° Recherche du plus grand commun diviseur entre plusieurs nombres. Exposé, sur les trois nombres 480, 210, 1 890, des diverses méthodes qui peuvent être employées.

2° Un métallurgiste, qui établit son prix de vente sur un bénéfice de 8 0/0, vend la tonne de fer 226 fr. Il emploie dans son usine un minerai qui renferme 70 0/0 de fer ; mais le traitement occasionne un déchet de 4 0/0 du fer. Combien faut-il que ce métallurgiste traite de tonnes de minerai pour gagner 10 000 fr. ?

(Châlons-sur-Marne, 1878, Instituteurs, brevet simple.)

1° On vend 3 000 fr. de rente 3 0/0 au cours de 76 fr., 50, et on achète, avec le produit de cette vente, du 5 0/0 au cours de 106 fr., 25, et des obligations à 490 fr., rapportant 20 fr. d'intérêt annuel, de façon à avoir un égal revenu en rente 5 0/0 et en obligations.

2° Le courtage sur tout achat et toute vente est de $\frac{1}{8}$ 0/0 du capital. On demande si on a augmenté ou diminué son revenu à effectuer l'opération ci-dessus, et de combien.

        (Châlons-sur-Marne, 1878, Instituteurs, brevet complet.)

1° Théorie de la multiplication des fractions ordinaires. Dans quel cas le produit est-il plus petit que l'un des facteurs seulement?

2° Une personne doit 1 825 fr., dont elle paye l'intérêt à 6 0/0. Pour s'acquitter, elle place 4 000 fr. à 5 0/0.

On demande dans combien de temps la dette pourra être remboursée par les intérêts du capital placé. Intérêts simples.

Trouver le résultat à moins d'un jour.

        (Châlons-sur-Marne, 1877, Institutrices, second ordre.)

On a un cylindre d'argent, dont le rayon de la base a 3 cent. et la hauteur 20 cent. On a doré la surface latérale de ce cylindre, et son poids a augmenté de 34 décigr.

On demande, à moins de un dix-millième de millimètre, l'épaisseur de la couche d'or.

La densité de l'or est de 19,26.

        (Châlons-sur-Marne, 1877, Institutrices, second ordre.)

Pour une somme empruntée le 1er janvier 1862, un débiteur paye, pour les intérêts échus, calculés au taux de 5 0/0, jusqu'au jour du payement, et le surplus comme acompte sur le capital :

1° 1 750 fr. au 1er juillet 1863;

2° 3 600 fr. au 1er novembre 1864;

3° 2 375 fr. au 1er février 1866 ;
4° 1 250 fr. au 1er mai 1867 ;
5° 3 125 fr. au 1er mars 1868.

Sachant que ce dernier payement libère complètement le débiteur, on demande la somme empruntée par lui.

(Châlons-sur-Marne, 1877, Instituteurs, brevet complet.)

1° Qu'arrive-t-il lorsqu'on multiplie par $\frac{2}{3}$ les deux facteurs d'un produit ?

2° Une lampe brûle, en 15 h. $\frac{1}{4}$, 1 kilogr. d'huile coûtant 1 fr., 35. Pour avoir la même clarté, il faut employer six bougies qui durent 12 h. $\frac{1}{2}$ et coûtent 1 fr., 05. Quel est l'éclairage le plus économique ?

(Bordeaux, 1877, Institutrices, second ordre.)

1° Caractère de la divisibilité par 9 ; démontrer sa légitimité. Application à la preuve de la multiplication par 9.

2° Un voyageur a 29 étapes à faire ; chaque étape lui prendra 5 h. 46 min. 16 sec. On demande :

1° Combien de jours il restera en route, sachant que chaque jour il fait une étape $\frac{5}{9}$;

2° Pendant combien de temps il a marché ;

3° Pendant combien de temps il s'est reposé ;

4° Quelle distance il a parcourue, sachant qu'il a fait, en marchant, en moyenne 5 kilom. $\frac{3}{4}$ à l'heure.

(Bordeaux, 1877, Institutrices, premier ordre.)

1° Comment trouve-t-on le quotient de la division de deux nombres entiers, lorsque, le diviseur ayant plusieurs chiffres, le quotient n'en a qu'un ?

2° Un industriel emploie deux ouvriers, dont le premier reçoit pour sa journée un salaire double de celui que reçoit l'autre. On donne au premier pour douze journées de travail 40 fr. et 10 litres de vin ; on donne au second pour neuf journées de travail 46 fr., 40 et 2 litres de vin. Quel est le prix de 1 litre de ce vin ?

(Mézières, 1878, Instituteurs, brevet simple.)

1° Comment réduit-on plusieurs fractions au même dénominateur? Application à l'exemple suivant : $\frac{27}{72}$; $\frac{28}{42}$; $\frac{45}{48}$

2° Une somme de 1 416 fr. a été partagée entre deux personnes ; la première ayant dépensé les $\frac{4}{7}$ de sa part, et la seconde les $\frac{3}{8}$ de la sienne, il leur reste des sommes égales. Quelles sont les parts des deux personnes ?

(Douai, 1878, Instituteurs, brevet simple.)

1° Définir le titre d'un alliage. Énoncer sommairement les principales questions relatives à la règle d'alliage.

2° Le doublon, monnaie d'or des îles Philippines, est au titre de 0,875 et pèse $6^{gr},766$; le double ducat, monnaie d'or des Pays-Bas, est au titre de 0,983 et pèse $6^{gr},988$.

Combien de doublons et de doubles ducats faudra-t-il fondre dans un creuset pour faire un alliage qui servira à fabriquer 1 000 pièces d'or de 20 fr. en monnaie française ?

(Mézières, 1878, Instituteurs, brevet complet.)

1° Multiplication d'une fraction par une fraction. Prendre pour exemple $\frac{3}{8} \times \frac{5}{7}$.

2° Un marchand a acheté pour la somme de 1 000 fr. le bois de chauffage qui remplit aux $\frac{2}{3}$ un magasin, dont les trois di-

mensions sont 5 m., 7 m. et 9 m. Combien doit-il vendre
5 400 kilogr. de ce bois, pour faire sur cette vente un bénéfice
de 12 0/0? 1 cent. cube de bois pèse 68 centigr.

(Douai, 1878, Institutrices, second ordre.)

1° Comment réduit-on une fraction ordinaire en fraction
décimale? Prendre pour exemple la fraction $\frac{3}{7}$. En s'arrêtant au
quatrième chiffre du quotient, quelle sera la limite de l'erreur
commise?

2° Une personne dont la fortune est de 120 000 fr. en place
une partie à 3 0/0 et l'autre à 5 0/0. Elle se fait ainsi un
revenu annuel de 5 300 fr. Quelles sont les deux parties placées
à 3 0/0 et à 5 0/0 ?

(Douai, 1878, Institutrices, second ordre.)

1° Théorie et règle pratique de la division d'un nombre
de plusieurs chiffres par un nombre de plusieurs chiffres, le
quotient n'en ayant qu'un seul. On prendra pour dividende
25 627 et pour diviseur 8 944.

2° 215 hectol. de blé, achetés au moment de la récolte à
raison de 22 fr., 05 l'hectol., pesant 80 kilogr., ont été vendus
plus tard avec un bénéfice de $9\frac{1}{4}$ 0/0. Le blé s'étant desséché,
et ayant perdu 4 kilogr. de son poids par hectolitre, on
demande :

1° A quel prix on a dû vendre le quintal métrique?
2° Quel a été le montant total du bénéfice?

(Poitiers, 1878, Instituteurs, brevet simple.)

Une personne donne le $\frac{1}{3}$ de sa fortune à ses neveux et
emploie les $\frac{3}{5}$ de ce qui lui reste à diverses œuvres de bienfaisance; elle place à 5 0/0 le capital restant, qui lui donne un

revenu annuel de 11 386 fr., 39. A combien s'élevait sa fortune ?

Quelle est la somme :

1° En monnaie d'or ;

2° En monnaie d'argent, dont le poids équivaut à celui de 3 litres 25 d'eau, prise dans les conditions adoptées pour la détermination du gramme?

Quel serait le poids de l'or pur contenu dans la première somme, et celui de l'argent pur contenu dans la seconde, en supposant la somme d'argent formée de pièces de 2 fr.?

(Grenoble, 1878, Institutrices, second ordre.)

1° Expliquer la division des nombre décimaux. On fera l'explication sur l'exemple suivant : 0,437 divisé par 1,97, et on calculera le quotient avec l'approximation de $\frac{1}{2}$ cent-millième.

2° Un négociant achète 18 barils d'huile pesant ensemble 1 350 kilogr. net, à 105 fr., 40 les 100 kilogr., payables dans six mois, avec faculté de faire des avances de payement à raison de 7 0/0 d'escompte par an. 45 jours après cet achat, il donne 800 fr.; puis, quelque temps après, il solde en donnant 587 fr., 70.

On demande de combien de jours il a dû avancer ce dernier payement.

(Paris, 1878, Instituteurs, brevet simple.)

1° Diviser 4,869 par 496 et 486,972 par 396. Donner les règles de ces opérations.

2° Calculer l'escompte usuel à 6 0/0 de 9 360 fr. payables dans 8 mois. Chercher ensuite le capital qui, augmenté de ses intérêts pendant 8 mois, donne 9 360 fr.

(Paris, 1878, Institutrices, second ordre.)

1° Démontrer que des deux nombres dont l'un précède immédiatement, et dont l'autre suit immédiatement un nombre premier, autre que 2 et 3, il y en a toujours un divisible par 6.

21.

2° La planète Jupiter a quatre satellites : le premier accomplit sa révolution autour de la planète en 42 h.; le deuxième l'accomplit en 85 h.; le troisième en 172 h.; enfin le quatrième l'accomplit en 400 h.

On demande dans combien de temps ces quatre satellites se retrouveront à la fois dans les mêmes situations relatives qu'ils occupent aujourd'hui.

On devra dire d'ailleurs combien de révolutions chacun d'eux accomplira d'ici là.

(Paris, 1877.)

Transformer une fraction ordinaire en fraction décimale; faire le raisonnement sur les exemples suivants : $\dfrac{3}{5}$, $\dfrac{7}{15}$, $\dfrac{1}{3}$.

Montrer ce que présentent de particulier les exemples proposés.

Transformer une fraction décimale en fraction ordinaire. Règle à suivre dans la pratique :

1° Donner la valeur du kilogramme d'or, du kilogramme d'argent et du kilogramme de bronze monnayés;

2° Sachant que l'or pèse 19 fois plus que l'eau, exprimer le volume d'un kilogramme d'or.

(Paris, 1877.)

1° Exprimer la règle qui sert à réduire en décimales une fraction ordinaire.

On prendra la fraction $\dfrac{121}{125}$ pour établir cette règle.

Quelle est la condition pour qu'une fraction, dont les deux termes sont premiers entre eux, soit exactement réductible en décimales ? Indiquer, à l'inspection du dénominateur, le nombre des décimales.

2° Deux lieux sont situés sur un même méridien terrestre, dont la longueur est de 40 000 kilom. Leurs latitudes respectives sont 23° 24′ 30″ et 19° 57′ 30″.

Évaluer en kilomètres la distance de ces deux lieux :

1° Lorsqu'ils sont dans des hémisphères différents;

2° Lorsqu'ils sont dans le même hémisphère.

(Paris, 1877.)

1° Une barrique vide pèse 19 kilog., 6 hectog.; pleine d'eau, elle pèse 260 kilogr., 5 décagr.

Quelle est sa contenance en litres, et combien faudra-t-il de barriques égales pour vider un bassin de 3 m., 45 de longueur, 2 m., 75 de largeur et 3 m., 20 de profondeur?

2° Définition générale de la multiplication. Expliquer la multiplication de $\frac{2}{3}$ par $\frac{5}{6}$.

(Angoulème, 1877, Instituteurs, brevet simple.)

Une personne a acheté avec les $\frac{3}{8}$ de sa fortune, un terrain qui lui revient, tous frais payés, à 2 528 fr. l'hectare; les $\frac{2}{3}$ du reste ont été employés à l'achat d'une maison. Le capital dont elle dispose encore après ces deux opérations produit une rente de 2 805 fr., les $\frac{3}{5}$ de ce capital étant placés à $4\frac{1}{2}$ 0/0, et le reste à 6 0/0.

On demande la fortune de cette personne, le prix de sa maison, les sommes qu'elle a placées à $4\frac{1}{2}$ et à 6 0/0, et la contenance de son terrain en hectares, ares et centiares.

(Angoulème, 1877, Instituteurs, brevet complet.)

1° Il faut, d'après les règlements scolaires, 15 mètres cubes d'air par élève dans les dortoirs. On demande quelle devra être la longueur d'un dortoir destiné à recevoir 42 pensionnaires, si la hauteur est de 4 m., 25 et la largeur 6 m., 35.

2° Expliquer le changement que subit une fraction quand on ajoute un même nombre à chacun de ses termes.

(Angoulème, 1877, Institutrices, second ordre.)

Un négociant a acheté pour 52 560 fr. de vins de trois qualités différentes, savoir : 159 hectol. de la première, 186 de la deuxième, et 128 de la troisième. Le prix de l'hectolitre de vin de la seconde qualité n'a été que les $\frac{5}{6}$ du prix de l'hectolitre de la première, et l'hectolitre de vin de troisième qualité n'a coûté que les $\frac{3}{4}$ du prix de l'hectolitre de la deuxième.

Le négociant a dû vendre le vin de seconde qualité à 6 0/0 de perte ; mais il a gagné 18 0/0 sur le vin de troisième qualité. On demande à quel prix il devra vendre l'hectolitre de vin de la première qualité pour que cette affaire lui rapporte 11 0/0 de bénéfice.

(Angoulême, 1877, Institutrices, premier ordre.)

1° Qu'appelle-t-on fractions ? Énoncer et démontrer la propriété fondamentale de ces nombres.

2° Une pièce carrée de 100 mètres de côté est plantée en vignes ; les rangs sont à la distance de 1 mèt. $\frac{2}{3}$, et les ceps, dans chaque rang, à 2 mèt. l'un l'autre. Un premier traitement antiphylloxérique a nécessité par cep l'emploi de 30 gr. de sulfure de carbone, répartis également dans trois trous. Dans un deuxième traitement, on veut couvrir le terrain d'un réseau de trous, à raison de 5 trous par 2 mètres carrés, et mettre dans chacun d'eux la même dose que précédemment.

Quelle somme faudra-t-il employer en sulfure de carbone dans les deux cas, sachant que cette substance se vend 75 fr. les 100 kilog. ?

(Pau, 1878, Instituteurs, brevet simple.)

Définir ce qu'on entend par valeur du nombre 0,282828.... écrit en reproduisant indéfiniment et dans le même ordre que ci-dessus les chiffres 2 et 8. Montrer comment on peut trouver cette valeur.

(Pau, 1878, Instituteurs, brevet complet.)

1° Démontrer qu'en ajoutant un même nombre 4 aux deux termes de la fraction $\frac{3}{5}$ le résultat est plus voisin de l'unité que la fraction proposée.

2° Une tailleuse emploie 14 mèt. d'une étoffe ayant $\frac{3}{4}$ de mèt. de large pour faire une robe. Combien faudra-t-il de mètres d'une autre étoffe ayant $\frac{5}{8}$ de mèt. de large pour habiller la même personne? Ces deux robes coûtant le même prix, on demande quelle longueur de la première étoffe on aura pour le prix d'un mètre de la seconde.

(Pau, 1878, Institutrices, second ordre.)

1° Démontrer que, si l'on divise deux nombres par un troisième, leur quotient ne changera pas, mais que le reste de leur division sera divisé par le troisième nombre.

Déduire de ce principe que, si l'on divise deux nombres par un troisième, leur plus grand commun diviseur sera divisé par ce troisième nombre.

On prendra pour exemple les deux nombres 2 268 et 196, que l'on divisera par le troisième nombre 7.

2° On a retrouvé à Pompéies les restes d'une vitre qui devait avoir une hauteur de 0 mèt., 72, une largeur de 0 mèt., 54, une épaisseur de 0 mèt., 005. Le verre de cette vitre a pour densité 2,5. Sa composition est analogue à celle des vitres que nous fabriquons aujourd'hui; il renferme sur 100 grammes :

       69,43 de silice ;

       18,24 de soude ;

        7,24 de chaux ;

        3,55 d'alumine ;

        1,54 d'oxyde de fer et d'oxyde de manganèse.

On demande de trouver :

1° Le volume de cette vitre ;

2° Son poids ;

3° Les poids de la silice, de la soude, de la chaux, de l'alumine, des oxydes de fer et de manganèse qui entrent dans sa composition.

3° Réduire au plus petit dénominateur commun les quatre fractions $\frac{47}{336}$, $\frac{127}{792}$, $\frac{53}{392}$, $\frac{13}{408}$; donner la théorie raisonnée du procédé que l'on suivra.

(Paris, 1877, Instituteurs, brevet complet.)

1° Démontrer que le produit de 2 nombres fractionnaires ne change pas quand on intervertit l'ordre des 2 facteurs.

On prendra pour exemple les 2 nombres fractionnaires $\frac{3}{4}$ et $\frac{7}{5}$, et l'on fera voir qu'il résulte de la démonstration du principe ci-dessus énoncé que les $\frac{3}{4}$ des $\frac{7}{5}$ sont égaux aux $\frac{7}{5}$ des $\frac{3}{4}$.

2° On a un cube d'or pur dont le côté est de 15 millimètres. On demande quel est la valeur de ce cube, sachant que la densité de l'or est de 19,26 et qu'un gramme d'or vaut 3 fr.,437.

On demande aussi quelle serait la valeur de ce cube si, au lieu d'être en or pur il était en argent pur. — On sait que la densité de l'argent pur est 10,47, et que la valeur d'un gramme d'argent pur est 0 fr.,224.

(Paris, 1877, Institutrices, second ordre.)

1° Réduire la fraction $\frac{1044}{1260}$ à sa plus simple expression.

Appliquer à cet exemple les diverses méthodes qui servent à cette réduction.

2° Une locomotive, qui se meut uniformément, parcourt 54 kilom. en 2 h. 15 min. Quel espace parcourra-t-elle, avec la même vitesse, en 9 h. 55 min.?

(Paris, 1877, Institutrices, second ordre.)

1° Comment peut-on savoir, par un moyen très simple, quel sera le nombre des chiffres du quotient d'une division de nombres entiers, lorsqu'on connait le dividende et le diviseur ? — A quoi cela sert-il ? — Prendre un exemple.

2º Le train express qui part de Paris pour Melun à 4 h. 40 m., arrive à Melun à 5 h. 37 min. Donner le rapport de sa vitesse à celle d'une comète qui parcourt 30 000 lieues de 25 au degré à l'heure.

La distance de Paris à Melun est de 44 kilomètres.

(Paris, 1877, Institutrices, second ordre.)

1º Qu'est-ce qu'un nombre premier ? — Quand dit-on que deux ou plusieurs nombres sont premiers entre eux ?

Citer comme exemple :

1º 3 nombres premiers ;

2 3 nombres non premiers ;

3º 2 nombres premiers entre eux ;

4º 3 nombres premiers entre eux ;

5º 2 nombres non premiers entre eux ;

6º 3 nombres non premiers entre eux.

Faire voir que si un nombre premier ne divise pas exactement un nombre donné, ces 2 nombres sont premiers entre eux, et que 2 nombres premiers différents l'un de l'autre sont nécessairement premiers entre eux.

2º On sait que le sel de cuisine est formé de chlore et de sodium, et que pour 35 gr.,5 de chlore, il renferme 23 gr. de sodium.

On demande le poids du chlore et le poids du sodium que renferment 500 gr. de sel de cuisine.

On demande aussi quel est le poids de sel de cuisine qui renfermerait 500 gr. de chlore.

(Paris, 1877, Institutrices, second ordre.)

1º Que faut-il entendre par ces mots : Multiplier $\frac{3}{4}$ par $\frac{5}{7}$? —

Démontrer que le produit est tout à la fois plus petit que $\frac{3}{4}$ et que $\frac{5}{7}$.

2° La distance de Paris à Mantes est de 57 kilomètres. Un train partant de Paris à 8 heures du matin arrive à Mantes à 9 h. 4 min. Un train partant de Mantes à 8 h. 32 min. du matin arrive à Paris à 10 h. 20. A quelle heure, et à quelle distance de Paris les deux trains se rencontrent-ils sur des voies différentes ?

(Paris, 1877, Institutrices, second ordre.)

1° Diviser 18 par $\frac{4}{5}$ et $\frac{7}{8}$ par $\frac{2}{9}$. Expliquer ces opérations. Faire voir que par la première division on a le prix d'un mètre d'une étoffe, lorsque l'on sait que les $\frac{4}{5}$ d'un mètre de cette étoffe coûtent 18 fr.

2° Avec un lingot d'argent pesant 2 kilog., 23 et au titre de 0,950, faire : 1° des pièces de 5 fr., 2° des pièces de 1 fr., en ajoutant le cuivre nécessaire. Combien de pièces de chaque sorte ?

(Paris, 1877, Institutrices, second ordre.)

1° Énoncer la règle à suivre pour réduire plusieurs fractions au plus petit dénominateur commun.

Appliquer cette règle aux quatre fractions suivantes :

$$\frac{8}{30}, \quad \frac{33}{110}, \quad \frac{13}{18}, \quad \frac{6}{8},$$

dont on demande la somme.

2° Le 4 mars on présente à un banquier un billet de 900 fr. payable le 15 juin suivant ; on demande quel sera le montant de l'escompte que le banquier retiendra, au taux de 6 0/0, et quelle somme il payera en échange du billet.

Il ne s'agira ici que de l'escompte en dehors : seulement, après avoir résolu la question telle qu'elle est posée, on devra chercher et dire combien le banquier, lorsqu'il touchera le montant du billet le 15 juin, recevra de plus que s'il avait simplement prêté à 6 0/0 la somme qu'il a donnée le 4 mars en échange du billet.

(Paris, 1877, Institutrices, second ordre.)

4° Qu'est-ce qu'une fraction irréductible? — A quel signe reconnaît-on qu'une fraction est irréductible? — Réduire la fraction $\dfrac{405}{990}$ à sa plus simple expression. Existe-t-il plusieurs procédés? Énoncer en passant les principes ou les théorèmes sur lesquels on s'appuie.

2° Au zéro du thermomètre centigrade répond dans la graduation Fahrenheit le nombre 32, et au point 100 du premier répond le point 212. D'après cela combien valent 97° Fahrenheit?

(Paris, 1877, Institutrices, second ordre.)

1° Le produit d'une multiplication est-il toujours plus grand que le multiplicande?

Prendre pour exemples :

1° 409×78

2° $0{,}075 \times 1{,}04$

3° $\dfrac{2}{3} \times \dfrac{4}{9}$

2° Trois personnes héritent en commun d'une somme de 2 925 fr. ; mais le partage doit avoir lieu de la façon suivante : la troisième aura autant que la deuxième et la première, et celle-ci aura 250 fr. de moins que la deuxième.

Quelle est la part de chaque personne, et que produira chaque part placée à $4\frac{1}{2}$ 0/0 l'an?

(Paris, 1877, Institutrices, second ordre.)

1° Change-t-on la valeur d'une fraction en ajoutant ou en retranchant un même nombre à ses deux termes?

2° Un marchand vend une pièce de toile en trois fois. Le premier coupon est les $\frac{2}{7}$ de la pièce : le deuxième est formé des $\frac{4}{5}$ du reste, et le troisième coupon, qui a une longueur de

8 m., est vendu 22 fr. ; il fait dans chacune de ces ventes un bénéfice de 10 0/0. On demande :

1° Combien de mètres contenait la pièce ;

2° Le prix de vente total ;

3° Le prix d'achat.

(Mézières, 1878, Institutrices, second ordre.)

1° Qu'entend-on par cette question :

Partager un nombre en parties inversement proportionnelles à trois nombres donnés, tels que 3, 5, 7 ?

2° Une première fontaine coulant seule remplirait un bassin en 3 h. $\frac{1}{2}$; une deuxième fontaine le remplirait en 3 h. $\frac{1}{7}$; une troisième en 4 h. $\frac{1}{3}$.

Quand elles auront rempli le bassin en coulant ensemble, quelle fraction de ce bassin chacune d'elles aura-t-elle remplie ?

(Amiens, 1878, Institutrices, premier ordre.)

1° Qu'est-ce qu'un nombre premier ? — Comment reconnait-on si le nombre 89 est premier ?

2° Un ouvrier, sa femme et son fils ont reçu 183 fr., 96 pour 25 journées du père, 18 de la femme et 21 du fils. Le prix de la journée de la femme vaut les 0,75 de la journée de l'ouvrier, et la journée du fils, les 0,80 de la journée de la mère.

Quel est le prix de la journée pour chacun d'eux, et combien reçoit-il en tout ?

(Douai, 1878, Instituteurs, brevet simple.)

1° Réduire les fractions $\frac{5}{12}, \frac{11}{42}, \frac{29}{49}$ d'abord au même dénominateur, puis au plus petit dénominateur commun.

2° Un litre d'eau de mer pèse 1026 gr. et contient 27 gr. de sel. On demande à quel volume il faut réduire par l'évaporation

200 litres d'eau de mer pour que le liquide nouveau renferme 15 0/0 de son poids de sel.

(Douai, 1878, Instituteurs, brevet simple.)

Expliquer ce que signifie amortir une dette, et raisonner sur l'exemple suivant :

Une ville emprunte 185 000 fr., qu'elle doit rembourser en douze payements égaux et annuels, dont le premier aura lieu un an après l'emprunt. En supposant l'intérêt à 4,50 0/0, calculer la somme à payer chaque année.

(Douai, 1878, Instituteurs, brevet complet.)

1° Qu'appelle-t-on échéance moyenne de plusieurs sommes payables à différentes dates?

2° Se servir de la règle de l'échéance moyenne pour résoudre la question suivante :

Pour accorder aux particuliers un titre de rente de 50 fr. en 3 0/0, l'État leur demande 45 versements mensuels de chacun 80 fr., et dont le premier aura lieu le 18 mars, par exemple. On demande :

1° A quelle date pourrait se faire un payement unique égal à la somme des 45 versements ;

2° Quelle somme devrait verser le 18 mars un particulier désirant s'acquitter d'un seul coup (escompte à 5 0/0 par an) ;

3° Quel est le prix d'émission du 3 0/0 le 18 mars?

(Mézières, 1878, Institutrices, premier ordre.)

1° Comment réduit-on une fraction à sa plus simple expression ? Démontrer que, dans la méthode suivie, la fraction ne change pas de valeur. Prendre pour exemple $\frac{2090}{7315}$.

2° Deux personnes ont le même revenu. La première économise chaque année $\frac{1}{5}$ de son revenu, tandis que la deuxième dépense

800 fr. de plus que l'autre. Il en résulte qu'au bout de 3 ans la seconde a 852 fr. de dettes. Quel est leur revenu ?

(Mézières, 1878, Institutrices, brevet, second ordre.)

1° Deux lingères économisent l'une le $\frac{1}{3}$ et l'autre le $\frac{1}{4}$ de leurs gains journaliers. Au bout de l'année leurs économies réunies se montent à 400 fr. Combien chacune d'elles a-t-elle gagné dans l'année, sachant que leurs gains de l'année réunis s'élèvent à 1 350 fr. ?

2° Expliquer la réduction des fractions au même dénominateur.

(Besançon, 1878, Institutrices, second ordre.)

1° On partage une somme de 10 000 fr. entre 4 personnes.

La première aura 2 fois autant que la deuxième moins 2 000 fr. ;

La deuxième aura trois fois autant que la troisième moins 3 000 fr.

Et la troisième aura 6 fois autant que la quatrième moins 4 000 fr.

Quelle est la part de chaque personne ?

Comparer les 2 expressions 7×9 et $\dfrac{7 \times 0,2 \times 9 \times 0,005}{0,001}$ en prouvant qu'elles sont d'une égale valeur.

(Besançon, 1878, Institutrices, premier ordre.)

Une commune emprunte 100 000 fr. à 5 0/0 et doit amortir cette dette, capital et intérêts, en 16 ans, par des annuités égales. Quel est le montant de chaque annuité ?

(Besançon, 1878, Instituteurs, brevet complet.)

1° Pour éclairer une usine il faut 725 becs de gaz qui restent allumés en moyenne 2 h. $\frac{8}{10}$ par jour, pendant 480 jours de l'année. Le gaz est payé à raison de 40 cent. le mètre cube, et chaque bec en consomme 123 litres $\frac{1}{4}$ par heure. Remise est faite au propriétaire de l'usine des $\frac{58}{725}$ de la consommation annuelle du gaz qu'il emploie. On demande :

1° Quel est pour cent le montant de cette remise ;

2° Le prix net du mètre cube de gaz consommé à l'usine ;

3° A combien s'élèverait la dépense totale, s'il n'y avait pas de remise.

2° Donner un exemple d'un problème qui se résout par une division de fractions et en expliquer la théorie.

(Besançon, 1878, Instituteurs, brevet simple.)

1° Définir la division.

Exposer et démontrer le moyen de déterminer le nombre de chiffres du quotient.

2° Un cultivateur a acheté sur pied, moyennant 482 fr., plus 1 décime par franc pour frais de vente, un champ de blé qui a fourni 225 gerbes ; pour récolter ce blé, on a employé six journées d'ouvrier à 2 fr., 50 chacune ; le transport et le battage ont coûté ensemble 40 fr., 50. On demande :

1° A combien revient la gerbe ;

2° Quel sera le prix du double hectolitre de blé, si 5 gerbes produisent 2 décal. $\frac{1}{2}$.

(Paris, Instituteurs, brevet simple.)

1° Qu'est-ce que réduire des fractions au même dénominateur ? Sur quel principe repose la réduction des fractions au même dénominateur ? Quels sont les divers moyens pratiques employés pour réduire des fractions au même dénominateur

Réduire au plus petit dénominateur commun les fractions suivantes : $\dfrac{3}{4}$, $\dfrac{7}{8}$, $\dfrac{11}{12}$, $\dfrac{13}{18}$, $\dfrac{17}{24}$, $\dfrac{35}{36}$.

Expliquer l'opération.

2° Un marchand a acheté un tonneau d'huile à raison de 65 fr., 75 l'hectolitre; les frais de transport ont été fixés à 15 fr., 25 les 100 kilogr.; la capacité du tonneau équivaut à celle d'un cube dont chaque côté aurait 75 centim. de longueur; le poids du litre d'huile est les 0,91 de celui de l'eau, et le vase vide pèse 50 kilogr. Combien le marchand doit-il vendre le litre d'huile pour réaliser un bénéfice de 12 0/0 sur le prix d'achat?

(Paris, Instituteurs, brevet simple.)

1° Prouver que, si l'on multiplie l'un des facteurs d'un produit par un nombre, on multiplie le produit par ce nombre, et que si l'on multiplie plusieurs facteurs d'un produit par des nombres, le produit est multiplié par le produit de tous ces nombres.

2° Partager 48 000 fr. proportionnellement aux fractions

$$\frac{1}{2}, \ \frac{1}{3}, \ \frac{3}{4}.$$

(Paris, Instituteurs, brevet simple.)

1° Diviser le nombre 538 276 par 8 617; faire le raisonnement pour déterminer les plus hautes unités du quotient; preuve de l'opération.

2° En additionnant l'âge de trois sœurs, on a un total de 62 ans 4 mois $\dfrac{1}{10}$. On sait que, lorsque la plus jeune est venue au monde, la cadette avait 2 ans 7 mois, et que l'âge de celle-ci était les $\dfrac{5}{8}$ de l'âge de l'aînée.

Quel est actuellement l'âge des trois sœurs?

(Toulouse, 1879, Institutrices, second ordre.)

La récolte d'une prairie peut nourrir par an 13 bêtes à cornes ; mais il arrive que la récolte n'est que les $\frac{5}{7}$ d'une année moyenne. On ne conserve que 12 bêtes ; combien de jours pourra-t-on les nourrir ?

(Toulouse, 1879, Institutrices, second ordre.)

Une personne achète une propriété qui lui revient, tout compris, à 40 000 fr. Les droits d'enregistrement s'élèvent à 5,50 0/0 du prix d'achat et en plus le double décime ; les honoraires du notaire à 0,75 0/0 du prix d'achat. Quels ont dû être :

1° Le prix d'achat porté au contrat ;

2° Les droits d'enregistrement ;

3° Les honoraires du notaire ?

(Toulouse, 1879, Institutrices, premier ordre.)

1° Étant donnée la fraction $\frac{7}{12}$, faire connaître le changement qu'elle éprouve si on ajoute un même nombre 3 à ses deux termes.

2° Partager 1 800 fr. entre trois personnes, de manière que la deuxième ait les $\frac{2}{5}$ de la première plus 150 fr., et que la troisième ait les $\frac{3}{4}$ de la seconde moins 120 fr.

(Toulouse, 1879, Instituteurs, brevet simple.)

Pour payer 1 158 fr., 50 en poids égaux de monnaie d'or, d'argent et de billon, on demande combien il faut de pièces de 5 fr. d'argent et d'or, et combien de monnaie de billon.

(Toulouse, 1879, Instituteurs, brevet complet.)

FIN